Rainer Müller, Franziska Greinert
Quantentechnologien
De Gruyter Studium

Weitere empfehlenswerte Titel

Quantenmechanik. Eine Einführung in die Welt der Wellen und Wahrscheinlichkeiten
Holger Göbel, 2022
ISBN 978-3-11-065935-1, e-ISBN (PDF) 978-3-11-065936-8,
e-ISBN (EPUB) 978-3-11-065945-0

Festkörperphysik
Rudolf Gross, Achim Marx, 2022
ISBN 978-3-11-078234-9, e-ISBN (PDF) 978-3-11-078239-4,
e-ISBN (EPUB) 978-3-11-078264-6

Quantentheorie
Gernot Münster, 2020
ISBN 978-3-11-047995-9, e-ISBN (PDF) 978-3-11-047996-6,
e-ISBN (EPUB) 978-3-11-048000-9

Einführung in die Physikalische Chemie
Michael Springborg, 2020
ISBN 978-3-11-063691-8, e-ISBN (PDF) 978-3-11-063693-2,
e-ISBN (EPUB) 978-3-11-063704-5

Physik für Lehramtsstudierende. Band 1: Mechanik
Rainer Müller, 2020
ISBN 978-3-11-048961-3, e-ISBN (PDF) 978-3-11-049581-2,
e-ISBN (EPUB) 978-3-11-049332-0

Rainer Müller, Franziska Greinert

Quanten-
technologien

Für Ingenieure

DE GRUYTER

Autoren

Prof. Dr. Rainer Müller
Physik und Physikdidaktik
Technische Universität Braunschweig
Bienroder Weg 82
38106 Braunschweig
Deutschland
rainer.mueller@tu-braunschweig.de

Franziska Greinert
Physik und Physikdidaktik
Technische Universität Braunschweig
Bienroder Weg 82
38106 Braunschweig
Deutschland
f.greinert@tu-braunschweig.de

ISBN 978-3-11-071719-8
e-ISBN (PDF) 978-3-11-071721-1
e-ISBN (EPUB) 978-3-11-071727-3

Library of Congress Control Number: 2022948641

Bibliografische Information der Deutschen Nationalbibliothek
Die Deutsche Nationalbibliothek verzeichnet diese Publikation in der Deutschen
Nationalbibliografie; detaillierte bibliografische Daten sind im Internet über
http://dnb.dnb.de abrufbar.

© 2023 Walter de Gruyter GmbH, Berlin/Boston
Coverabbildung: Quardia / iStock / Getty Images Plus
Satz: VTeX UAB, Lithuania
Druck und Bindung: CPI books GmbH, Leck

www.degruyter.com

Vorwort

Das neue Feld der Quantentechnologien erregt in den letzten Jahren viel Aufsehen. Regelmäßig wird in den Newsportalen von den neuesten Entwicklungen bei Quantencomputern und Quantensimulationen berichtet; Quantenkommunikation und Quantensensoren bergen technologische Potentiale, die direkt zur Anwendung gebracht werden können. In großen internationalen Projekten, in Industrieunternehmen und kleinen Startups wird die Entwicklung der Quantentechnologien vorangetrieben. Man spricht von disruptiven Innovationspotentialen.

Was ist das Neue und Besondere an den Quantentechnologien? Die zugrundeliegende physikalische Theorie, die Quantenphysik, ist es nicht. Sie ist seit 100 Jahren bestens etabliert und wohlbestätigt. Sämtliche Physik, die jetzt in den Quantentechnologien zum Einsatz gebracht wird, hat sie schon immer enthalten – nur hat man es nie so recht geglaubt. Zu seltsam erschienen Überlagerungszustände und Verschränkung, Schrödingers Katze, die bellsche Ungleichung und der quantenmechanische Messprozess. Das Neue an den Quantentechnologien liegt darin, dass diese Phänomene, die lange Zeit eher als eine Spielwiese der Philosophie galten, nun physikalisch ernst genommen, zur Anwendung gebracht und in konkrete Technologieprodukte umgesetzt werden.

Es ist eine gewaltige technologische Herausforderung, die subtilen Quanteneffekte vom Labor in ein funktionierendes Produkt zu übertragen. In keinem anderen technischen Gerät ist ein so detaillierter Grad an Kontrolle erforderlich wie in einem Quantencomputer. Seine entscheidenden Bestandteile, die Qubits, müssen bis in ihre atomaren Zustände hinein kontrolliert und gesteuert werden, damit der Quantencomputer funktionieren kann. Um dies zu ermöglichen und anschließend das breite Potential der Anwendungen zu erschließen – von kryptographischen Verfahren bis zur Medikamentenentwicklung und der Suche nach neuen, klimafreundlichen Synthesewegen in der Chemie – werden Menschen mit ganz unterschiedlichen Hintergründen gebraucht: aus der Physik, aus dem Ingenieurwesen, aus Informatik und Chemie.

An vielen Orten entstehen derzeit neue Studiengänge mit einem Fokus auf den Quantentechnologien – häufig mit einer besonderen Betonung des „Engineering". Die Studierenden in diesen Studiengängen haben ganz unterschiedliche Hintergründe und ein vielgestaltiges Vorwissen. Als zukünftige Entwickler und Anwender der Quantentechnologien müssen sie ein breites Fundament von interdisziplinären Kenntnissen erwerben. Für diese Zielgruppe ist das vorliegende Buch bestimmt.

Die Quantentechnologien erfordern einen neuen Zugang zur Quantenphysik, der andere Aspekte betont, als es traditionell üblich war. Nicht mehr der historische Entstehungskontext – die Atomphysik – steht im Mittelpunkt, sondern die oben genannten „Merkwürdigkeiten" der Quantenphysik, die in den Quantentechnologien nutzbar gemacht werden. Ihr Verständnis ist intellektuell herausfordernd, aber keinesfalls unmöglich. Die qualitativ formulierten „Grundregeln der Quantenphysik", die wir in Kapitel 3 vorstellen, ermöglichen ein intuitives Verständnis bei der Beschreibung von

https://doi.org/10.1515/9783110717211-201

Quantenphänomenen. Sie dienen als qualitative Argumentationshilfen und helfen bei der Entwicklung eines „Bauchgefühls" für Quanteneffekte.

Ein gewisser Grad an Mathematisierung ist zum Verständnis des Themas unumgänglich. Wir haben uns bemüht, uns auf das Notwendige zu beschränken und insbesondere fachspezifischen Jargon und unübersichtliche Notation zu vermeiden. Zur Illustration wurden immer die einfachsten nichttrivialen Beispiele herangezogen. Die zahlreichen Beispielaufgaben sollen dabei helfen, konkrete Argumentationen Schritt für Schritt nachzuvollziehen. Insgesamt war die Stoffauswahl davon geprägt, nicht so viel wie möglich zu bringen, sondern so wenig wie möglich.

Das Buch gliedert sich wie folgt: Das erste Kapitel gibt einen orientierenden Überblick über die Quantentechnologien, ihre Einsatzgebiete und den momentanen Entwicklungsstand zukunftsträchtiger Anwendungen. Im zweiten Kapitel werden die physikalische Voraussetzungen, die zum Verständnis der den Qubits und Quantensensoren zugrundeliegenden Hardware erforderlich sind, kurz referiert. Die eigentliche Auseinandersetzung mit der Quantenphysik beginnt dann in Kapitel 3. Anhand von zwei Schlüsselexperimenten – dem Doppelspaltexperiment und dem Antikoinzidenzexperiment von Grangier, Roger und Aspect – wird der Formalismus der Quantenphysik eingeführt und seine Anwendung geübt. Für die Quantentechnologien wichtige Themen wie Überlagerungszustände, Verschränkung und der quantenmechanische Messprozess werden ausführlich besprochen.

Die Anwendung dieser Erkenntnisse in den Quantentechnologien ist Thema der Kapitel 4–6. Hier wird die Funktionsweise von Quantensensoren, die Grundlagen der Quantenkommunikation und Quantenkryptographie und der Einsatz von Quantenalgorithmen in Quantencomputern mit zahlreichen Beispielen erläutert. An vielen Stellen wird dabei direkt die Brücke zur praktischen Anwendung geschlagen.

Braunschweig, im Oktober 2022   Rainer Müller und Franziska Greinert

Inhalt

1 Quantentechnologien: Ein erster Überblick

Die modernen Quantentechnologien nutzen die grundlegenden Effekte der Quantenphysik für technische Anwendungen. Es ist ein junges und sich stürmisch entwickelndes Fachgebiet, das noch nicht lange den heutigen Grad an öffentlicher Aufmerksamkeit genießt. Seine Entstehung markiert eine neue Stufe in der Entwicklung der Quantenphysik, die an sich schon über 100 Jahre alt und bestens erforscht ist.

Genuine Quantenphänomene (Verschränkung, Existenz von Überlagerungszuständen), die bisher von rein wissenschaftlichem Interesse waren (und auf die wir in den Kapiteln 2 und 3 näher eingehen), werden nun technologisch nutzbar gemacht. Aus der Grundlagenforschung rücken sie in die ingenieurwissenschaftliche Anwendung. Das bedeutet: Statt sich nur in fragilen Laboraufbauten in wenigen Messreihen zu zeigen, müssen die Quanteneffekte nun in einsatzfähigen Produkten zuverlässig zur Anwendung gebracht werden. Begriffe wie *Technology Readiness Level* (TRL) und Gesichtspunkte der wirtschaftlichen Verwertung rücken in den Fokus. Das Gebiet wird als disruptive Schlüsseltechnologie gesehen, mit großen Erwartungen an die zukünftige wirtschaftliche Bedeutung.

Zum Einsatz kommen dabei die gleichen Effekte, die Einstein, Bohr und Schrödinger 1935 aus wissenschaftlich-erkenntnistheoretischem Interesse diskutiert haben. Die grundlegende Quantenphysik hat sich seither nicht verändert. Entscheidend gewandelt haben sich die experimentellen Möglichkeiten und die Bereitschaft, das Potential der Quantenphysik für grundlegend neue technologische Ansätze zu nutzen.

Das Jahr 2018 markiert einen sichtbaren Startpunkt für die Quantentechnologien. Zu diesem Zeitpunkt wurden die großen zentralen Initiativen ins Leben gerufen, die dem Gebiet eine enorme Dynamik verliehen: das Quantum Flagship der EU und die National Quantum Initiative der USA. Vergleichbare Initiativen gibt es auch in anderen Ländern wie Großbritannien, China oder Kanada. Das Säulenmodell des Quantum Flagship (Abb. 1.1), das die Quantentechnologien inhaltlich strukturiert, hat sich allgemein durchgesetzt und wir legen es deshalb unserem Überblick zugrunde. Es unterteilt das Feld der Quantentechnologien in vier Säulen, die auf der fachwissenschaftlichen Basis (Basic Science) aufsetzen und von transversalen Strukturen (Engineering/Control, Software/Theory, Education/Training) durchflochten werden.

1.1 Quantencomputing

Das *Quantencomputing* ist die wohl spektakulärste der Quantentechnologien. Die hohe öffentliche Aufmerksamkeit, die das Gebiet erfährt, geht auf das Potential der Quantencomputer zurück, eine begrenzte Klasse von Problemen deutlich schneller zu lösen, als es klassischen Computern jemals möglich sein wird. Obwohl die technische Entwicklung von Quantencomputern zu tatsächlich einsatzfähigen Geräten erst

https://doi.org/10.1515/9783110717211-001

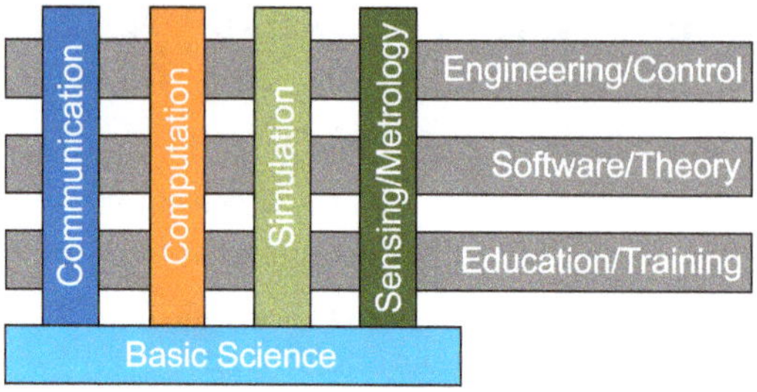

Abb. 1.1: Gliederung der Quantentechnologien (Säulenmodell des europäischen Quantum Flagship).

im Gang ist und obwohl für viele Branchen die Anwendbarkeit von Quantenalgorithmen auf praktische Probleme noch untersucht wird, ist eine enorme wirtschaftliche Bedeutung der Quantencomputer abzusehen.

Das *Qubit* ist der zentrale Begriff beim Quantencomputing. Es verallgemeinert das Bit, die Grundeinheit der Information in der klassischen Informatik. Ein klassisches Bit kann zwei Werte (0 oder 1) annehmen, die sich gegenseitig ausschließen. Das Qubit verallgemeinert dieses Konzept. Es nutzt die in der klassischen Physik nicht auftretenden Überlagerungszustände der Quantenphysik. Ein Qubit kann nicht nur die Zustände 0 und 1 annehmen, sondern beliebige Überlagerungen aus beiden.

ℹ️ Eine quantenmechanische Überlagerung von 0 und 1 bedeutet nicht etwa eine Rückkehr zu analogen Werten wie 0,6. Im Zustand des Qubits sind tatsächlich beide Einzelzustände vertreten und können zum Beispiel zur Interferenz gebracht werden. Das ist der zentrale Punkt, in dem sich das Quantencomputing vom klassischen Computing unterscheidet. Wir werden den Charakter von Überlagerungszuständen in den folgenden Kapiteln ausführlich beleuchten.

Aufgrund der Existenz von Überlagerungszuständen ist in der Berechnung eine besondere Art von *Parallelität* möglich. In Quantenalgorithmen gibt es keine if/then/else-Konstruktionen. Die Abfrage nach 0 oder 1 ist nicht erforderlich: Die beiden Alternativen werden parallel bearbeitet, da beide im Überlagerungszustand vertreten sind. Es gibt dabei jedoch eine ganz entscheidende Einschränkung: Aufgrund der Besonderheiten des quantenmechanischen Messprozesses kann mit einer einzigen Messung niemals die gesamte im Zustand enthaltene Information ausgelesen werden. Insbesondere kann eine Messung nicht die Resultate für mehrere „Berechnungszweige" der Überlagerung separat auslesen.

Der quantenmechanische Zustand der Qubits enthält die gesamte Information, die bei der Parallelrechnung gewonnen wurde – aber man kann sie nicht erlangen. Wie bei der Fee im Märchen hat man bei der Messung nur eine einzige Frage frei. Dieser Umstand macht die Konstruktion von *Quantenalgorithmen* so schwierig. Die Kunst besteht darin, diese eine Frage so zu formulieren, dass in der Antwort die gesuchte Lösung für das jeweilige Problem enthalten ist.

Quantenalgorithmen

Das große allgemeine Interesse am Quantum Computing begann 1994 mit der damals ganz unerwarteten Entdeckung von Peter Shor, dass Quantencomputer eine praktisch relevante Aufgabe – das *Faktorisieren großer Zahlen* – exponentiell schneller lösen können als klassische Algorithmen. Praktisch relevant ist diese Aufgabe deshalb, weil die derzeit gängigen Verschlüsselungsverfahren darauf beruhen, dass das Faktorisieren hinreichend großer Zahlen ein für klassische Computer enorm schwieriges Problem ist, das nicht in vertretbarer Zeit zu lösen ist. Mit einem funktionierenden Quantencomputer könnte man die klassischen Verschlüsselungsverfahren brechen.

Nachdem der Shor-Algorithmus eine erste Problemklasse aufgezeigt hatte, bei der Quantencomputer den klassischen Computern prinzipiell überlegen sein könnten, begann man nach anderen Quantenalgorithmen zu suchen, die einen solchen Vorteil boten. Es zeigte sich, dass das Spektrum der Probleme, die von Quantencomputern effizienter gelöst werden können, offenbar begrenzt ist. Die Seite quantumalgorithmzoo.org listet etwa 65 Quantenalgorithmen, die beweisbar oder vermutlich effizienter als jeder klassische Algorithmus sind – die meisten davon sind allerdings von geringer praktischer Bedeutung. Neben dem Shor-Algorithmus sind die wichtigsten Quantenalgorithmen der *Grover-Algorithmus* für die Suche in ungeordneten Datenbanken und verschiedene Algorithmen zur Lösung von Problemen aus der linearen Algebra. Sie lassen sich unter dem Oberbegriff der Singulärwertzerlegung von Matrizen zusammenfassen – eine in der Praxis potentiell sehr wichtige Anwendung, denn überaus viele Modellierungsaufgaben aus allen Bereichen der Wissenschaft und Technik beruhen auf Matrixoperationen. Große Hoffnungen werden auch in den Bereich des *Quantum Machine Learning* gesetzt, bei dem Quantenalgorithmen für die Mustererkennung nutzbar gemacht werden.

In jüngerer Zeit rückt das Interesse an Quantenalgorithmen verstärkt in Richtung auf Anwendbarkeit – und zwar sowohl im Hinblick auf das Identifizieren praktischer Anwendungsfälle (use cases) in den verschiedenen Sparten von Wirtschaft und Industrie, als auch bezüglich der realistischen Umsetzung der Algorithmen auf den anfangs noch unvollkommenen und stark rauschbehafteten Quantencomputern, die praktisch gebaut werden können. Man spricht von *NISQ-Computern* (*Noisy Intermediate-Scale Quantum Computers*), mit denen man sich in der ersten Phase des Quantum Computing begnügen muss. Der *Quantum Approximate Optimization Algorithm* (QAOA) ist ein Beispiel für einen NISQ-geeigneten Quantenalgorithmus. Das langfristige Ziel ist aber, die unvermeidliche Rauschproblematik durch Quantenfehlerkorrekturverfahren in den Griff zu bekommen.

Hardware für Quantencomputer

Für klassische Rechner gibt es zwei grundsätzlich verschiedene Architekturen: den Analogrechner, der auf kontinuierlich variierbaren mechanischen oder elektrischen

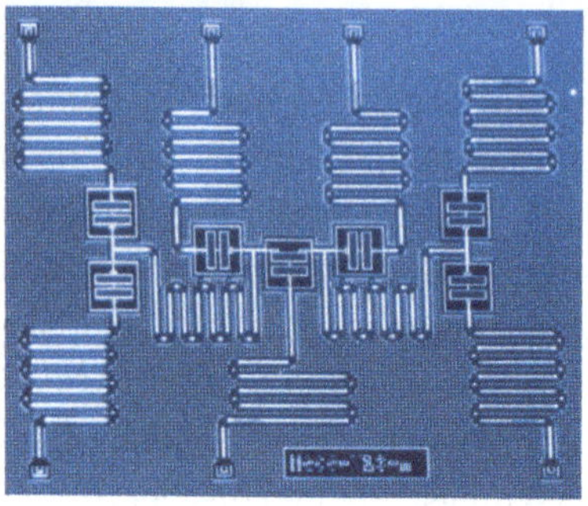

Abb. 1.2: Verschaltung von sieben supraleitenden Qubits in einem IBM-Quantencomputer.

Größen beruht (er ist irgendwann in den 1970er Jahren ausgestorben) und den Digital-rechner, der auf Bits und standardisierten Gatteroperationen (wie NOT, AND und OR) beruht. Beide Varianten existieren auch im Bereich des Quantencomputing. Anders als bei den klassischen Computern werden hier der analogen Variante aussichtsreiche Entwicklungschancen eingeräumt, vor allem im Bereich der Quantensimulationen.

Die im voranstehenden Abschnitt angesprochenen Quantenalgorithmen beruhen auf dem Konzept des universellen, gatterbasierten Quantencomputers, der auf der Basis von Qubits funktioniert. Die Gatter und ihre Operationen weisen einen entschei-denden Unterschied zur klassischen Informatik auf: Alles muss *reversibel* vonstatten gehen. Jede Irreversibilität würde die empfindlichen quantenmechanischen Überla-gerungszustände zerstören, auf denen das Quantencomputing beruht. David Deutsch entwickelte 1985 das Grundprinzip des universellen reversiblen Quantencomputers. Er konnte dabei auf Vorarbeiten von Fredkin, Toffoli, Bennett und anderen aus der Theorie reversibler Berechnungen zurückgreifen, die spezielle, für diesen Zweck ge-eignete Gatter wie das CNOT-Gatter eingeführt hatten (vgl. Kapitel 6).

Das Vermeiden von Irreversibilität ist eine der entscheidenden experimentellen Herausforderungen bei der Konstruktion von Quantencomputern: In physikalischen Systemen, die zur Realisierung von Qubits genutzt werden, müssen die jeweiligen Zu-stände extrem gut gegen unkontrollierte Einflüsse von außen abgeschirmt sein; ande-rerseits müssen sie zuverlässig adressierbar und manipulierbar sein, um Gatteropera-tionen mit ihnen durchführen zu können. Darüber hinaus müssen sie kontrolliert und skalierbar hergestellt werden können. Einer Anzahl physikalisch ganz unterschiedli-cher Systeme wird das Potential für diese Anforderungen zugeschrieben:

1. *Supraleitende Qubits*: Dies ist eine der heutzutage führenden Techniken zur Im-plementation von Qubits. Die Hardware beruht auf der Verschaltung von supralei-tenden Josephson-Kontakten, Kondensatoren und Resonatoren (Abb. 1.2). Damit Supraleitung auftritt, sind tiefe Temperaturen nötig (Abb. 1.3).
2. *Gefangene Ionen*: In Fallen gefangene Ionen können durch Laser oder Mikrowel-len gezielt manipuliert werden. In neueren Ansätzen, in denen die Miniaturisie-

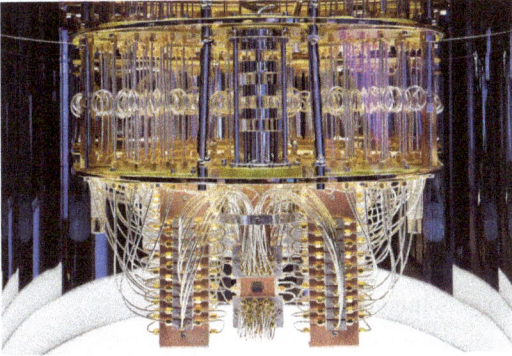

Abb. 1.3: Kryostat eines Quantencomputers mit Verkabelung zum Ansteuern der supraleitenden Qubits.

Abb. 1.4: Ionenfalle auf einem Chip. Die Ionen werden durch statische und oszillierende elektrische Felder festgehalten und können zur Durchführung von Rechenoperationen räumlich bewegt werden.

rung und Skalierbarkeit vorangetrieben wird, werden die Ionen auf der Oberfläche von Chips gefangen (Abb. 1.4).

3. *Neutrale Atome in optischen Potentialen*: Mit Lasern kann man ein räumliches „Gitterpotential" erzeugen, in dem sich neutrale Atome fangen lassen (insbesondere Atome in hohen Anregungszustände, sogenannte *Rydberg-Atome*). Mit dieser Architektur lässt sich eine große Zahl von Qubits gleichzeitig realisieren, wenngleich mit derzeit noch hohen Fehlerraten.

4. *Quantenpunkte in Halbleitern*: Quantenpunkte sind gezielt hergestellte Störstellen in Halbleitern, in denen Elektronen diskrete Energieniveaus haben; man kann sie als „künstliche Atome" ansehen. Weil dies längere Kohärenzzeiten ermöglicht, wird zur Realisierung von Qubits insbesondere der Spinfreiheitsgrad der Elektronen genutzt. Attraktiv am halbleiterbasierten Ansatz ist, dass man auf die etablier-

ten Verfahren der Elektronikindustrie zurückgreifen kann; außerdem ist eine rein elektrische Ansteuerung möglich.

5. *Photonische Qubits*: In diesem Ansatz werden die Quantenzustände des Lichts genutzt, um Information zu verarbeiten. Dazu müssen einzelne Photonen gezielt erzeugt, manipuliert und zur Wechselwirkung gebracht werden. Neben dem gatterbasierten Ansatz zum Quantencomputing wird der messbasierte Ansatz verfolgt, bei dem mit Folgen von Strahlteilern und Phasenschieber hochgradig verschränkte Zustände einzelner Photonen erzeugt werden, an denen dann gezielte, problemspezifische Messungen vorgenommen werden.

---

i Die *Kohärenzzeit* ist ein Maß für die Dauer, die ein Qubit-Zustand für das Quantencomputing nutzbar bleibt, also noch nicht durch störende Einflüsse aus der Umgebung verändert wurde.

Supraleitende Qubits und gefangene Ionen sind die derzeit am weitesten entwickelten Hardware-Konzepte für Quantencomputer. Sie werden als „Application-ready architectures" kategorisiert [1], während die übrigen oben aufgeführten Einträge als „Proof-of-performance architectures" eingeordnet werden. Daneben gibt es noch weniger erprobte „Proof-of-concept architectures", wie etwa topologische Qubits. Vergleicht man ionenbasierte und supraleitende Qubits, werden charakteristische Unterschiede deutlich:

1. Augenfällig ist die unterschiedliche Wechselwirkungsmöglichkeit zwischen verschiedenen Qubits (Connectivity). In supraleitenden Architekturen können nur diejenigen Qubits direkt Information austauschen, die direkt miteinander verschaltet sind (wie in Abb. 1.2 erkennbar). Dagegen können im ionenbasierten Computer potentiell alle Qubits miteinander wechselwirken, sie müssen dazu allerdings in der Falle bewegt werden.

2. Ionen haben sehr viel längere Kohärenzzeiten als supraleitende Qubits (im Bereich etlicher Sekunden bis Minuten im Vergleich zu Millisekunden). Sie sind dadurch rauschärmer und haben geringere Fehlerraten.

3. Supraleitende Qubits können die einzelnen Berechnungsschritte sehr viel schneller durchführen (weil die Ionen zum Rechnen bewegt werden müssen, was Zeit kostet).

Entwicklung des Quantencomputing

Die erste Phase in der Entwicklung des Quantencomputing, die etwa 20 Jahre andauerte, war rein wissenschafts- und erkenntnisgeprägt. Ein Anwendungsbezug stand nicht im Vordergrund, wohl aber die Frage nach der möglichen Realisierbarkeit. Sofort nach der Entdeckung des Shor-Algorithmus wurde nach physikalischen Systemen gesucht, die sich zur Verwirklichung von Quantencomputern eignen. Schon Ende 1994 schlugen Cirac und Zoller ein Schema zur Realisierung des CNOT-Gatters mit Hilfe von gefangenen Ionen vor. Dieses Gatter, das auf zwei Qubits wirkt, ist deshalb von zentraler Bedeutung, weil aus ihm und einigen einfacheren Ein-Qubit-Operationen alle denkbaren Qubit-Operationen zusammengesetzt werden können.

Die erste experimentelle Umsetzung des Cirac-Zoller-Schemas gelang der Gruppe um Dave Wineland am National Institute of Standards and Technology bereits 1995 mit einem einzelnen ^{9}Be$^+$-Ion. Die prinzipielle Machbarkeit war damit gezeigt; eine Weiterentwicklung in Richtung technologischer Anwendung stand nicht im Fokus der wissenschaftlichen Gemeinschaft. In der Grundlagenforschung wurden die unterschiedlichen Aspekte des Quantencomputing in viele Richtungen untersucht; zu nennen sind hier insbesondere die verschiedenen Ansätze zur Quantenfehlerkorrektur, um mit den unvermeidlich auftretenden Kohärenzverlusten umzugehen.

Die zweite Phase des Quantencomputing ist von der Entwicklung in Richtung Anwendungen und Produkten geprägt. Charakteristisch ist das Engagement von großen Unternehmen wie IBM oder Google, die in der Entwicklung von Quantencomputern aktiv wurden, vorwiegend auf der Basis von supraleitenden Qubits. Große öffentliche Aufmerksamkeit erfuhr das Thema 2016, als IBM eine frei zugängliche web-basierte Plattform eröffnete, mit der der Zugang zu realen Quantencomputern für einen breiten Anwenderkreis möglich wurde.

Mit der absehbaren technischen Realisierbarkeit von Quantencomputern wurden seit Mitte der 2010er Jahre auch staatliche Akteure aktiv. Große Förderprogramme wurden zuerst in Großbritannien, dann in der EU (Quantum Flagship, 2018), den USA (National Quantum Initiative, 2018) und verschiedenen anderen Staaten (China, Indien, Japan) aufgelegt. Europäische Startups zum Bau von Quantencomputern wie AQT, IQM oder Pasqual wurden seit etwa 2020 sichtbar.

Das Quantencomputing wird inzwischen als disruptive Zukunftstechnologie eingestuft; die prognostizierten Anwendungen liegen im Bereich der biochemischen und pharmazeutischen Simulationen, der Optimierung von industriellen Prozessen, beim Risiko- und Portfoliomanagement bei Versicherungen und Banken und im Bereich des *Quantum Machine Learnings*. Wirtschaftsanalysten sagen für die kommenden Jahrzehnte einen Multi-Milliarden-Markt in diesen Bereichen voraus.

1.2 Quantensimulation

Bei einer Tagung im Jahr 1981 hielt der Nobelpreisträger Richard Feynman einen Vortrag mit dem Titel *„Simulating Physics with Computers"*. Er sprach darin eine Einsicht aus, die man je nach Betrachtungsweise als sehr banal oder sehr tiefsinnig einordnen kann. Sie besteht aus zwei Teilen:

1. Klassische Systeme sind nicht in der Lage, größere Quantensysteme effizient zu simulieren.
2. Quantensysteme lassen sich am besten durch andere Quantensysteme simulieren.

Damit war das Arbeitsprogramm für das Feld der *Quantensimulation* definiert. Es dauerte noch mehrere Jahrzehnte, bis es aufgegriffen und ernsthaft verfolgt wurde.

Die Tatsache, dass klassische Computer an ihre Grenzen stoßen, wenn größere Quantensysteme vollständig simuliert werden sollen, lässt sich leicht einsehen, wenn man allein den dazu nötigen Speicherbedarf betrachtet. Schon das Abspeichern der vollständigen Zustandsbeschreibung eines größeren Quantensystems ist mit klassischen Mitteln unmöglich. Die klassische Simulation quantenmechanischer Systeme scheitert also bereits, bevor die Berechnung überhaupt beginnt.

Der zweite Teil von Feynmans Behauptung besitzt eine offensichtliche Plausibilität. Wenn der Zustand von Quantensystemen tatsächlich so komplex ist, dass die klassische Beschreibung an ihre Grenzen stößt, warum dann nicht ein quantenmechanisches System durch eine anderes quantenmechanisches System simulieren? Oder, wie es Feynman selbst es prägnant formuliert [2]:

> ...nature isn't classical, dammit, and if you want to make a simulation of nature, you'd better make it quantum mechanical, and by golly it's a wonderful problem, because it doesn't look so easy.

Die Grundidee besteht darin, ein komplexes Quantensystem, das experimentell schwer zu kontrollieren ist, durch ein einfacher handhabbares Quantensystem zu modellieren. Zur Modellierung gehört, dass die Eigenschaften und die Dynamik des einen Systems auf das andere System abgebildet werden können. Durch Untersuchen des einen Systems kann man auf diese Weise Rückschlüsse auf das andere System ziehen. Diese Modellierung eines Systems durch direkte Abbildung der Bestandteile auf ein anderes System nennt man *analoge Quantensimulation.*

---

i Die Zahl der klassischen Bits, die man braucht, um den Zustand eines n-Qubit-Systems zu beschreiben, lässt sich durch einfaches Abzählen ermitteln (vgl. S. 86). Sie skaliert mit 2^n. So viele komplexe Zahlen müssen gespeichert werden, um den Zustand eines Quantensystems abzuspeichern. Um den Zustand von 50 Qubits vollständig zu erfassen, sind demnach $2^{50} \approx 10^{15}$ Zahlen nötig. Zum Vergleich: Der 2020 installierte Supercomputer Juwels im Forschungszentrum Jülich hat eine Speicherkapazität von 479 TB, also etwa $0{,}5 \cdot 10^{15}$ Byte.

Diese Abschätzung verdeutlicht, warum die Zahl von 50 zuverlässig funktionierenden Qubits immer wieder als ungefähre Schwelle für die Quantenüberlegenheit genannt wird. Die Skalierung mit 2^n bedeutet, dass sich mit Hinzufügen eines 51. Qubits die nötige klassische Speicherkapazität verdoppelt – man braucht dann also schon zwei klassische Supercomputer. Mit dem nächsten hinzugefügten Qubit werden es vier klassische Supercomputer, und so weiter.

---

i Feynmans Feststellung kann natürlich nicht die ganze Wahrheit zur Simulation quantenmechanischer Systeme durch klassische Computer enthalten. Schließlich werden in der theoretischen Chemie schon lange Computersimulationen der Eigenschaften von Molekülen erfolgreich durchgeführt. Es werden dabei aber Näherungsverfahren eingesetzt, die den Informationsgehalt drastisch reduzieren und sich nur auf die für die Chemie relevanten Variablen konzentrieren. Bekannt ist zum Beispiel die *Dichtefunktionaltheorie* (Chemie-Nobelpreis 1998 für Walter Kohn), die sich allein auf die Ladungsdichte

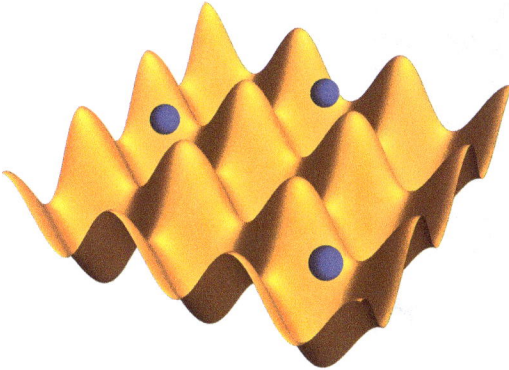

Abb. 1.5: Veranschaulichung von Atomen in einem zweidimensionalen optischen Gitterpotential.

konzentriert. Die von Feynman gemeinte vollständige Zustandsinformation mit allen Überlagerungen und Verschränkungen ist hier nicht relevant. Doch auch die Dichtefunktionaltheorie mit ihrer Informationsreduktion stößt bei Simulationen von Molekülen mit mehr als 100 Atomen schnell an die Grenzen der Berechenbarkeit.

Für eine erfolgreiche Quantensimulation müssen eine Anzahl von Voraussetzungen erfüllt sein. Das Modellsystem muss experimentell so gut kontrollierbar sein, dass:

1. der zu untersuchende Quantenzustand präpariert werden kann (Initialisierung);
2. die Dynamik des zu simulierenden Systems im Modellsystem nachgebildet werden kann (idealerweise lassen sich auch relevante Parameter variieren);
3. sich die interessierenden Variablen mit vertretbarem Aufwand auslesen lassen.

Ein Beispiel: Die Untersuchung von stark wechselwirkenden Quantenteilchen in Festkörpern gehört zu den schwierigsten Problemen in diesem Gebiet. Diese Wechselwirkungen lassen sich mit Atomen in einem optischen Gitter simulieren (einem durch Laser erzeugten periodischen Potential, vgl. Abb. 1.5). Dabei ist eine saubere Präparation des Systems und sogar eine Variation der Wechselwirkungsparameter möglich – Vorteile, die man im originalen System nicht hat und die ein vertieftes Verständnis erlauben. Auf diese Weise kann man durch die gezielte Untersuchung von Atomen in optischen Gittern Rückschlüsse auf das ursprüngliche Problem aus der Festkörperphysik ziehen [3].

Es gibt verschiedene Grundschemata der Quantensimulation: von der oben beschriebenen analogen Quantensimulation bis zum digitalen Modellieren der Dynamik in diskreten Zeitschritten mit einem gatterbasierten Quantencomputer. Die Grenzen zum Quantencomputing sind notwendigerweise fließend, denn ein universeller Quantencomputer lässt sich immer auch für Simulationen nutzen.

Quantenannealer

Eine besondere Untergruppe der Quantensimulatoren sind die *Quantenannealer*. Annealing bedeutet in der Werkstofftechnik Ausglühen oder Tempern: ein klassisches

Abb. 1.6: Prozessor eines Quantenannealers mit supraleitenden Qubits.

Verfahren, um durch langandauerndes Erhitzen Strukturdefekte auszugleichen, also das System in einen Zustand minimaler Energie zu bringen. Ein Quantenannealer löst in vergleichbarer Weise Optimierungsprobleme. Das kann zum Beispiel ein logistisches Problem sein, etwa die Verteilung von Gütern auf Lastwagenfahrten. Ziel ist es, eine Nutzenfunktion zu optimieren, die von den verschiedenen Verteilungsmöglichkeiten abhängt. Eine der ersten versuchsweisen Anwendungen unter Realbedingungen war die von Volkswagen mit einem Quantenannealer durchgeführte Busroutenplanung zur Verkehrsflussoptimierung beim Web-Summit 2019 in Lissabon.

In einem Quantenannealer wird das zu optimierende Problem durch eine jeweils angepasste Kopplung zwischen den Qubits beschrieben. Die Kopplung bestimmt die Energie des Systems und definiert auf diese Weise die Nutzenfunktion. Zu Beginn sind die Qubits ungekoppelt. Die Wechselwirkung zwischen ihnen wird allmählich eingeschaltet, und zwar so, dass das System immer im Zustand minimaler Energie bleibt. Am Ende des Einschaltvorgangs ist das System mit einer hohen Wahrscheinlichkeit in einem Zustand, der die Lösung des gesuchten Problems darstellt.

Ein Quantenannealer ist kein universeller Quantencomputer. Das Quantenannealing ist ein analoges Optimierungsverfahren, bei dem die Nutzenfunktion durch Einstellen der Kopplungen zwischen den Qubits in gewissen Grenzen frei programmiert werden kann. Weil dabei die Anforderungen an die Kontrolle des Gesamtsystems und Fehlerraten weitaus geringer sind als beim gatterbasierten Quantencomputing, sind Quantenannealer technisch einfacher zu realisieren. Sie können daher mit wesentlich höheren Qubit-Zahlen aufwarten, wenn auch um den Preis geringerer Flexibilität. Insbesondere die Geräte von D-Wave haben schon früh mit kommerzieller Verfügbarkeit und einer großen Anzahl supraleitender Qubits für Aufmerksamkeit gesorgt (Abb. 1.6).

Anwendungsfälle für die Quantensimulation

Quantensimulation und Quantenoptimierung können vielfältige Anwendungen haben, deren Umfang heute noch nicht abschließend abzusehen ist. Naheliegend ist es natürlich, Feynmans Anregung aufzugreifen und gezielt Quantensysteme zu simulieren, zum Beispiel Moleküle, chemische Reaktionen oder die Wirkung von Katalysatoren in der Chemie. Praktisch könnten solche Simulationen zur Medikamentenentwicklung eingesetzt werden (mit einem großen Anwendungsfeld in der personalisierten Medizin) oder zur energieeffizienten Stoffsynthese mit wirksamen Katalysatoren (was etwa bei der Herstellung von Düngemitteln zu großen Energieeinsparungen führen könnte). Andere komplexe Quantensysteme, bei denen das Potential für Quantensimulationen erforscht wird, finden sich in der Festkörperphysik und bei der Entwicklung von Materialien mit neuartigen Eigenschaften. Es gibt Hoffnungen, dass das Potential von Quantensimulationen für chemische und materialwissenschaftliche Fragestellungen auch bei der Bekämpfung des Klimawandels behilflich sein könnte, etwa bei Materialien für Solarzellen und Batterien oder beim CO_2-Einfang und der Entwicklung von synthetischen Treibstoffen [4].

Außerhalb der Quantenphysik kommen Simulationen und Optimierungen bereits heute in einer Vielzahl von Anwendungsbereichen zum Einsatz: von der Ablaufsteuerung bei industriellen Prozessen über Atmosphärenmodelle bis zum Risiko- und Portfoliomanagement bei Versicherungen und im Finanzsektor. Inwieweit diese Bereiche von Quantensimulationen profitieren können, in welchen Anwendungsfeldern es überhaupt eine Quantenüberlegenheit gibt und wo klassische Modelle und heuristische Näherungsverfahren vielleicht doch ausreichend sind, wird die derzeit einsetzende Erkundung von konkreten Anwendungsfällen zeigen.

1.3 Quantensensoren

Atomuhren

Die *Quantensensoren* sind ein Teilgebiet der „neuen" Quantentechnologien, das in einer kontinuierlichen Entwicklung an die traditionelle Forschung anknüpft. Zum Beispiel erfolgt die Zeitbestimmung schon seit den 1960er Jahren mit hochpräzisen Atomuhren, die auf Methoden der Quantenoptik beruhen. Im internationalen Einheitensystem (SI) ist die Sekunde seit 1967 durch die Übergangsfrequenz zwischen zwei Energieniveaus im ^{133}Cs-Atom definiert (ein Übergang im Mikrowellenbereich).

Die heutzutage genauesten Atomuhren beruhen auf atomaren Übergängen bei optischen Frequenzen und haben eine Unsicherheit in der Größenordnung von 10^{-18}. Das bedeutet eine Sekunde Abweichung in einem Zeitraum, der größer als das Alter des Universums ist. Die Kontinuität der Entwicklung spiegelt sich in Abb. 1.7 wider. Sie zeigt die vier primären Atomuhren der Physikalisch-Technischen Bundesanstalt (PTB) in Braunschweig, die in den Jahren 1969 (CS1), 1985 (CS2), 1996 (CSF1) und 2008 (CSF2)

Abb. 1.7: Die vier primären Atomuhren an der PTB.

in Betrieb genommen wurden. Die Ganggenauigkeit wurde in dieser Zeit um vier Größenordnungen gesteigert.

Atomuhren eignen sich sehr gut, um die Vorzüge von Quantensensoren anschaulich zu verdeutlichen. Ihre Funktionsweise beruht weder auf dem Vergleich mit einem Artefakt (wie z. B. eine Pendeluhr, die kalibriert werden muss) noch auf speziellen Eigenschaften von Materialien (wie etwa ein Flüssigkeits- oder Bimetallthermometer). Der atomare Übergang, der den Gang einer Atomuhr bestimmt, wird von der Natur als universeller Maßstab zur Verfügung gestellt. In Abwesenheit von äußeren Störungen ist er immer und überall gleich. Man kann sich dies zunutze machen und aus gemessenen Abweichungen vom normalen Gang auf die Anwesenheit von äußeren Störungen schließen. Auf diese Weise wird aus einer Atomuhr ein Quantensensor.

Gravimetrie mit Atomuhren

Es ist gerade die enorme Genauigkeit von Atomuhren, die ihre effiziente Nutzung als Sensoren erlaubt. Zum Beispiel hängt nach Einsteins Allgemeiner Relativitätstheorie der Gang von Uhren von ihrer Höhe im Schwerefeld der Erde ab. Das hat unmittelbare Konsequenzen: Während vor einigen Jahren beim Vergleich zweier Atomuhren noch berücksichtigt werden musste, in welchem Stockwerk des gleichen Gebäudes sie sich befanden, sind die gegenwärtigen Atomuhren so genau, dass sie Höhenunterschiede im Zentimeterbereich auflösen können. Transportable Atomuhren können daher zur Höhenbestimmung eingesetzt werden. Die Höhe von Punkten auf der Erdoberfläche muss künftig nicht mehr mit Nivellierlatten auf der Basis von kartierten Höhennetzen bestimmt werden, sondern es können transportable Atomuhren eingesetzt werden.

Bei noch gründlicherer Betrachtung erschließen sich weitere Anwendungsbereiche: Denn es ist genau genommen nicht ihre Höhe, die den Gang einer Atomuhr bestimmt, sondern das Gravitationspotential am jeweiligen Ort. Dieses hängt aber

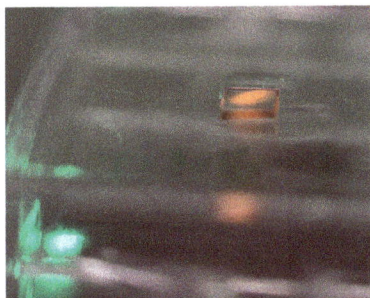

Abb. 1.8: Fluoreszenz von NV-Zentren.

noch von anderen Faktoren ab, insbesondere von der Massenverteilung unterhalb der Atomuhr. Damit können Dichtevariationen im Untergrund aufgespürt werden; es wird *Gravimetrie* mit Atomuhren möglich. Je nach Einsatzszenario kann man so nach Hohlräumen, Untergrundstrukturen, Wasserreservoiren oder Rohstofflagerstätten suchen. Auch globale Kartierungen des Gravitationspotentials mit satellitenbasierten Atomuhren werden vorangetrieben.

Die gesellschaftliche und technologische Relevanz dieser Anwendungen ist offensichtlich. Insbesondere der Nutzen der Gravimetrie im Bauwesen, wo es um das Aufspüren von Hohlräumen, unterirdischen Strukturen und Mauerresten im Untergrund geht, kann kaum überschätzt werden. Bei etwa 40 % aller Baustellen treten wegen Unklarheiten über den Untergrund Mehrkosten oder Verzögerungen auf [5]. Für Großbritannien beziffert eine Studie die Kosten, die allein bei Straßenbauarbeiten für das Aufspüren unzureichend dokumentierter Untergrundstrukturen anfallen, auf 5 Milliarden Pfund pro Jahr [6].

NV-Zentren als Quantensensoren

Eine ganz andere Art von Quantensensoren beruhen auf *NV-Zentren* in Diamantkristallen. Es handelt sich um eine spezielle Sorte von Kristalldefekt, die in Diamant auftritt. Eines der Kohlenstoffatome ist durch ein Stickstoff-Atom (N) ersetzt und eine benachbarte Gitterstelle bleibt leer (Vakanz V). Durch ein zusätzliches Elektron aus der Umgebung ist der Defekt negativ geladen. In dieser Struktur bilden sich wie in einem „künstlichen Atom" diskrete Energieniveaus aus, die angeregt werden können und Phänomene wie Fluoreszenz zeigen: Beleuchtet man ein NV-Zentrum mit einem grünen Laser, emittiert es rotes Fluoreszenzlicht (Abb. 1.8).

Die Energieniveaus in einem NV-Zentrum hängen empfindlich von externen magnetischen Feldern ab, zusätzlich auch von externen elektrischen Feldern, von der Temperatur und mechanischen Spannungen im Kristall. Deshalb eignen sich NV-Zentren als Sensoren für diese Größen. Zum Beispiel vergrößert sich die Energiedifferenz zweier benachbarter Niveaus mit zunehmendem Magnetfeld (*Zeeman-Effekt*).

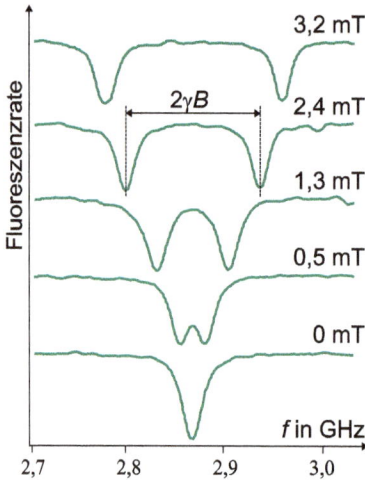

Abb. 1.9: Die am Abstand der Minima in der Fluoreszenzrate ablesbare Aufspaltung der Energie-niveaus in Abhängigkeit vom Magnetfeld erlaubt die Messung des Magnetfelds (Daten: QZabre).

Die entsprechenden Übergänge lassen sich mit Mikrowellen anregen, was im Fluoreszenzspektrum eines gleichzeitig mit einem Laser angeregten optischen Übergangs sichtbar wird (Abb. 1.9). Mit dieser Technik, die man *Optically Detected Magnetic Resonance* (ODMR) nennt, kann man externe Magnetfelder messen.

NV-Zentren haben den gleichen Vorteil wie die Atome in einer Atomuhr: Sie sind alle gleich. Dadurch haben sie universell reproduzierbare Eigenschaften. Ein NV-basierter Magnetfeldsensor benötigt also keine Kalibrierung an einem externen Standard. Dadurch, dass sich ihre Eigenschaften im Lauf der Zeit nicht ändern, haben NV-basierte Sensoren eine hohe Reproduzierbarkeit. Schwierigkeiten bereiten derzeit noch die gezielte und kontrollierte Herstellung von NV-Zentren im Diamantkristall und die Kopplung des zur Manipulation und Detektion verwendeten Lichts an individuelle NV-Zentren (aus diesen Gründen sind NV-Zentren auch nicht die erste Wahl für Qubits in einem Quantencomputer).

NV-Zentren sind nicht die einzigen hochempfindlichen Sensoren für Magnetfelder. Magnetfeldsensoren, die auf Quanteneffekten beruhen, gibt es schon seit den 1960er Jahren. Solche *SQUID-Sensoren* (Superconducting Quantum Interference Device) sind sehr empfindlich, funktionieren aber, weil sie auf Supraleitung beruhen, nur bei tiefen Temperaturen. Eine aufwändige Kühlung mit flüssigem Helium oder flüssigem Stickstoff ist erforderlich; zudem wird die Miniaturisierung durch den Platzbedarf der zur Kühlung erforderlichen Kryostaten erschwert.

Auf NV-Zentren basierende Sensoren können dagegen bei Raumtemperatur arbeiten und haben diese Nachteile nicht. Weil sie klein sind, ist eine hohe räumliche Auflösung möglich. Das ist für medizinische Anwendungen von Vorteil, etwa in der *Magnetoenzephalographie* (MEG) – einer medizinischen Diagnosetechnik, bei der das

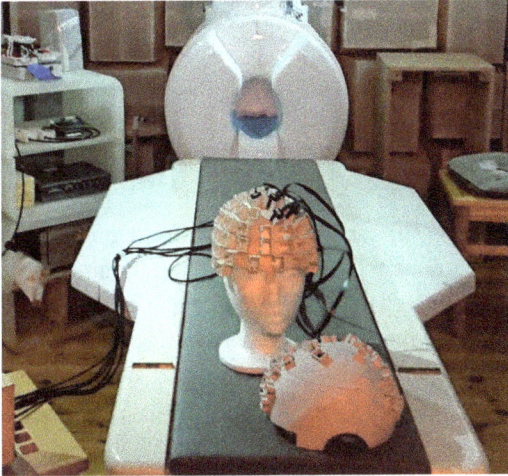

Abb. 1.10: SQUID-MEG der PTB Berlin im Hintergrund mit der Liege für eine Person, deren Kopf für die Messung in dem MEG-Gerät liegen würde. Im Vordergrund zwei Kappen mit OPM-Sensoren, wodurch eine Anpassung an den jeweiligen Kopf und Bewegung während der Messung ermöglicht werden.

Magnetfeld des menschlichen Gehirns erfasst wird, das durch die elektrische Aktivität der Nervenzellen hervorgerufen wird. Diese Technik wird zum Beispiel zur Erforschung und Diagnose der Alzheimer-Krankheit eingesetzt.

Magnetfelder lassen sich auch mit *optisch gepumpten Magnetometer* (OPMs) nachweisen, die ebenfalls bei Raumtemperatur funktionieren. Physikalisch beruhen sie auf Atomen, die sich als Gas in einer Zelle befinden (meist Alkalimetalle wie Kalium, Rubididum oder Cäsium). Die Atome werden mit einem Laser in ein Energieniveau mit bestimmten Spineigenschaften gebracht. In Anwesenheit eines Magnetfelds zeigt der Spin eine magnetfeldabhängige Präzession, die sich im Absorptionsverhalten der Atome widerspiegelt. Dadurch kann das Magnetfeld ausgemessen werden (Abb. 1.10).

Einsatzgebiete für Quantensensoren
Atomuhren und NV-Zentren sind nur zwei Beispiele für Quantensensoren. Die Zahl der physikalischen Systeme, die sich eignen, um mit Quanteneffekten Umgebungsvariablen zu messen, ist fast unüberschaubar. Generell muss ein Sensor empfindlich auf die zu messende Größe reagieren; die dadurch hervorgerufene Änderung seines Zustands muss zuverlässig auslesbar sein. In Quantensensoren sind es Quanteneffekte, die zur Messung eingesetzt werden. Da die gesamte Halbleiterphysik grundsätzlich auf der Quantenmechanik beruht, ist die Grenze zu konventionellen Sensoren aber schwer zu ziehen. Typischerweise werden in Quantensensoren nichtklassische Zustände oder Effekte genutzt (wie Überlagerungszustände oder quantenmechanische Phasenverschiebungen), um höhere Empfindlichkeiten zu erreichen.

Mit diesen höheren Empfindlichkeiten und zusätzlichen Vorteilen wie Miniaturisierbarkeit, Reproduzierbarkeit, Robustheit und Zuverlässigkeit sind Quantensensoren attraktiv für verschiedene Einsatzgebiete („use cases"):

1. *Medizin:* In der medizinischen Diagnostik können Quantensensoren zum Nachweis von magnetischen Feldern genutzt werden, die von den elektrischen Aktivitäten im Gehirn und im Herzmuskel herrühren. Dabei werden auch bildgebende Verfahren entwickelt. Magnetfeldmessungen können ebenfalls in der Medizin eingesetzt werden, etwa zur schnellen Diagnose bei Schlaganfallpatienten.
2. *Biologie:* Lebende Zellen und mikroskopische Lebewesen können mit bildgebenden optischen Techniken berührungsfrei und sogar wechselwirkungsfrei abgebildet werden. Schon heute geschieht das so schnell, dass Videoaufnahmen möglich sind und dynamische Prozesse abgebildet werden können.
3. *Bauwesen:* Mit empfindlichen Gravimetern können Untergrundstrukturen und verborgene Hohlräume sichtbar gemacht und vorhandene Infrastruktur kontrolliert werden.
4. *Erdüberwachung und Bodenschätze:* Gravimeter und Gradiometer (die den Gradienten des Gravitationsfeldes messen) erlauben das Aufspüren von Grundwasservorräten und Bodenschätzen oder das Monitoring von Erdbeben und Vulkanen. Entsprechende Sensoren können an der Erdoberfläche, in Satelliten oder in Flugzeugen eingesetzt werden.
5. *Industrielle Prozesse und Telekommunikation:* Hochpräzise Zeitmessung kann bei der exakten Steuerung industrieller Prozesse erforderlich sein und ist insbesondere im Telekommunikationsbereich entscheidend. Die Herausforderung besteht nicht nur in der präzisen Zeitmessung an einem Ort, sondern in der Fähigkeit, die Zeitinformation mit hoher Genauigkeit an einen anderen Ort zu übertragen. Dazu sind Netzwerke synchronisierter Uhren nötig.
6. *Detektion von Teilchen und Gasen:* Quantensensoren lassen sich als sehr empfindliche Detektoren für Gase einsetzen. Die Gase können dabei mit spektroskopischen Methoden identifiziert werden. Das ermöglicht zum Beispiel die Lecksuche in Gasleitungen oder den Einsatz bei der Umweltüberwachung.

1.4 Quantenkommunikation

Die Informationsübertragung mit Licht in Glasfaserkabeln wurde bereits in den 1970er Jahren entwickelt und ist seit den 1990er Jahren weit verbreitet. Im Detail ist die optische Datenübertragung eine komplexe Technik, aber das Grundprinzip lässt sich einfach verstehen: Von Laserdioden erzeugtes Licht wird in Glasfaserkabeln übertragen und am Ende durch Photodioden nachgewiesen. Die Information wird dabei durch Modulation der Intensität codiert. Effekte aus der Quantenphysik spielen bei diesem Übertragungsprinzip kaum eine Rolle. Das bei der Übertragung verwendete Licht kann als klassische elektromagnetische Welle beschrieben werden.

In der *Quantenkommunikation* erfolgt die Informationsübertragung mit einzelnen Photonen. Meist wird die Information in die Polarisationsfreiheitsgrade kodiert. Die Kommunikation mit einzelnen Photonen bedeutet extrem schwache Signale: Noch weniger Licht als ein einzelnes Photon kann ein Signal nicht enthalten. Das bringt technische Herausforderungen mit sich. Die kontrollierte Erzeugung einzelner Photonen ist nicht einfach; zum Nachweis sind empfindliche Detektoren erforderlich. Dabei ist thermisches Rauschen ein großes Problem.

Die kontrollierte *Erzeugung einzelner Photonen* ist ein aktives Forschungsgebiet. Einzelne Photonen „on demand" sind derzeit technologisch noch nicht verfügbar; der inhärent statistische Charakter der Quantenphysik macht diese Aufgabe so schwierig.

Oft arbeitet man stattdessen mit „heralded single photons" (angekündigten einzelnen Photonen). Dabei wird in einem nichtlinearen Kristall (meist Bariumborat, BBO) ein ultraviolettes Photon in zwei infrarote Photonen umgewandelt, die hochgradig korreliert sind. Dieser Prozess, der als *spontaneous parametric down-conversion* bezeichnet wird, findet stochastisch statt. Nur eines von 10^{11} UV-Photonen wird in ein IR-Paar umgewandelt. Der genaue Zeitpunkt des Prozesses ist unvorhersagbar und nicht steuerbar. Durch die „Ankündigung" von Einzelphotonen wird dieser Mangel an Kontrolle über den Einzelprozess teilweise wieder wettgemacht: Die beiden IR-Photonen verlassen den BBO-Kristall unter verschiedenen Winkeln – eines davon in Richtung auf einen Detektor. Wenn der Detektor dieses erste Photon absorbiert, kann das Detektorsignal als „Ankündigung" des zweiten Photons dienen. Mit diesem zweiten Photon kann man nun kontrolliert arbeiten.

Andere vielversprechende Einzelphotonenquellen sind die im vorigen Abschnitt besprochenen NV-Zentren, weil sie nach Anregung genau ein einzelnes Photon emittieren – allerdings ebenfalls stochastisch in eine zufällige Richtung.

Als *Detektoren* für den Nachweis einzelner Photonen werden meist *Avalanche-Photodioden* (APDs) eingesetzt (Abb. 1.11). Sie sind das festkörperbasierte Äquivalent zum Photomultiplier. Eine APD arbeitet ähnlich wie eine gewöhnliche Photodiode, bei der einfallende Photonen zur Bildung von Elektron-Loch-Paaren führen. Die angelegte Sperrspannung ist bei der APD so groß, dass die erzeugten Elektronen und Löcher beschleunigt werden, Energie gewinnen, und damit eine „Lawine" weiterer Elektron-Loch-Paare auslösen, die dann als elektrisches Signal nachgewiesen werden kann.

Quantenkryptographie und Cybersecurity

Warum verfolgt man überhaupt den Ansatz der Kommunikation mit einzelnen Photonen, wenn dabei die technischen Hürden so hoch sind? Die Antwort liegt in einer grundsätzlichen und tiefgehenden Aussage über die Quantenphysik: dem *No-Cloning-Theorem*, mit dem wir uns in Kapitel 5 noch ausführlicher beschäftigen werden. Es besagt, dass es grundsätzlich unmöglich ist, den Zustand eines einzelnen Quantenobjekts (z. B. eines Photons) zu klonen, also eine exakte Kopie davon herzustellen, die in jeder Hinsicht mit dem Original übereinstimmt. Diese Aussage berührt einige fundamentale Aspekte der Quantenphysik – zum Beispiel, dass eine Messung grundsätzlich den Zustand des gemessenen Objekts verändert oder dass man durch eine einzelne Messung niemals die gesamte Information über den Zustand auslesen kann.

Abb. 1.11: Avalanche-Photodiode (APD), eingesetzt zur Detektion einzelner Photonen.

Das No-Cloning-Theorem bildet die Grundlage der Quantenkommunikation, insbesondere der *Quantenkryptographie*. Darunter versteht man die inhärent abhörsichere Kommunikation mit einzelnen Photonen. Zu diesem Zweck werden Protokolle zum sicheren Austausch kryptographischer Schlüssel entwickelt (*Quantum Key Distribution*). Mit diesen Protokollen lässt sich sicherstellen, dass ein Abhörversuch aufgrund der Störungen durch die dazu nötige Messung zuverlässig entdeckt werden kann. Die Quantenphysik stellt somit einen eingebauten Abhörschutz zur Verfügung.

Nachdem die kryptographischen Schlüssel, die aus zufälligen Folgen von Nullen und Einsen bestehen, zuverlässig verteilt sind, können sie zum Ver- und Entschlüsseln der zu übertragenden Information benutzt werden. Eine informationstheoretisch sichere Übertragung, die auf dem Übertragungsweg nachweisbar nicht gebrochen werden kann, ist möglich, wenn die verwendeten Schlüssel mindestens so lang sind wie die zu verschlüsselnde Nachricht und nur einmal verwendet werden (*One-Time-Pad*).

Die Anwendungsfälle sind vielfältig, denn Verschlüsselung erleben wir täglich: Bei jedem Aufruf einer Internetseite mit dem Webbrowser oder Smartphone wird die übertragene Information verschlüsselt (dafür steht das „s" wie „secure" in der Protokollspezifikation „https"). Die Übertragung von Passwörtern, Bankdaten und anderen persönlichen Angaben benötigt eine sichere Verschlüsselung. Besonders wichtig ist die sichere Kommunikation in Bereichen wie dem Gesundheitssystem, dem Finanzsektor, der kritischen Infrastruktur (speziell Energie- und Wasserversorgung) und natürlich im militärischen und geheimdienstlichen Bereich.

Die heute verwendeten Verschlüsselungsverfahren beruhen darauf, dass das Faktorisieren großer Zahlen für die aktuell verfügbaren Computer eine schwierige Aufgabe ist. Wie wir gesehen haben, gilt das für Quantencomputer nicht mehr. Mit dem Aufkommen leistungsfähiger Quantencomputer wird somit die Sicherheit der bisherigen Verfahren nicht mehr gewährleistet sein. Das gilt übrigens auch rückwirkend: Heute abgefangene und gespeicherte, aber mit derzeitigen Mitteln noch nicht entschlüsselbare Kommunikation wird lesbar werden, sobald Quantencomputer das Faktorisieren großer Zahlen beherrschen.

Zwei Lösungsstrategien werden für diese Problematik verfolgt: Neben der schon erwähnten Quantenkryptographie, bei der die Quantenphysik zum sicheren Schlüsselaustausch verwendet wird, werden in der *Post-Quantum Cryptography* neue Verschlüsselungsverfahren auf der Basis klassischer Informationstheorie entwickelt, die für Attacken von Quantencomputern nicht mehr anfällig sind.

Quantenteleportation, Quantenrepeater und Quantennetzwerke

Die Quantenkommunikation wird hauptsächlich in zweierlei Hinsicht in Richtung Anwendungsreife entwickelt: Zum einen muss sie, um praktisch nutzbar zu sein, über *große Entfernungen* zuverlässig funktionieren, und zum anderen liegt es nahe, vom einfachen Sender-Empfänger-Modell zur Kommunikation zwischen mehreren Teilnehmern in einem *Quantennetzwerk* überzugehen.

Die Kommunikation über größere Distanzen stößt auf praktische Schwierigkeiten. Die in der Quantenkommunikation verwendeten Photonen werden entweder in Glasfasern oder im freien Raum übertragen. In beiden Fällen ist die Abschwächung des Signals über große Entfernungen ein Problem – entweder durch die Aufweitung des Strahls im freien Raum oder durch die Absorption im Material der Glasfaser. Um letztere möglichst gering zu halten, findet die Übertragung meist in Wellenlängenbereichen mit besonders geringer Absorption statt, den „telecom windows" im Infraroten bei etwa 1550 nm. Aber selbst hier absorbieren Glasfasern ungefähr 0,2 dB/km, so dass das Signal nach einigen zehn Kilometern in der Glasfaser praktisch nicht mehr vorhanden ist.

Im freien Raum sind die Verluste geringer, so dass mit satellitenbasierter Kommunikation Entfernungen von mehreren Tausend Kilometern überbrückt werden können. Deshalb werden Satellitennetzwerke in der Quantenkommunikation als ein Schwerpunkt verfolgt, und vermutlich werden sie in zukünftigen Quantennetzwerken eine wichtige Rolle spielen.

Die Absorption in Glasfasern ist natürlich auch bei der konventionellen Datenübertragung mit klassischem Licht ein Problem. Dort sind *Repeater* die Lösung – ein Gerät, das ein Signal empfängt, aufbereitet und verstärkt, um es dann erneut auszusenden. In der Quantenphysik stößt dies auf Schwierigkeiten – aus genau den Gründen, die die Quantenkommunikation so sicher machen. Das No-Cloning-Theorem verbietet die unmittelbare Anwendung des Schemas Messung-Verstärkung-Wiederaussendung, denn mit einer einzigen Messung an einem einzelnen Photon lässt sich dessen Zustand niemals vollständig erfassen. Damit fehlt die Grundvoraussetzung für das Weitersenden der Information. Ein Repeater auf der Basis von Messungen ist für einzelne Photonen grundsätzlich nicht möglich.

Mit ausgeklügelten Verfahren sind *Quantenrepeater* trotzdem möglich, ohne das No-Cloning-Theorem zu verletzen. Bei der *Quantenteleportation* wird der Quantenzustand nicht kopiert, sondern räumlich verschoben. Das geschieht mit Hilfe verschränkter Photonenpaare, die zwischen Sender und Empfänger geteilt werden müssen. Die Quantenteleportation ist ein schon lange etabliertes Verfahren: Es wurde 1993 vorgeschlagen [7] und schon 1997 experimentell realisiert [8, 9]. Neben den Quantenrepeatern sind für eine zuverlässige Kommunikation auch temporäre Speicher nötig (Quantum Memory), und es werden Protokolle entwickelt, die nicht mehr auf sorgfältig kontrollierten Quantenrepeatern (Trusted Repeaters) beruhen, sondern eine quantenbasierte Ende-zu-Ende-Verschlüsselung ermöglichen.

Die Entwicklung im Bereich der Quantennetzwerke schreitet stetig voran. Im Jahr 2017 wurde in China ein 2000 km glasfaserbasiertes Netzwerk zwischen Schanghai und Peking in Betrieb genommen, mit dem quantenkryptographische Schlüssel ausgetauscht werden können. Bis 2021 wurde es um eine satellitenbasierte Verbindung über 2600 km erweitert. In Europa wurde die EuroQCI-Initiative ins Leben gerufen, in der bis 2027 eine sichere Quantenkommunikationsinfrastruktur aufgebaut werden soll, die sich über die gesamte EU erstreckt.

2 Physikalische Grundlagen

2.1 Entwicklung der Quantenphysik

Die Quantenphysik entstand aus dem Bemühen, das physikalische Verhalten von Atomen zu beschreiben. Seit den Beobachtungen von Fraunhofer zum Sonnenspektrum kannte man die *Linienspektren* der Atome: Gasatome absorbieren Licht nur bei ganz bestimmten Wellenlängen. Licht mit anderen, „nicht passenden" Wellenlängen kann die Atome nicht anregen. Es durchdringt ein Gas völlig ungehindert. Auch das von Gasatomen emittierte Licht zeigt Linienspektren. Es umfasst nur ganz bestimmte Wellenlängen, die für die jeweilige Atomsorte charakteristisch sind (Abb. 2.1).

Eine erste, vorläufige Erklärung für dieses Verhalten lieferte das *bohrsche Atommodell* von 1913. Niels Bohr postulierte, dass Elektronen im Atom nur ganz bestimmte Werte der Energie annehmen können. Dieser Umstand, der die bleibende Neuerung des Modells ist, wird als *Quantisierung der Energie* bezeichnet. Die möglichen Zustände der Elektronen im Atom nennt man *Energieniveaus*.

Linienspektren entstehen bei Übergängen zwischen zwei Energieniveaus (Abb. 2.2). Für die Frequenz des Lichts, das bei einem Übergang zwischen zwei Niveaus mit der Energiedifferenz ΔE emittiert wird, gilt die Beziehung:

$$\Delta E = h \cdot f, \tag{2.1}$$

wobei die Konstante $h = 6{,}626 \cdot 10^{-34}$ Js als *plancksche Konstante* bezeichnet wird. Häufig begegnet man der Abkürzung $\hbar = h/(2\pi)$, gesprochen „h quer".

Die Existenz von Energieniveaus in Atomen und das Modell der Übergänge zwischen ihnen ist das, was vom bohrschen Atommodell geblieben ist. Die noch heute in vielen Abbildungen reproduzierte Vorstellung, dass Elektronen auf festen Bahnen um den Atomkern laufen, musste dagegen zugunsten der quantenmechanischen Beschreibung aufgegeben werden.

Quantenmechanik und Atomphysik

Die Quantenmechanik wurde Mitte der 1920er Jahre von Schrödinger, Heisenberg, Pauli, Born und anderen entwickelt. Sie ist die noch heute gültige Beschreibung für Atome, Moleküle und Festkörper. Mit dem Aufkommen der Quantenmechanik setzte

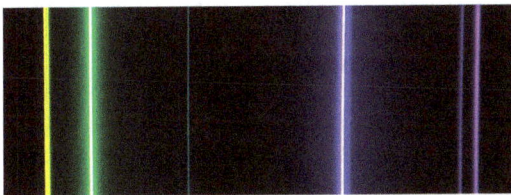

Abb. 2.1: Linienspektrum von Quecksilbergas.

https://doi.org/10.1515/9783110717211-002

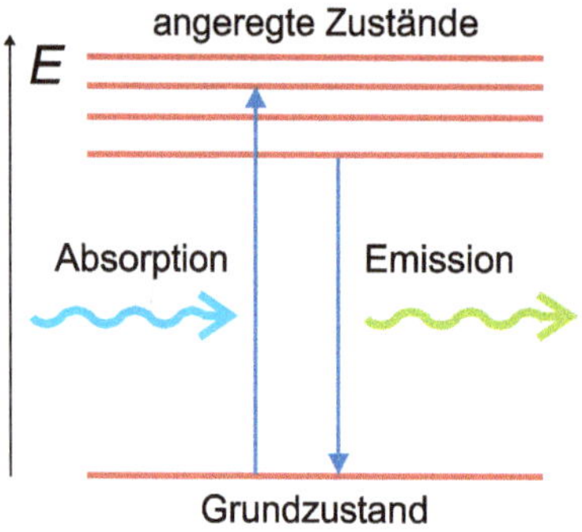

Abb. 2.2: Absorption und Emission als Übergang zwischen Energieniveaus.

eine blühende Entwicklung der *Atomphysik* ein. Der Aufbau der Atome, ihre Zustände und ihre Bindungen konnte entschlüsselt werden. Damit wurde unter anderem die Chemie auf eine grundlegende theoretische Basis gesetzt.

In der *Spektroskopie* – der Untersuchung der Linienspektren – konnte experimentell eine immer genauere Auflösung erreicht werden. In den komplizierten Spektren der Atome und Moleküle wurden immer feinere Effekte beobachtet und auf der Basis der Quantenmechanik erklärt. Dieses detaillierte Verständnis der Energieniveaus und der Übergänge zwischen ihnen ist heute eine unverzichtbare Grundlage für die Quantentechnologien. Die physikalische Realisierung von Qubits auf Atom- und Ionenbasis beruht auf der vollständigen Kontrolle dieser Freiheitsgrade.

In theoretischer Hinsicht kann man die Quantenmechanik als eine Wellentheorie der Materie bezeichnen – mit einigen Einschränkungen. Elektronen werden durch eine Wellenfunktion $\psi(x, t)$ beschrieben, und die Schrödingergleichung, die ihre Ausbreitung bestimmt, hat einige Ähnlichkeit mit einer Wellengleichung. Eine allzu naiv-anschauliche Vorstellung von „Elektronen als Wellen" wird aber schon dadurch unmöglich gemacht, dass ψ im Allgemeinen komplexwertig ist, und der Raum in dem die Ausbreitung stattfindet, für Mehrteilchensysteme nicht dreidimensional ist, sondern mit zunehmender Teilchenzahl schnell sehr hochdimensional wird. Wir werden sehen, dass diese Hochdimensionalität letztlich der Grund dafür ist, warum Quantencomputer schon mit relativ wenigen Qubits große Probleme lösen können.

ℹ Der Begriff *Quantenmechanik* bezeichnet die hier beschriebene Theorie, deren Grundgleichung die Schrödingergleichung ist. Sie ist auf Quantenobjekte anwendbar, die eine Masse haben. In der Hauptsache hat man es mit Elektronen in Atomen, Molekülen und Festkörpern zu tun.

Eine allgemeinere Beschreibung ist jedoch für Licht nötig, wo die entsprechenden Quantenobjekte *Photonen* genannt werden. Photonen haben keine Masse und bewegen sich mit Lichtgeschwindigkeit. Sie können in Absorptions- und Emissionsprozessen erzeugt oder vernichtet werden. Photonen werden durch eine quantisierte Feldtheorie beschrieben, deren Grundzüge wir noch besprechen werden. Den umfassenderen Begriff *Quantenphysik* benutzt man oft, wenn beides gemeint ist.

Verständnisprobleme in der Quantenmechanik

Die Quantenmechanik ist alles andere als eine anschauliche, einfach zu verstehende Theorie. Damit werden wir uns auch in diesem Buch auseinandersetzen müssen. Wir können sie nicht leichter machen, als sie ist. Aber durch eine Darstellung unter modernen Gesichtspunkten können wir einiges von dem historischen Ballast vermeiden, der die Debatte um das Verständnis der Quantenmechanik über Jahrzehnte hinweg begleitet hat.

Die ersten Interpretationsprobleme der Quantenmechanik wurden schon bei ihrer Entwicklung deutlich, etwa in der *heisenbergschen Unbestimmtheitsrelation* (1927). Hier zeigte sich zum ersten Mal, dass Eigenschaften von Objekten, die in der klassischen Mechanik einen völlig unproblematischen Status haben (wie Ort und Impuls), in der Quantenmechanik zu begrifflichen Problemen führen.

Während die mathematische Formulierung der heisenbergschen Unbestimmtheitsrelation, $\Delta x \cdot \Delta p \geq h/(4\pi)$, klar und wohldefiniert ist, war von Anfang an umstritten, was dies bedeutet und wie es in Worte zu fassen ist. Muss es heißen: Ort und Impuls können nicht gleichzeitig feste Werte haben? Sie können nicht gleichzeitig beliebig genau gemessen werden? Es ist keine gleichzeitige Kenntnis von Ort und Impuls möglich? All dies ist zu verschiedenen Zeiten behauptet und geschrieben worden.

Heute kann man die Unbestimmtheitsrelation als einen ersten Hinweis darauf deuten, dass es tatsächlich einen Unterschied zwischen klassischen Eigenschaften und Quanteneigenschaften gibt: In der Quantenmechanik ist es möglich, dass gewisse, klassisch wohldefinierte Variablen (wie Ort oder Impuls eines Elektrons) tatsächlich keinen bestimmten Wert besitzen. Sie können dem Quantenobjekt nicht als feste Eigenschaft zugeschrieben werden. Dies ist eine Eigenheit der Quantenphysik, die wir noch intensiv erkunden müssen, weil sie zentral für die Quantentechnologien ist. Das ganze Konzept des Qubits beruht darauf, dass es in Zustände gebracht werden kann, in denen man ihm die (für klassische Bits wohldefinierte) Eigenschaft „0" oder „1" nicht zuschreiben kann. Diese Zustände werden *Überlagerungs-* oder *Superpositionszustände* genannt.

Die von der heisenbergschen Unbestimmtheitsrelation aufgeworfenen Verständnisprobleme konnten noch relativ leicht überwunden werden. Im Verlauf der weiteren Entwicklung stieß man aber auf weitere Interpretationsprobleme, die klar machten, dass Quantenphänomene mit den Begrifflichkeiten und Anschauungen der klassischen Physik nicht fassbar sind. Es sind gerade diese „Merkwürdigkeiten", die heute in den Quantentechnologien technologisch nutzbar gemacht werden:

1. die *Wahrscheinlichkeitsinterpretation* von Max Born (1926), nach der die Quantenmechanik keine deterministischen Vorhersagen über Einzelereignisse macht (z. B. den Zeitpunkt des radioaktiven Zerfalls eines Atomkerns), sondern nur Wahrscheinlichkeitsaussagen über die relative Häufigkeit von Messergebnissen (die Zerfallsstatistik für viele Atomkerne);

2. der Sonderstatus der *Messung* in der Quantenphysik: Messungen schienen sich einer theoretischen Beschreibung zu entziehen und gesonderte Regeln zu beanspruchen – eine Schwierigkeit, die unter dem Stichwort „Messproblem der Quantenmechanik" bekannt wurde;

3. die von der Quantenmechanik vorhergesagten Überlagerungszustände makroskopischer Objekte (Schrödingers Katze, 1935), die mit unserer Alltagserfahrung nicht in Einklang zu bringen war;
4. die Vorhersage von *Verschränkung* mehrerer Quantenobjekte (Schrödinger, 1935), die sich in nichtlokalen Korrelationen zwischen Messergebnissen äußert (Einstein, Podolsky, Rosen, 1935; Bohr, 1935);
5. die bellsche Ungleichung (1964), die Aussagen über lokal-realistische Alternativtheorien zur Quantenmechanik macht und die, nachdem sie experimentell überprüft war, anschauliche Vorstellungen und deterministische Alternativen zur Quantenmechanik praktisch ausschloss.

Die eingehendere Beschäftigung mit diesen Effekten wurde lange Zeit dadurch erschwert, dass sie weniger der Physik als der Philosophie zugerechnet wurden. Hauptgrund dafür war die ein halbes Jahrhundert vorherrschende „Kopenhagener Interpretation" der Quantenmechanik von Niels Bohr – ein in den Originalarbeiten eher nebulös formulierter erkenntnistheoretischer Überbau, der aufgrund von Bohrs persönlicher Autorität weithin akzeptiert, wenn auch nicht verstanden wurde.

Die bis in die 1980er Jahre generell verbreitete Haltung gegenüber den begrifflichen Grundlagen der Quantenmechanik kommt am deutlichsten im Ausspruch: *„I think I can safely say that nobody understands quantum mechanics"* zum Ausdruck, den Richard Feynman – einer der bedeutendsten Physiker des 20. Jahrhunderts – 1964 in seinem Buch *„The Character of Physical Law"* veröffentlicht hat. Die Beschäftigung mit den Grundlagen der Quantenmechanik stand zu dieser Zeit nicht im Zentrum der aktuellen Forschung und hatte zeitweise etwas geradezu Anrüchiges an sich. Die Interpretationsprobleme betrafen aber immer nur unser anschauliches Verständnis der Quantenphysik, niemals die Theorie selbst. Kein Experiment der Atomphysik ist jemals gescheitert, weil man sich über den grundsätzlichen Charakter des Messprozesses im Unklaren war.

Mit den experimentellen und theoretischen Fortschritten seit den 1990er Jahren war ein neues und besseres Verständnis der Quantenmechanik verbunden – ohne dass sich irgendetwas an der Theorie selbst geändert hätte. Fast alle der oben aufgezählten „Schwierigkeiten", die dazu beitrugen, dass „niemand die Quantenmechanik versteht", werden heute nicht als „Bug" sondern als „Feature" angesehen und in den Quantentechnologien nutzbar gemacht.

2.2 Neuere Entwicklungen

In den über 100 Jahren ihrer Entwicklung hat die Quantenphysik ein ungeheures Anwendungsfeld in Wissenschaft und Technik gewonnen. Sie ist glänzend experimentell bestätigt, und der größte Teil der modernen Physik wäre ohne sie nicht denkbar. Drei Entwicklungslinien sind für die Quantentechnologien besonders bedeutsam.

Die Festkörperphysik

Die Quantenmechanik gilt auch für Elektronen in *Festkörpern*. Seit den späten 1920er Jahren wurde sie auf Elektronen in periodischen Kristallen angewendet (Bloch, 1928) und die Theorie der Energiebänder entwickelt (Wilson, 1931). Der Weg zur technischen Nutzung führte über die Verwendung von dotierten Halbleitermaterialien. Die Entwicklung des Transistors (Abb. 2.3) durch Shockley, Bardeen und Brattain im Jahr 1947 bildete den Ausgangspunkt für den ungeheuren Aufschwung der Halbleitertechnologie, die heutzutage die moderne Technik und Gesellschaft prägt. Trotz ihrer enormen

Abb. 2.3: Das Innere eines Transistors, der in Computersystemen der 1960er Jahre eingesetzt wurde.

technischen und wirtschaftlichen Bedeutung und obwohl sie auf genuin quanten-mechanischen Effekten basiert, wird die Halbleitertechnologie nicht zu den neuen Quantentechnologien gerechnet. Der Grund dafür ist, dass ihre Effekte makroskopi-scher Natur sind; sie zeigen sich auch dann, wenn sehr viele Ladungsträger beteiligt sind. Im Gegensatz dazu beruhen die „Quantentechnologien der zweiten Generation" auf den subtileren Effekten, die bei einzelnen oder wenigen isolierten Quantenobjek-ten auftreten.

Quanteneffekte dieser Art lassen sich an speziellen Systemen der Festkörperphy-sik beobachten: in supraleitenden Systemen, an Störstellen in Diamantkristallen oder in Silizium-Quantenpunkten. Auf diese Systeme, die zur Konstruktion von Qubits und Quantensensoren genutzt werden, werden wir in den späteren Kapiteln näher einge-hen. Ein großer Vorzug von festkörperbasierten Systemen in den Quantentechnolo-gien sind die ausgereiften und technisch bestens erprobten Methoden der Halbleiter-fertigung, auf die für geeignete Anwendungen zurückgegriffen werden kann.

Quantenoptik und Photonik

Die *Quantenoptik* beschäftigt sich mit der Wechselwirkung von Licht und Atomen, ins-besondere mit Effekten, bei denen ihre Quantennatur deutlich wird. Historisch lässt sie sich über die Molekularstrahlversuche von Stern und Rabi und die Mikrowellen-techniken, die zur Entwicklung des Radars im zweiten Weltkrieg untersucht wurden, auf die Anfänge der Quantenphysik zurückverfolgen. Ein besonderer Meilenstein war die Erfindung des Lasers (Maiman, 1960), der zum unverzichtbaren Werkzeug in allen Experimenten der Quantenoptik wurde.

In der Quantenoptik wurden viele experimentelle Ansätze und Techniken entwi-ckelt, die heute als wichtige Bausteine in den Quantentechnologien genutzt werden. An erster Stelle sind die experimentellen Techniken zu nennen, die in der Präzisions-spektroskopie zur immer genaueren Vermessung der Linienspektren entwickelt wur-den. Dazu gehören das Einfangen von Atomen und Ionen in „Fallen" aus elektroma-

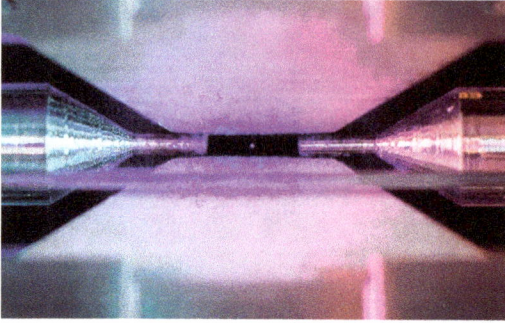

Abb. 2.4: Der kleine Punkt in der Mitte zeigt das Fluoreszenzlicht, das von einem einzelnen Strontium-Ion in einer Ionenfalle emittiert wird. Der Abstand zwischen den beiden Elektrodenspitzen beträgt etwa 2 mm.

gnetischen Feldern (Paul-Falle, 1958) und das anschließende Laserkühlen, bei dem ihre Geschwindigkeit durch die Wechselwirkung mit geeignet abgestimmtem Laserlicht reduziert wird (Abb. 2.4). Heutzutage gelingt es, Atome, Ionen und Moleküle bis auf Temperaturen im Mikrokelvin-Bereich abzukühlen. Genau bemessene Laser- oder Mikrowellenpulse erlauben eine kontrollierte Zustandsmanipulation – in den Quantentechnologien wesentlich für die Kontrolle von Qubits.

Die genannten Techniken illustrieren ein Charakteristikum der Quantenoptik: die Entwicklung zu immer höherer Präzision, einhergehend mit einer immer besseren Kontrolle der untersuchten Quantenobjekte. Die Quantenoptik ist eine sehr „saubere" Disziplin, die grundsätzlich einfache, theoretisch gut beschreibbare Systeme untersucht und diese Systeme bis ins Detail versteht und kontrolliert. Diese Kontrolle ist eine wesentliche Voraussetzung für die Entwicklung der Quantentechnologien.

Ein verwandter Zweig der Quantenoptik beschäftigt sich mit den Eigenschaften des Lichts in allen seinen Facetten. In der *Photonik* wird die Informationsübertragung durch Licht, insbesondere in Glasfasern, betrachtet. Dafür werden zum Beispiel maßgeschneiderte Quellen, Verstärker, Modulatoren und Detektoren benötigt. Dieser anwendungsorientierte Bereich wird heute zu den *Enabling Technologies* für die Quantentechnologien gezählt. In den Quantentechnologien spielen die Erzeugung, die Übertragung und der Nachweis von einzelnen Photonen vor allem im Bereich der Quantenkommunikation eine Rolle. Häufig werden die Polarisationsfreiheitsgrade des Lichts zum Kodieren von Information eingesetzt.

Die Untersuchung der genuinen Quanteneigenschaften von Licht ist erstaunlich diffizil. Erst 1979 veröffentlichten Walls und Milburn den Artikel *„Evidence for the Quantum Nature of Light"*, in dem sie mit dem Antibunching-Effekt (der die Statistik der von einem Einzelphotonen-Emitter ausgesandten Photonen beschreibt) den ersten echten experimentellen Nachweis der Photonennatur des Lichts demonstriert. Das „Schulbeispiel" Photoeffekt wird dagegen nicht zu den echten Quanteneffekten des Lichts gerechnet, weil er schon in den 1920er Jahren im Rahmen einer semi-klassischen Theorie (quantisierte Atome in Wechselwirkung mit einem klassischen elektromagnetischen Feld) beschrieben werden konnte.

Ein moderneres Verständnis der Quantenmechanik

Ein nicht zu unterschätzender Aspekt beim Umschwung von der rein wissenschafts-orientierten Untersuchung der Quantenphysik zu ihrer technologischen Anwendung ist das verbesserte Verständnis, das wir seit den 1990er Jahren gewonnen haben. Sowohl experimentelle als auch theoretische Beiträge haben dabei eine Rolle ge-spielt.

Experimente mit einzelnen Quantenobjekten, über die man jahrzehntelang nur debattiert hatte, wurden nun real durchführbar und gelangten damit aus dem Bereich der bloßen Gedankenexperimente in den der experimentell fassbaren Realität. Bei-spielhaft zu nennen sind hier die Doppelspaltexperimente, bei denen ganze Atome einzeln zur Interferenz gebracht wurden (Mlynek et al., 1991), die Antikorrelations-experimente mit einzelnen Photonen von Grangier, Roger und Aspect (1986) – wir werden darauf in Kapitel 3 eingehen – oder die Experimente zur Überprüfung der bellschen Ungleichung (Aspect et al., 1982). Dass diese Experimente die oft nichtintui-tiven Vorhersagen der Quantenphysik in jedem Einzelfall glänzend bestätigten, trug wesentlich zur Akzeptanz ihres genuin nichtklassischen Charakters bei.

Auf der anderen Seite brachten theoretische Entwicklungen neuen Schwung in die festgefahrene Interpretationsdebatte. Größere Klarheit brachte insbesondere die Theorie der *Dekohärenz* (Zeh, 1970; Zurek, 1991), die neues Licht auf den Übergang zwischen Quantenphysik und klassischer Physik und den Quantenmessprozess warf. Dieser Ansatz – auch auf ihn werden wir noch ausführlicher eingehen – nimmt der Problematik von Schrödingers Katze und des Quantenmessprozesses viel von ihrer Be-drohlichkeit. Das Argument: In der traditionellen Diskussion dieser Themen ist man von zu stark vereinfachten theoretischen Modellen ausgegangen, die den Einfluss der immer vorhandenen Umgebung eines Quantensystems vernachlässigten. Die moder-ne Interpretation der Quantenmechanik baut auf der Dekohärenztheorie auf und ver-zichtet – anders als die Kopenhagener Interpretation – weitgehend auf eine philo-sophische Rahmung. Sie wird oft als „Minimalinterpretation" der Quantenmechanik bezeichnet und wirft nur noch wenige Deutungsprobleme auf. Das weitere Fortschrei-ten der Quantentechnologien wird hier noch klärend wirken: Je selbstverständlicher die zunächst fremdartigen Phänomene der Quantenphysik in ihrer technologischen Realisierung werden, desto unbefangener wird auch der erkenntnistheoretische Um-gang mit ihnen werden.

Als Beispiel für die experimentellen Fortschritte, die das begriffliche Verständnis der Quantenphy-sik gefördert haben, wollen wir die „Quantum Jump"-Experimente betrachten, die 1986 unabhängig voneinander in mehreren Labors durchgeführt worden sind. Ihr möglicher Ausgang war im Vorfeld durchaus umstritten.

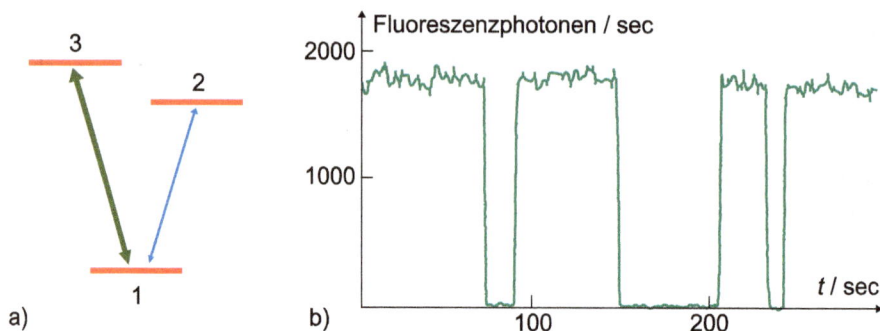

Abb. 2.5: Schema der atomaren Übergänge und Zählrate der Fluoreszenzphotonen im „Quantum Jump"-Experiment [10].

Die Experimente wurden mit einzelnen Ionen in Ionenfallen durchgeführt. Relevant sind drei Energiezustände, die in Abb. 2.5(a) schematisch dargestellt sind. Das Ion hat einen Grundzustand 1 und einen langlebigen angeregten Zustand 2, der durch Einstrahlung resonanter Laserstrahlung angeregt werden kann, allerdings nur mit einer geringen Wahrscheinlichkeit (dünner blauer Pfeil). Das Ion kann sich im Grundzustand 1, im metastabilen Zustand 2 oder in einem Überlagerungszustand aus beiden befinden. Die im Experiment durchgeführte Messung sollte den Zustand des Ions zu einem bestimmten Zeitpunkt feststellen.

Um den Zustand „auszutesten", benutzte man einen weiteren Übergang zwischen Zustand 1 und einem dritten Zustand 3. Dieser Übergang ist sehr viel „schneller" als der erste (angedeutet durch den dicken grünen Pfeil). Wenn resonantes Laserlicht auf das Ion im Grundzustand 1 trifft, wechselt das Ion in rascher Folge zwischen den Zuständen 1 und 3 hin und her, wobei intensives sichtbares Fluoreszenzlicht emittiert wird. Trifft das eingestrahlte Laserlicht das Ion dagegen im metastabilen Zustand 2 an, so wird kein Fluoreszenzlicht erzeugt, weil das Laserlicht dann mit keinem der möglichen Übergänge resonant ist. Der Nachweis von Fluoreszenzlicht bedeutet also: Das Ion ist im Grundzustand 1; Ausbleiben des Fluoreszenzlichts heißt: Das Ion ist im metastabilen Zustand 2. Die im Experiment zu klärende Frage war: Was passiert, wenn sich das Ion weder im Zustand 1 noch im Zustand 2, sondern in einem Überlagerungszustand aus beiden befindet?

Im Experiment von Dehmelt et al. [10], dessen Ergebnis in Abb. 2.5(b) dargestellt ist, wurde ein einzelnes Ba$^+$-Ion in einer Ionenfalle kontinuierlich mit Licht auf beiden Übergangsfrequenzen bestrahlt. Im realen Experiment erfolgte die Anregung in Zustand 2 nicht direkt, sondern über einen weiteren Zustand, was in unserem Zusammenhang aber irrelevant ist. Die Intensität des emittierten Fluoreszenzlichts wurde von einem Detektor registriert. Sie ist in der Abbildung rechts als Funktion der Zeit aufgetragen. Man erkennt Perioden heller Fluoreszenz, die von Dunkelheit unterbrochen werden. Die Dauer der Phasen ist beträchtlich, sie erstreckt sich über 30 und mehr Sekunden. Der Übergang zwischen zwei Phasen erfolgt abrupt. Wann ein Übergang erfolgt, ist nicht vorhersagbar, die Dauer der Phasen folgt einer statistischen Verteilung.

Auffällig ist, dass das Fluoreszenzlicht entweder „hell" oder „dunkel" ist. Zwischenwerte der Fluoreszenzintensität werden nicht gefunden. Von Zeit zu Zeit gelingt die Anregung von Zustand 1 in den Zustand 2 (oder der umgekehrte Übergang). Dies äußert sich im plötzlichen Ausbleiben oder Einsetzen der Fluoreszenzstrahlung. Der Übergang erfolgt nicht kontinuierlich, sondern von einem Augenblick zum andern: Man beobachtet *Quantensprünge*. Die Besonderheit bei diesem Experiment ist, dass sich das emittierte Fluoreszenzlicht mit bloßem Auge beobachten lässt. Der Wechsel zwischen hellen und dunklen Phasen, der durch Quantensprünge eines einzelnen Ions verursacht wird, ist dadurch der unmittelbaren Wahrnehmung zugänglich.

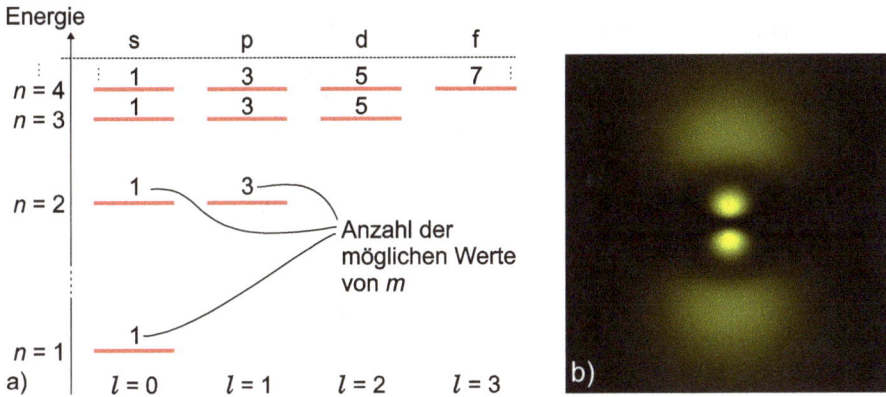

Abb. 2.6: (a) Termschema des Wasserstoffatoms, (b) Wahrscheinlichkeitsverteilung für den Zustand mit $n = 3$, $\ell = 1$ und $m = 0$.

Die „Quantum Jump"-Methode hat heutzutage in den Quantentechnologien praktische Anwendungen gefunden. Sie wird zum Beispiel genutzt, um in ionenbasierten Quantencomputern am Ende der Berechnung die Qubits auszulesen.

2.3 Atome und ihre Spektren

Überblick über die Zustände

Die Struktur der Energieniveaus von Atomen ist im Allgemeinen kompliziert. Für einen Überblick ist es hilfreich, vom einfachsten aller Elemente auszugehen: dem Wasserstoff mit nur einem Elektron. Ausgehend von der dort gefundenen Struktur lassen sich auch die höheren Atome erschließen.

Mathematisch erhält man die möglichen Zustände des Elektrons im Wasserstoffatom durch Lösen der Schrödingergleichung für die Wellenfunktion $\psi(x, t)$. Ähnlich wie beim Phänomen der stehenden Wellen, wo in einem abgeschlossenen Raum, etwa einer Orgelpfeife, nur ganz bestimmte Wellenlängen auftreten, ergibt sich auch für die möglichen Elektronenzustände im Atom ein diskreter Satz von Zuständen, von denen einer in Abb. 2.6(b) dargestellt ist. Entsprechend der Wahrscheinlichkeitsinterpretation der Wellenfunktion gibt $|\psi(x, t)|^2$ die Wahrscheinlichkeit an, das Elektron bei einer Ortsmessung am Ort x nachzuweisen. In Abb. 2.6(b) ist dies durch die Helligkeit der „Wahrscheinlichkeitswolke" dargestellt. Die Zustände des Elektrons im Wasserstoffatom sind durch ganz- oder halbzahlige *Quantenzahlen* charakterisiert:

1. die Hauptquantenzahl n, die über die Formel

$$E_n = -\frac{m_e e^4}{8 h^2 \epsilon_0^2} \cdot \frac{1}{n^2} \tag{2.2}$$

den Hauptbeitrag zur Energie des Zustands beschreibt;

2. die Quantenzahl ℓ, die ganzzahlige Werte zwischen 0 und $n-1$ annehmen kann und den Bahndrehimpuls des Elektrons charakterisiert;

3. die Quantenzahl m, die ganzzahlige Werte von $-\ell$ bis $+\ell$ haben kann (also insgesamt $2\ell+1$ Werte). m heißt *magnetische Quantenzahl*, weil sie im Zusammenhang mit der Energieänderung von Niveaus in Magnetfeldern relevant wird;

4. die Spinquantenzahl s mit zwei Werten $\pm\frac{1}{2}$, die den Eigendrehimpuls (Spin) des Elektrons in Einheiten von $\hbar$ angibt.

Die linke Seite von Abb. 2.6 zeigt das *Termschema* des Wasserstoffatoms, eine Darstellung der möglichen Zustände und ihrer Energien. Auf der Ordinate ist die Energie aufgetragen, die sich für das Wasserstoffatom aus Gl. (2.2) ergibt. Der Grundzustand ($n=1$) hat eine Energie von $-13,6$ eV. Übergänge zwischen Zuständen mit verschiedenen Werten von n liegen typischerweise im optischen oder infraroten Bereich und sind deshalb mit Lasern anregbar.

Feinstruktur und Hyperfeinstruktur

Nach rechts sind im Termschema die verschiedenen Drehimpulsquantenzahlen ℓ aufgetragen. In einer historisch begründeten Terminologie werden die verschiedenen Werte von ℓ auch durch die Buchstabenfolge s, p, d, f gekennzeichnet. Die Anzahl der möglichen Werte von m (also $2\ell+1$) gibt die Zahl der Zustände an, die sich hinter jeder der eingezeichneten Niveaulinien verbergen. Alle Zustände mit unterschiedlichen Werten von ℓ und m haben in dieser Grobstruktur-Darstellung die gleiche Energie.

Das ändert sich, wenn wir subtilere Effekte in Betracht ziehen: Mit einem Bahn- oder Spindrehimpuls ist immer ein magnetisches Moment verbunden, das zu verschiedenartigen Wechselwirkungen führt: die Wechselwirkung zwischen Bahn- und Spindrehimpuls des Elektrons, die Wechselwirkung zwischen Drehimpuls des Elektrons und Drehimpuls des Atomkerns, daneben noch relativistische und quantenelektrodynamische Korrekturen.

Alle diese Effekte führen zu geringfügigen Energieverschiebungen der einzelnen Zustände, und zwar abhängig von den Drehimpulsquantenzahlen. Die einzelnen Niveaus in Abb. 2.6 werden daher energetisch aufgespalten. Diese Energieverschiebungen sind viel kleiner als die Energiedifferenzen in der Grobstruktur und werden deshalb als *Feinstruktur* und *Hyperfeinstruktur* der Energieniveaus bezeichnet. Die typischen Übergangsfrequenzen liegen in der Größenordnung von GHz und damit im Mikrowellen- oder Radiowellenbereich.

Beispielaufgabe: Der Grundzustand des Wasserstoffs wird durch die Wechselwirkung zwischen den Spins von Elektron und Atomkern aufgespalten. Die Übergangsfrequenz dieser Hyperfeinaufspaltung liegt bei 1420 MHz. Geben Sie die Wellenlänge der emittierten elektromagnetischen Strahlung und die Photonenenergie in eV an.

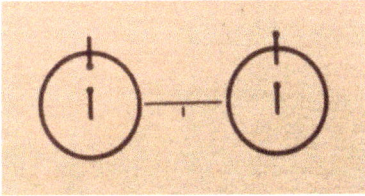

Abb. 2.7: Ausschnitt aus der Pioneer-Plakette. Das Bild veranschaulicht die beiden Einstellungsmöglichkeiten von Elektronen- und Kernspin und die damit verbundene Energieaufspaltung; der kleine senkrechte Strich symbolisiert das durch die 21-cm-Linie definierte Längennormal.

Lösung: Die Berechnung der Wellenlänge λ aus der Frequenz f erfolgt mit der für alle Wellen gültigen Beziehung $\lambda \cdot f = c$, wobei c die Ausbreitungsgeschwindigkeit ist, hier die Lichtgeschwindigkeit. Es ergibt sich:

$$\lambda = \frac{c}{f} = \frac{3 \cdot 10^8 \frac{m}{s}}{1420 \cdot 10^6 \frac{1}{s}} = 21,1 \, cm. \tag{2.3}$$

Die beim Übergang emittierte Strahlung hat also eine Wellenlänge von 21 cm und liegt somit im Mikrowellenbereich. Für die Energie eines Photons dieser Strahlung finden wir mit $E = h \cdot f$ und der Definition der Einheit eV 1 eV = $1,602 \cdot 10^{-19}$ J den Wert $5,9 \cdot 10^{-6}$ eV.

Wegen der Allgegenwärtigkeit von Wasserstoff im Weltraum ist die 21-cm-Linie von Wasserstoff die häufigste Spektrallinie in der Radioastronomie. Auf der berühmten Pioneer-Plakette (Abb. 2.7), die mit den Raumsonden Pioneer 10 und 11 das Sonnensystem verließ, wurde die 21-cm-Linie daher als Längennormal und die Frequenz von 1420 MHz als Zeitnormal gewählt, um die Größe des Menschen und die Lage der Sonne zu spezifizieren.

Die Tatsache, dass man die Hyperfeinstruktur von Atomen als Zeitnormal benutzen kann, wird in Atomuhren ausgenutzt. Atomuhren, die auf der 21-cm-Linie beruhen, sind in den Satelliten des europäischen Galileo-Navigationssystem verbaut. Die Definition der Sekunde im internationalen Einheitensystem (SI) beruht auf einem Hyperfeinstrukturübergang in Caesium. Die Sekundendefinition von 1967 lautet: „Die Sekunde ist das 9 192 631 770-fache der Periodendauer der dem Übergang zwischen den beiden Hyperfeinstrukturniveaus des Grundzustandes von Atomen des Nuklids Cs-133 entsprechenden Strahlung."

Qubit-Realisierungen mit Atomen und Ionen

Erfolgreiche Qubit-Realisierungen sind mit ganz verschiedenen physikalischen Systemen gelungen, zum Beispiel mit Ionen in Ionenfallen, mit supraleitenden Kontakten oder mit Störstellen in Diamantkristallen (NV-Zentren). Um einen Eindruck von der Vorgehensweise zu vermitteln, betrachten wir ein konkretes Beispiel: die Qubits in einer der ersten Realisierungen eines Quantengatters, die 1995 am *National Institute of Standards and Technology* (NIST) in Boulder gelang [11]. Die Qubit-Zustände wurden durch Energieniveaus eines einzelnen Beryllium-Ions in einer Ionenfalle realisiert.

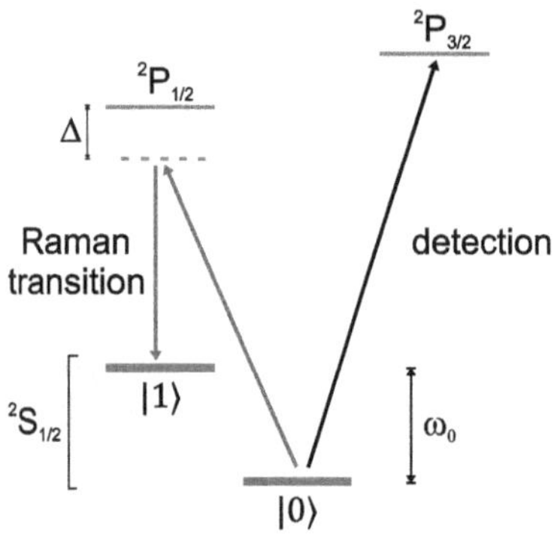

Abb. 2.8: Als Qubits verwendete Energieniveaus in einem Ionenfallen-Experiment (nach [11]).

Abbildung 2.8 veranschaulicht die im Experiment verwendeten Zustände. Die waagerechten Linien stellen die Energieniveaus der Elektronen im Beryllium-Ion dar. Aus der Vielzahl der Niveaus werden nur die für das Experiment relevanten gezeigt. Die Energie der Zustände nimmt nach oben zu. Sie sind in der Notation der Atomphysik beschriftet, die Auskunft über die Drehimpulsquantenzahlen der beteiligten Zustände gibt. Die beiden Zustände, die als Qubits verwendet werden, sind mit $|0\rangle$ und $|1\rangle$ gekennzeichnet. Diese Schreibweise für quantenmechanische Zustände, die sich für symbolische Rechnungen als äußerst nützlich erweist, wird als Dirac-Notation bezeichnet. Sie wird in Abschnitt 3.8 ausführlicher erläutert. Der Übergang zwischen den beiden Zuständen lässt sich durch Mikrowellenstrahlung mit einer Frequenz von 1,25 GHz anregen (das deutet der mit ω_0 beschriftete Doppelpfeil an). Solche Frequenzen sind typisch für Übergänge in der Hyperfeinstruktur von Atomen.

Im betrachteten Experiment wurden die Übergänge zwischen den Qubit-Zuständen nicht direkt mit Mikrowellen angeregt, sondern mit Lasern, weil diese experimentell leichter zu handhaben sind. Dazu wurde ein energetisch höher liegender Zustand benutzt (mit $^2P_{1/2}$ beschriftet). Es wurden *zwei* Laser mit einer Wellenlänge im UV-Bereich auf das Beryllium-Ion gerichtet, deren Frequenzen nicht genau gleich waren, sondern sich exakt um die Anregungsfrequenz zwischen $|0\rangle$ und $|1\rangle$ unterschieden (grüne Pfeile). Auf diese Weise können Übergänge zwischen $|0\rangle$ und $|1\rangle$ auf dem „Umweg" über den Zustand $^2P_{1/2}$ induziert werden (das bedeutet der Ausdruck „Raman transition"). Tatsächlich regen die Laser den angeregten Zustand nicht resonant an, sondern sind gegenüber der Resonanz um die Detuning-Frequenz Δ verstimmt (waagerechte gestrichelte Linie). Dadurch wird der $^2P_{1/2}$-Zustand niemals wirklich angeregt, so dass man den Prozess effektiv als einen Übergang zwischen nur zwei beteiligten Zuständen $|0\rangle$ und $|1\rangle$ auffassen kann. Durch geeignete Wahl der Laserpulse kann man Übergänge zwischen $|0\rangle$ und $|1\rangle$ hervorrufen oder auch beliebige Überlagerungszustände herstellen, um Gatteroperationen mit den Qubits auszuführen.

Schließlich kommt noch ein weiteres Energieniveau ins Spiel: Der Übergang zwischen $|0\rangle$ und dem Zustand $^2P_{3/2}$ wird zur Messung des Qubits genutzt. Wenn das Qubit im Zustand $|0\rangle$ ist, dann „passt" die Laserfrequenz und der Übergang lässt sich anregen. Das Ion emittiert dann Photonen mit der entsprechenden Frequenz.

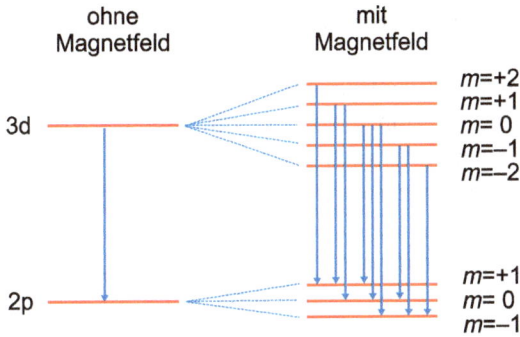

Abb. 2.9: Zeeman-Effekt: magnetfeldabhängige Energieverschiebung der Zustände.

Zeeman-Effekt

Das Termschema in Abb. 2.6 auf S. 29 zeigt ein Beispiel für die *Entartung* von Energie-niveaus bezüglich der Quantenzahlen ℓ und m. Die Energie hängt nicht von diesen Quantenzahlen ab. Für die meisten Atomsorten und viele andere gebundene Systeme mit diskreten Energieniveaus (z. B. NV-Zentren) ändert sich das, wenn man ein äuße-res Magnetfeld einschaltet. Dann verschiebt sich die Energie der einzelnen Niveaus, und zwar abhängig von m. Die Entartung bezüglich m wird also aufgehoben. Dieser Effekt ist als *Zeeman-Effekt* bekannt. Er ist die Basis für die Magnetfeldsensoren in den Quantentechnologien. Im einfachsten Fall gilt für die Energieverschiebung:

$$\Delta E_{\text{Zeeman}} \sim m \cdot B. \tag{2.4}$$

Je nach der Struktur der Kopplungen von Drehimpulsen und Spins innerhalb des Atoms und der Stärke des angelegten Magnetfelds sind die Abhängigkeiten jedoch komplizierter.

Experimentell äußert sich der Zeeman-Effekt darin, dass die Spektrallinien, die ein angeregtes Atom emittiert, aufgespalten werden, weil nun mehr Übergänge mit verschiedenen Frequenzen möglich sind. Abbildung 2.9 illustriert die Aufspaltung der Spektrallinien am Beispiel eines Übergangs von einem 3d- zu einem 2d-Niveau (also von $n = 3$, $\ell = 2$ nach $n = 2$, $\ell = 1$). Sowohl der obere als auch der untere Zustände sind aufgespalten, und zwar jeweils in $2\ell + 1$ Niveaus mit verschiedenem m.

Grundsätzlich sind Übergänge zwischen allen Energieniveaus möglich. Die Wahrscheinlichkeiten un-terscheiden sich jedoch so stark, dass man von „erlaubten" und „verbotenen" Übergängen spricht. Erlaubt sind diejenigen Übergänge, für die die *Auswahlregeln* $\Delta\ell = \pm 1$ und $\Delta m = 0, \pm 1$ erfüllt sind. Sie sind in Abb. 2.9 eingezeichnet; man nennt sie *Dipolübergänge*. Die Wahrscheinlichkeit für verbotene Übergänge ist um Größenordnungen geringer. Das wird in den Quantentechnologien gezielt ausge-nutzt: Zur Realisierung von möglichst stabilen Qubit-Zuständen sucht man langlebige Zustände, die mit anderen, energetisch tieferliegenden Zuständen nur durch verbotene Übergänge verbunden sind.

2.4 Josephson-Kontakte und supraleitende Qubits

Für den erfolgreichen Einsatz in den Quantentechnologien müssen die Bauteile rauscharm und gut kontrollierbar sein. Das ist in den zuvor besprochenen Systemen der Quantenoptik oft der Fall, aber auch in der Festkörperphysik gibt es geeignete Komponenten. Supraleitende Materialien bieten sich in dieser Hinsicht an: Da sie unterhalb einer gewissen Temperatur den elektrischen Strom ohne Widerstand leiten, fällt eine Quelle von Dissipation von vornherein weg.

Die Supraleitung wird physikalisch durch den Zusammenschluss zweier Elektronen zu *Cooper-Paaren* erklärt, die im Festkörper einen gebundenen Zustand binden und sich darin widerstandsfrei ausbreiten können. Um ein Cooper-Paar aufzubrechen, ist für normale Supraleiter eine Anregung im Millielektronenvolt-Bereich erforderlich. Das entspricht einer thermischen Anregung von ungefähr einem Kelvin (daher die niedrigen Temperaturen, die für die Supraleitung nötig sind) oder elektromagnetischer Strahlung mit einer Frequenz von 20 GHz (was im Mikrowellen-Bereich liegt). Tatsächlich werden supraleitende Qubits mit flüssigem Helium in Kryostaten und mit speziellen Kühlungstechniken noch stärker, nämlich bis auf etwa 20 mK abgekühlt.

Beispielaufgabe: Zeigen Sie mit einer Größenordnungsabschätzung, dass die von Mikrowellenphotonen mit einer Frequenz von 20 GHz übertragene Energie der thermischen Energie eines Objekts mit einer Temperatur von 1 K entspricht.

Lösung: Gemäß der kinetischen Gastheorie liegt die mittlere thermische Energie eines Objekts mit der Temperatur T in der Größenordnung von $k_B T$, wobei $k_B = 1,38 \cdot 10^{-23}$ J/K die Boltzmann-Konstante ist. Die Photonenenergie bei der Frequenz f ist nach Gl. (2.1) durch $E = h \cdot f$ gegeben. Gleichsetzen und Auflösen nach f ergibt:

$$f = \frac{k_B T}{h} = \frac{1,38 \cdot 10^{-23} \, \text{J/K} \cdot 1\,\text{K}}{6,626 \cdot 10^{-34} \, \text{Js}} = 20,8 \, \text{GHz}. \tag{2.5}$$

Ein wichtiges Element, das in allen supraleitenden Realisierungen von Qubits zum Einsatz kommt, ist der *Josephson-Kontakt*. Er besteht aus zwei Supraleitern, die durch eine dünne Isolatorschicht voneinander getrennt sind. Cooper-Paare können verlustfrei durch die Isolatorschicht tunneln, d. h. sie mit einer gewissen Wahrscheinlichkeit durchqueren.

Bei einem Josephson-Kontakt ist die elektrische Spannung über die Isolatorschicht proportional zur zeitlichen Änderung der Stromstärke der tunnelnden Cooper-Paare. Im Stromkreis verhält er sich also analog zu einer Spule. Schaltet man ihn mit einem Kondensator parallel, erhält man einen Schwingkreis. Das ist die Basis der supraleitenden Qubits. Die Energie der Schwingungen in diesem Schwingkreis ist quantisiert: Es bilden sich diskrete Energieniveaus aus, und zwar so, dass die Energiedifferenzen zwischen den Niveaus nicht alle gleich sind. Dieser Umstand ist ganz entscheidend, denn er ist notwendig, um die Energieniveaus mit Mikrowellen selektiv anregen zu können und sie als Qubit-Niveaus nutzen zu können. Der

Josephson-Kontakt mit seinen nichtlinearen Eigenschaften ist verantwortlich für die Unterschiedlichkeit der Energiedifferenzen. Lineare Bauteile würden zu äquidistanten Energieniveaus führen, die nicht individuell adressierbar wären.

Die genaue Bauform von supraleitenden Qubits wird von der möglichst geringen Anfälligkeit gegen Rauschquellen bestimmt. Die Grundtypen werden als *Phase Qubits*, *Flux Qubits* und *Charge Qubits* bezeichnet. Sie unterscheiden sich durch die Gestalt der Potentialverläufe und die Energien, die an Kapazität bzw. Induktivität auftreten. Es existieren etliche Varianten, von denen insbesondere das *Transmon-Qubit* in der praktischen Realisierung von Quantencomputern eingesetzt wird.

2.5 Licht und Photonen

Die Auffassungen von der Natur des Lichts waren in der Geschichte der Physik einem mehrfachen Wandel unterworfen. Newton legte seiner Erklärung der optischen Erscheinungen eine Korpuskulartheorie zugrunde (Opticks, 1704). Seit den Interferenzexperimenten von Fresnel (1822) galt jedoch die Wellennatur des Lichts als erwiesen. Das Kennzeichen von *Interferenz* ist die Verstärkung oder Abschwächung der Intensität (konstruktive oder destruktive Interferenz), wenn verschiedene Teile eines Lichtbündels kohärent (also mit fester Phasenbeziehung) überlagert werden. Insbesondere das Auftreten von destruktiver Interferenz (in Fresnels Worten: *„dass in gewissen Fällen Licht, hinzugefügt zu Licht, Dunkelheit erzeugt"*) erschien mit einer Teilchenvorstellung unverträglich.

In der Folge wurde die Optik umfassend in die allgemeine Theorie des elektromagnetischen Feldes eingebettet (Maxwell, 1865). Die Grundgleichungen, die alle in der klassischen Optik auftretenden Phänomene beschreiben, sind die *Maxwell-Gleichungen* – partielle Differentialgleichung für die zeitliche und räumliche Entwicklung des elektrischen Feldes $\vec{E}$ und des magnetischen Feldes $\vec{B}$.

In der der Praxis der angewandten Optik, die sich mit der Konstruktion von optischen Geräten befasst (etwa Objektive, Mikroskope und andere abbildende Elemente), kommt nach wie vor die *geometrische Optik* zum Einsatz. Sie beschreibt den Grenzfall, in der die beteiligten Strukturen so groß sind, dass Interferenz- und Beugungsphänomene keine Rolle spielen. Die geometrische Optik betrachtet Lichtstrahlen, die in homogenen Medien geradlinig verlaufen und nur in optischen Bauteilen wie Linsen oder Spiegeln ihre Richtung ändern.

Die gefestigte Auffassung vom Licht als Wellenphänomen wurde zu Beginn des 20. Jahrhunderts durch Einsteins Erklärung des *Photoeffekts* erschüttert. Einstein konnte das Phänomen, dass durch die Bestrahlung mit Licht Elektronen aus einer Metalloberfläche herausgelöst werden können, quantitativ mit einem Teilchenmodell erklären. Er nahm dazu an, dass die dabei vom Licht auf die Metalloberfläche übertragene Energie quantisiert ist, dass also das Licht die Energie teilchenhaft überträgt. Für diese Teilchen wurde später der Begriff *Photonen* geprägt. Einstein konnte den Photoeffekt unter der Annahme des Zusammenhang $E = h \cdot f$ zwischen der Energie und der Frequenz der Photonen erklären (wofür er 1922 den Nobelpreis erhielt – nicht etwa für die Relativitätstheorie).

Mit dem scheinbar beziehungslosen Nebeneinander von Wellen- und Teilchenbeschreibung des Lichts war der *Welle-Teilchen-Dualismus* in der Welt, eines der vieldiskutierten Themen in der Debatte über die Interpretation der Quantenphysik. Wir werden uns mit der Auflösung des Welle-Teilchen-Dualismus durch die Wahrscheinlichkeitsinterpretation noch ausführlich befassen (vgl. S. 50). Auch wenn Einsteins Erklärung des Photoeffekts mit einer Teilchenvorstellung des Lichts den Vorzug großer Anschaulichkeit hat, gilt der Photoeffekt heute nicht mehr als Beleg für die Photonennatur des Lichts. Schon 1926 wurde von Wentzel gezeigt, dass er sich ebenso in einer semiklassischen Theorie (quantisierte Atome in Wechselwirkung mit einer klassischen Lichtwelle) erklären lässt.

Photonen als Anregungen des elektromagnetischen Feldes

In der modernen Physik hat der Begriff des Photons eine klar definierte Bedeutung, die weit über eine naive Teilchenvorstellung hinausgeht. Den Rahmen liefert die relativistische Quantenfeldtheorie – die Quantentheorie des elektromagnetischen Feldes. Ausgangspunkt für die quantisierte Beschreibung des Lichts sind die Lösungen der Maxwell-Gleichungen, die den jeweiligen Bedingungen im Experiment entsprechen. Das können Laserpulse sein, stehende Wellen in einem Resonator, Moden in einer optischen Glasfaser oder das Licht, das sich entlang der verschiedenen Wege in einem Interferometer ausbreitet. Diese klassischen Lösungen der Maxwell-Gleichungen werden allgemein als *Moden* bezeichnet und bilden die Basis für den Photonenbegriff.

In der Quantentheorie des Feldes stellt sich nämlich heraus, dass die Moden des Feldes nur quantisiert angeregt werden können – diese quantisierten Anregungen werden als Photonen bezeichnet. Eine Mode kann mit einem Photon, mit zwei Photonen, mit drei oder mehr Photonen besetzt sein. Auch eine Überlagerung verschiedener Photonenzahlen ist möglich – aber keine nicht-ganzzahlige Besetzung der Mode. Misst man ihren Energieinhalt mit einem Detektor, findet man bei einer Frequenz f nur ganzzahlige Vielfache des einsteinschen Wertes $E = h \cdot f$.

> Photonen sind quantisierte Anregungen der Moden des elektromagnetischen Feldes.

ℹ️ Die quantenfeldtheoretische Beschreibung von Photonen durch Moden des elektromagnetischen Feldes beantwortet die häufig gestellte Frage, wie man sich ein Photon anschaulich vorstellen soll. Die kurze Antwort: so wie die zugehörige Mode des elektromagnetischen Feldes, also die klassische Lösung der Maxwell-Gleichungen. Ein Photon kann somit ganz verschiedene Gestalten haben: Bei einem ultrakurzen Laserpuls ist es auf sehr kleinem Raum konzentriert, während es in einem Gravitationswelleninterferometer (wo die zugehörigen Moden stehende Wellen sind, die sich über das ganze Interferometer erstrecken) kilometerlang ausgedehnt sein kann.

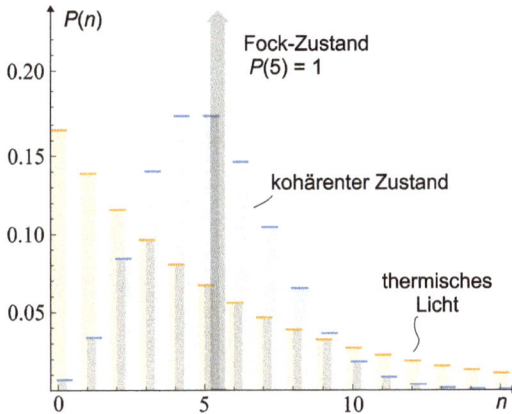

Abb. 2.10: Photonenzahlstatistik für thermisches Licht, einen kohärenten Zustand und einen Fock-Zustand mit jeweils der gleichen mittleren Photonenzahl $n = 5$.

Beim Nachweis in einem Detektor wird ein Photon immer als Ganzes gefunden – seine gesamte Energie wird beim Nachweis auf einmal übertragen. Wenn wir auf S. 50 den Nachweis von Quantenobjekten als quantenmechanischen Messprozess beschreiben, werden wir das in der Faustregel „*wellenhaft bei der Ausbreitung und teilchenhaft beim Nachweis*" zusammenfassen.

Photonenzahlstatistik

Die unterschiedlichen Lichtquellen kann man nach der *Photonenzahlstatistik* des von ihnen emittierten Lichts klassifizieren, der Wahrscheinlichkeitsverteilung $P(n)$ für die Zahl n der Photonen, mit der eine bestimmte Mode besetzt ist. Durch wiederholte Messung mit einem idealen Detektor lassen sich der Mittelwert $\bar{n}$, die Standardabweichung Δn und die Form der Verteilung bestimmen.

Abbildung 2.10 vergleicht drei grundsätzlich verschiedene Arten von Licht anhand ihrer Photonenzahlstatistik. Die drei eingezeichneten Verteilungen haben alle die gleiche mittlere Photonenzahl $\bar{n} = 5$, aber unterschiedliche Gestalt und Standardabweichung. Die hellbraune Verteilung entspricht thermischem Licht, das von einer Lichtquelle ausgesandt wird, die aufgrund ihrer Temperatur strahlt (wie etwa eine Glühlampe, ein Stück Holzkohle oder die Sonne). Die Energie von thermischem Licht ist nach dem *planckschen Strahlungsgesetz* verteilt. Es wird auch als *klassisches Licht* bezeichnet, weil es auf natürliche Weise von klassischen, makroskopischen Körpern ausgesandt wird. Die hellblaue Verteilung zeigt die Photonenzahlstatistik eines *kohärenten Zustands*, der näherungsweise das von einem Laser emittierte Licht beschreibt. Die Verteilung ist eine Poisson-Verteilung, die durch $\Delta n = \bar{n}$ gekennzeichnet ist.

Zustände des Lichts, die schmaler sind als die Poisson-Verteilung (für die also $\Delta n < \bar{n}$ gilt), werden als *nichtklassisches Licht* bezeichnet. Solches Licht kann nur von kontrollierten Quantensystemen wie etwa einzelnen Atomen, Ionen oder NV-Zentren emittiert werden. Eine extreme Variante von nichtklassischem Licht sind die

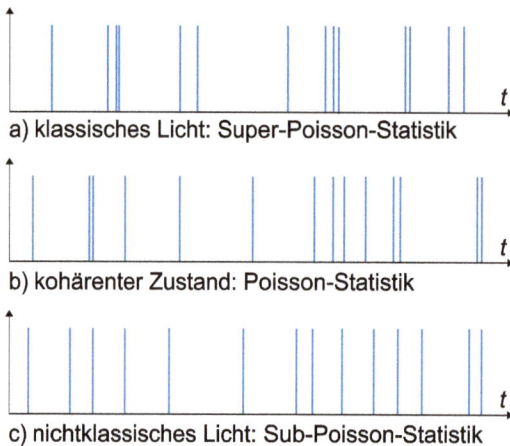

a) klassisches Licht: Super-Poisson-Statistik

b) kohärenter Zustand: Poisson-Statistik

c) nichtklassisches Licht: Sub-Poisson-Statistik

Abb. 2.11: Zeitliche Photonenstatistik für klassisches Licht, kohärente Zustände und nichtklassisches Licht. Das klassische Licht zeigt Bunching, das nichtklassische Licht Antibunching.

Fock-Zustände, die eine feste Photonenzahl enthalten – bei der grauen Verteilung in Abb. 2.10 ist es $n = 5$. Aufgrund ihrer nichtklassischen Natur sind Fock-Zustände experimentell sehr schwierig – wenn überhaupt – zu erzeugen.

Bunching und Antibunching

Nicht nur die Verteilung der Photonenzahl unterscheidet sich für klassisches und nichtklassisches Licht, sondern auch die Statistik der Ankunftszeiten an einem Detektor. Bei einem Zufallsprozess mit voneinander unabhängigen Ereignissen (wie zum Beispiel den Aufprall von Regentropfen auf ein Blechdach) ist die statistische Verteilung der Ereignisse durch die Poisson-Verteilung bestimmt. Bildet man für einen solchen Zufallsprozess eine zeitliche Statistik, indem man zum Beispiel jeden Moment, in dem ein Regentropfen aufprallt, mit einem senkrechten Strich markiert, ergibt sich eine Verteilung wie in der mittleren Zeile in Abb. 2.11. Die gleiche Poisson-Statistik ergibt sich auch für die Nachweisstatistik von Photonen in einem kohärenten Zustand.

Klassisches Licht (zum Beispiel aus einer thermischen Quelle) zeigt eine andere Statistik, in der die Photonen häufig „geklumpt" auftreten. Die Wahrscheinlichkeit, dass zwei Photonen in geringem Zeitabstand aufeinander folgen, ist gegenüber der Poisson-Statistik erhöht (Abb. 2.11(a)). Diesen Effekt bezeichnet man als *Bunching*; die Verteilung folgt einer *Super-Poisson-Statistik*.

Wenn im umgekehrten Fall zwei aufeinanderfolgende Photonen im Mittel größere Abstände voneinander haben als bei der Poisson-Statistik, spricht man von *Antibunching* (Abb. 2.11(c)). Das Auftreten von Antibunching (und die entsprechende *Sub-Poisson-Statistik*) ist das entscheidende Kennzeichen von nichtklassischem Licht.

Experimentell untersucht man die Korrelationsfunktion $g^{(2)}(\tau)$, die die Nachweis-wahrscheinlichkeit für zwei Photonen im Zeitabstand τ wiedergibt. Für den kohärenten Zustand ist $g^{(2)}(\tau = 0)$ auf 1 normiert, für nichtklassisches Licht ist $g^{(2)}(0)$ kleiner als 1 und für klassisches Licht größer als 1. Das Auftreten von Antibunching, wenn die Lichtquelle ein einzelnes Atom ist, kann man leicht verstehen: Hat das Atom gerade ein Photon emittiert, dann ist es anschließend mit Sicherheit im Grundzustand. Es kann kein weiteres Photon emittieren, bevor die nächste Anregung stattgefunden hat. Die Wahrscheinlichkeit, dass von diesem System zwei Photonen in der Zeit zwischen zwei Anregungen emittiert werden, beträgt null. Daher ist das Licht von einzelnen Atomen (oder NV-Zentren) durch $g^{(2)}(0) = 0$ gekennzeichnet.

Einzelphotonenzustände und abgeschwächtes Licht

Durch die Betrachtung der Photonenstatistik kann man auch verstehen, warum man durch Abschwächen von thermischem oder Laserlicht kein nichtklassisches Licht erzeugen kann. Ein zur Abschwächung benutzter Graufilter (der nicht anders als eine Sonnenbrille funktioniert) absorbiert zufällig die eintretenden Photonen und lässt nur wenige davon durch. Durch zufälliges Entfernen von Ereignissen schwächt man zwar die Intensität ab, aber man kann dadurch nicht die Statistik eines Zufallsprozesses ändern. Die sub-poissonsche Statistik, die für Einzelphotonenzustände charakteristisch ist, lässt sich auf diese Weise nicht erzeugen. Abgeschwächtes thermisches Licht zeigt immer noch Bunching statt Antibunching, abgeschwächtes Laserlicht folgt immer noch der Poisson-Statistik. Das bedeutet: In einem abgeschwächten Puls, der im Mittel ein einziges Photon enthält, ist immer noch die der Statistik entsprechende Wahrscheinlichkeit vorhanden, zwei Photonen, drei Photonen oder gar kein Photon zu finden.

Zur kontrollierten Erzeugung von Einzelphotonenzuständen greift man daher auf die auf S. 17 beschriebene Methode der *angekündigten Photonen* („heralded single photons") zurück, bei dem man in einem nichtlinearen Kristall Photonenpaare erzeugt und eines davon zur „Ankündigung" des zweiten Photons einsetzt. Allerdings nutzt man in der Quantenkommunikation aus praktischen Gründen trotzdem oft abgeschwächte Laserquellen. Man muss sich dann aber darüber im Klaren sein, dass es sich nicht um kontrollierte Einzelphotonenzustände handelt.

Nachweis von einzelnen Photonen   **i**

Zum Nachweis von einzelnen Photonen werden in der Regel APDs (Avalanche-Photodioden) eingesetzt (Abb. 1.11). Sie funktionieren wie ein Photomultiplier, aber auf Halbleiterbasis. Eine APD hat einen Schichtaufbau, bei der eine Absorptionszone unter Hochspannung steht. Ein einfallendes Photon erzeugt darin ein Elektron-Loch-Paar, das über Stoßionisation – ähnlich wie bei der Entstehung einer Lawine – so viele weitere Ionisationen auslöst, dass ein elektrisches Signal messbar wird. APDs können eine Quanteneffizienz nahe an 100 % aufweisen, d. h. sie weisen jedes eintreffende Photon sicher nach. Die Quanteneffizienz ist jedoch frequenzabhängig und kann durch experimentell notwendige Filter weiter sinken.

Allerdings kann auch ohne einfallendes Photon zufällig ein solches Elektron-Loch-Paar entstehen. Diese unerwünschten Ereignisse führen zur *Dunkelzählrate*, dem Rauschuntergrund der APDs. Um dieses Rauschen zu unterdrücken und die Zufallsmesswerte von den tatsächlichen Photonendetektionen zu unterscheiden, werden angekündigte Photonen eingesetzt.

Einzelphotonendetektoren können weitere Fehler aufweisen, die die Nachweisstatistik verfälschen: Sie haben eine gewisse *Totzeit*: Nachdem eine Detektion erfolgt ist, ist für eine gewisse Zeit kein weiterer Nachweis möglich, weil zuerst die Anregung in der APD „gelöscht" werden muss. Andere Fehler sind die Auslösung zweier Pulse durch ein einziges Photon (Afterpulsing) und eine zeitliche Verzögerung (Delay) zwischen dem Eintreffen des Photons und dem ausgegebenen Signal.

3 Umgang mit der Quantenphysik

3.1 Das Doppelspaltexperiment

Seit den legendären „*Feynman Lectures*" von 1963 gilt das *Doppelspaltexperiment* als das Schlüsselexperiment zum Verständnis der Quantenphysik. In ihm zeigen sich alle ihre „Merkwürdigkeiten" in ihrer reinsten Form in einem einfach zu durchschauenden Versuchsaufbau. Dabei stellt man fest: Mit unseren gewohnten Vorstellungen aus der klassischen Physik sind die experimentellen Ergebnisse nicht in Einklang zu bringen. Unser Vorstellungsvermögen ist nicht in der Lage, eine konsistente bildhafte Beschreibung der Vorgänge zu liefern, die in diesem Experiment in der Natur ablaufen.

Feynman selbst beschreibt das Doppelspaltexperiment sehr plastisch als „[...] a phenomenon which is impossible, absolutely impossible, to explain in any classical way, and which has in it the heart of quantum mechanics. In reality, it contains the only mystery" [12]. Damit will er aber nicht sagen, dass die Quantenphysik grundsätzlich rätselhaft, regellos und unverstehbar ist. Die veröffentlichten Feynman Lectures beruhen auf transkribierten Audioaufnahmen der ursprünglichen Vorlesungen, und die folgende entscheidende Passage wurde nicht transkribiert ([12] ab 8:17 min):

> All the peculiarities of quantum mechanics are always the same thing – so I have selected a particular experimental situation to describe which contains the peculiarities of quantum mechanics in a cute form, and any other place where you have peculiarities is just another example of the same thing – so we are right at the heart of the subject.

Nach Feynman gibt es demnach einen begrenzten Satz von Merkwürdigkeiten der Quantenphysik. Sie lassen sich am Beispiel des Doppelspalt demonstrieren und auf andere Fälle übertragen. Das ist der Nutzen des Doppelspaltexperiments: Wir lesen an ihm die Regeln ab, die uns in anderen, komplexeren Situationen weiterhelfen.

Doppelspaltexperiment mit klassischem Licht   ℹ️

Der prinzipielle Aufbau eines Doppelspaltexperiments ist in Abb. 3.1 gezeigt. Licht aus einer Punktquelle Q durchquert zwei schmale Spalte und fällt anschließend auf einen Schirm. Es zeigt sich ein charakteristisches *Interferenzmuster* mit hellen und dunklen Streifen, dessen Intensitätsverlauf im Bild rechts dargestellt ist. Im Vergleich zu einer gleichmäßigen Verteilung kommt es dabei an manchen Stellen zur Verstärkung der Helligkeit (Interferenzmaxima), an anderen zur Abschwächung (Interferenzminima). Insbesondere das Auftreten von Interferenzminima ist bemerkenswert, denn dort gilt gewissermaßen: „hell + hell = dunkel": Bei zwei geöffneten Spalten ist an diesen Stellen die Helligkeit geringer, als wenn nur einer der beiden Spalte geöffnet wäre.

Das Doppelspaltexperiment wurde von Thomas Young zum ersten Mal 1803 beschrieben, um den damals andauernden Disput zwischen der vorherrschenden Teilchentheorie von Licht und der Wellentheorie zu entscheiden und das Wellenverhalten von Licht zu belegen. Das Auftreten von Interferenz ist das typische Kennzeichen von Wellen, die sich überlagern (wie hinter den beiden Spalten dargestellt). Mit einer klassischen Teilchenvorstellung lässt es sich kaum verknüpfen.

---

https://doi.org/10.1515/9783110717211-003

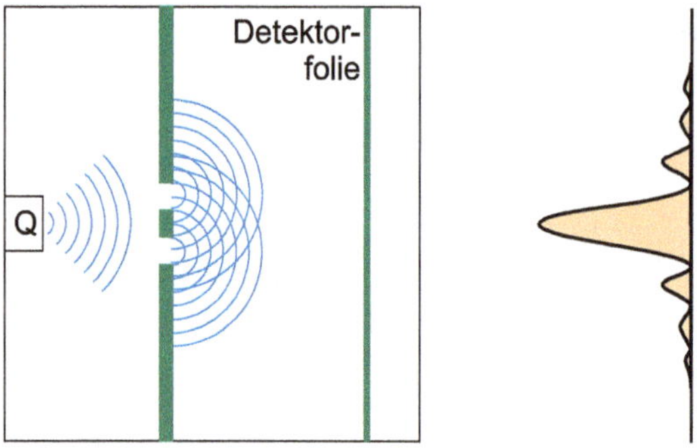

Abb. 3.1: Grundaufbau des Doppelspaltexperiments.

Die von Feynman angesprochenen Merkwürdigkeiten zeigen sich noch nicht in dieser Variante des Doppelspaltexperiments, die mit „hellem" Licht (von der Sonne, von einer Lampe oder einem Laser) durchgeführt wird und sich problemlos mit der klassischen Optik beschreiben lässt.

Die Merkwürdigkeiten treten erst dann auf, wenn man das Doppelspaltexperiment mit einzelnen Quantenobjekten durchführt – zum Beispiel mit einzelnen Photonen, Elektronen, ganzen Atomen oder Molekülen. Die genaue Art der Quantenobjekte, mit denen man das Experiment durchführt, spielt dabei keine Rolle, denn wie Feynman es ausdrückt: Die Merkwürdigkeiten sind immer die gleichen.

Doppelspaltexperiment mit einzelnen Atomen

Im Jahr 1991 gelang es erstmals, ein Doppelspaltexperiment mit ganzen Atomen durchzuführen, dessen Aufbau dem in Abb. 3.1 gezeigten prototypischen Schema genau entspricht [13]. Es wurden einzelne Heliumatome zur Interferenz gebracht. Als Doppelspalt diente eine dünne Goldfolie mit zwei 1 μm breiten Spalten im Abstand von 8 μm (rechts unten in Abb. 3.2).

Damit sich die Heliumatome überhaupt frei bewegen konnten, musste der Versuch im Vakuum stattfinden. Vor dem Doppelspalt wurden die Atome durch Elektronenstoß in einen angeregten Zustand gebracht. Nach Durchlaufen des Doppelspalts trafen sie auf eine Goldfolie, die als Detektionsschirm diente. Durch das Abgeben ihrer Anregungsenergie lösten die Heliumatome dort Elektronen aus, die über eine Elektronenoptik räumlich aufgelöst registriert wurden. Abbildung 3.2 zeigt die zeitliche Abfolge von detektierten Heliumatomen, die sich in einem 42 Stunden andauernden Lauf des Experiments ergab.

Ein nachgewiesenes Heliumatom gibt seine Energie in einem räumlich fest umrissenen „Fleck" auf der Goldfolie ab. Zunächst verteilen sich die Flecke scheinbar wahllos (erstes Bild in Abb. 3.2). Wenn die Zahl der registrierten Atome langsam ansteigt, bildet sich aus den Spuren der einzeln nachgewiesenen Atome langsam ein Muster heraus. Es hat die gleiche Struktur wie das Interferenzmuster, das sich beim Doppelspaltexperiment mit Licht ergibt.

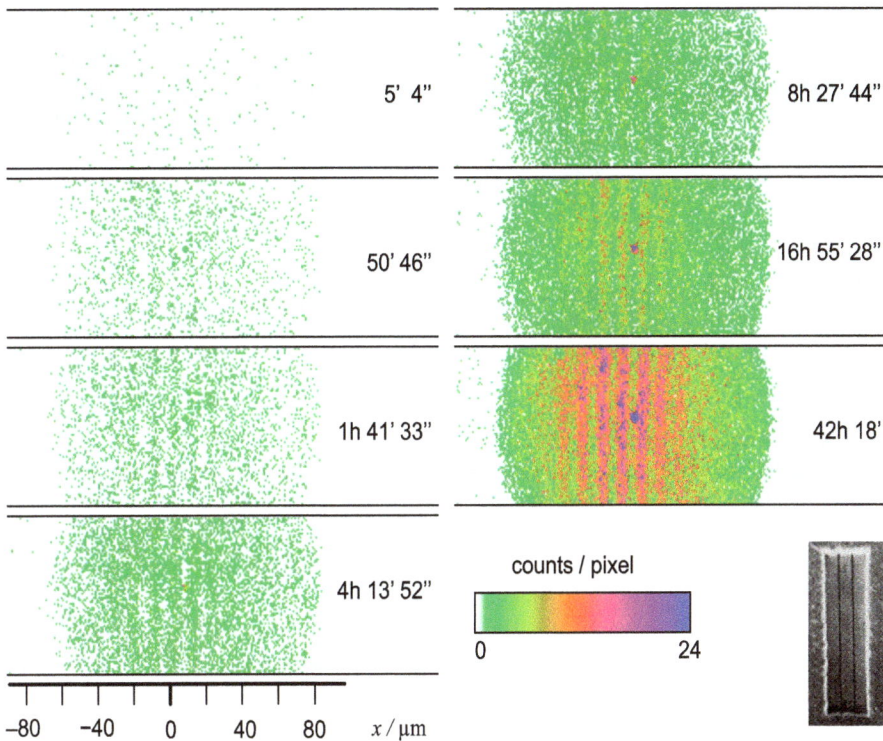

Abb. 3.2: Doppelspaltexperiment mit Heliumatomen (Daten: Christian Kurtsiefer).

3.2 Die Grundregeln der Quantenphysik

Mit unseren klassischen, anschaulichen Vorstellungen von Wellen oder Teilchen lässt sich das Ergebnis des Doppelspaltexperiments mit Heliumatomen nicht erfassen. Wir wollen nun aber nicht die Probleme mit den klassischen Vorstellungen im Detail diskutieren, sondern gleich zur Formulierung der *Grundregeln* übergehen, mit denen sich – im Sinne von Feynman – die Merkwürdigkeiten der Quantenphysik gesetzesartig beschreiben lassen. Insbesondere können wir damit die Ergebnisse des Doppelspaltexperiments diskutieren.

Diese Grundregeln [14] werden auch als „Wesenszüge der Quantenphysik" oder im Englischen als *„reasoning tools"* bezeichnet. Es sind qualitative Aussagen, die einen intuitiven Umgang mit der Quantenphysik ermöglichen und eine Orientierung in Situationen bieten, in denen sich die Quantenphysik von ihrer merkwürdigen Seite zeigt. Sie können als eine Art „qualitative Mini-Axiomatik" der Quantenphysik verstanden werden. Sie erleichtern ein Verständnis der Quantenphysik insbesondere dadurch, dass sie das Herausbilden eines „Bauchgefühls" für Quantenphänomene unterstützen.

Grundregel 1: Statistisches Verhalten
Die Quantenphysik macht nur statistische Vorhersagen, die für viele Wiederholungen des gleichen Experiments gelten. Einzelereignisse sind im Allgemeinen nicht vorhersagbar.

Grundregel 2: Interferenz von einzelnen Quantenobjekten
Interferenz tritt auf, wenn es zwei oder mehr „Wege" gibt, die zu demselben Versuchsergebnis führen. Keine der Alternativen ist dann im klassischen Sinn realisiert – die Quantenobjekte befinden sich in Überlagerungszuständen.

Grundregel 3: Eindeutige Messergebnisse
Messungen liefern immer einen eindeutigen Wert der gemessenen Größe. Das gilt auch in Überlagerungszuständen, in denen das Quantenobjekt keinen festen Wert der zu messenden Größe hat.

Grundregel 4: Komplementarität
Beispielhafte Formulierungen sind: „Welcher-Weg-Information und Interferenzmuster schließen sich aus" oder „Quantenobjekte können nicht auf Ort und Impuls gleichzeitig präpariert werden".

Diskutieren wir die Grundregeln nun der Reihe nach und erläutern ihre Bedeutung anhand des Doppelspaltexperiments. Dabei werden wir einen Überblick über die nichtintuitiven Züge der Quantenphysik bekommen, die in den Quantentechnologien nutzbar gemacht werden.

Grundregel 1: Statistisches Verhalten

Der vielleicht wichtigste Unterschied zwischen Quantenphysik und klassischer Physik kommt auf den ersten Blick recht unscheinbar daher. Die auf der Goldfolie nachgewiesenen Heliumatome werden an zunächst ganz zufällig erscheinenden Orten gefunden (Abb. 3.2 oben links), bevor sich schließlich ein erkennbares Muster herausbildet. Stellen wir uns vor, wir stoppen das Experiment zu einem bestimmten Zeitpunkt und probieren uns an zwei Vorhersagen:

1. Wir versuchen, den Ort vorherzusagen, an dem das nächste Heliumatom gefunden wird. Es wird uns nicht gelingen. Eine solche Vorhersage wäre reine Glückssache.
2. Anders sieht es aus, wenn wir die nächsten 1000 nachgewiesenen Atome betrachten: Jetzt gelingt eine Vorhersage zuverlässig. Wir können reproduzierbar angeben, wo viele Atome nachgewiesen werden und wo wenige.

Die Aussage von Grundregel 1 betrifft unmittelbar den Unterschied zwischen diesen beiden Fällen: Wir sind von einer Aussage über ein Einzelereignis zu einer Aussage über die oftmalige Wiederholung des gleichen Experiments übergegangen, also zu einer statistischen Aussage. Nur im zweiten Fall ist eine Vorhersage möglich. Diese Vorhersage ist aber reproduzierbar: Jedes Mal, wenn man den Versuch mit vielen Heliumatomen unter gleichen Bedingungen wiederholt, kann man – bis auf statistische

Schwankungen – die Verteilung der Atome vorhersagen. Kurz ausgedrückt: Die Gesetze der Quantenphysik sind *statistischer* Natur. Deterministische Vorhersagen über Einzelereignisse sind im Allgemeinen nicht möglich.

Der indeterministische Charakter der Quantenphysik

Ein Vergleich mit der klassischen Physik kann die probabilistische Natur der quantenphysikalischen Gesetze noch verdeutlichen. Die klassische Mechanik ist *deterministisch*. Wenn man einen Pfeil mit der richtigen Geschwindigkeit und dem richtigen Winkel abschießt, kann man sicher sein, dass er ins Ziel trifft. Zwei Pfeile mit identischen Anfangsbedingungen durchlaufen identische Bahnen (das Kunststück von Robin Hood).

In der Quantenphysik spricht man von der *Präparation* von Anfangsbedingungen. Und man stellt fest: Im Doppelspaltexperiment funktioniert das Zielen nicht. Es ist nicht nur rein praktisch, sondern prinzipiell unmöglich, die Atome so zu präparieren, dass ein bestimmtes Atom an einer vorher bestimmten Stelle auf der Goldfolie landet. Es handelt sich hierbei nicht um eine unzureichende Kontrolle über die Anfangsbedingungen. Die Quantenphysik ist prinzipiell *indeterministisch*: Identische Anfangsbedingungen führen nicht zu identischen Resultaten für das Einzelereignis. Zwei gleich präparierte Atome landen im Allgemeinen an verschiedenen Stellen auf dem Schirm. Über ihren Nachweisort sind nur Wahrscheinlichkeitsaussagen möglich.

Obwohl die Quantenphysik nur statistische Aussagen macht, handelt es sich trotzdem um streng gültige Gesetzmäßigkeiten. Sie legen nicht das Resultat von Einzelereignissen fest (z. B. den Ort, an dem ein einzelnes Atom gefunden wird), sondern sie beschreiben eine ganze Serie von Experimenten: Bei vielen Wiederholungen des gleichen Experiments ergibt sich eine Verteilung, die – bis auf statistische Schwankungen – reproduzierbar ist.

Man kann einwenden: Auch in der klassischen Physik gibt es Vorgänge, deren Ausgang scheinbar durch den Zufall bestimmt ist. Ein Beispiel ist der Würfelwurf. Würde man allerdings die Versuchsbedingungen einschließlich der Anfangsbedingungen genau genug kennen, also auch Luftbewegungen, Unebenheiten der Unterlage usw., dann könnte man mit Newtons Gesetzen im Prinzip die gewürfelte Zahl vorhersagen. Der Ausgang des Würfelwurfs ist also vom newtonschen Standpunkt grundsätzlich determiniert; der Zufall resultiert aus unserer Unkenntnis über die genauen Anfangsbedingungen.

Wenn wir den Nachweisort eines Heliumatoms im Doppelspaltexperiment nicht vorhersagen können, handelt es sich nicht um subjektive Unkenntnis der Anfangsbedingungen, sondern um eine prinzipielle Grenze. Gemäß der Quantenmechanik gibt es kein Merkmal und keine zusätzlichen Parameter, an denen sich vorher ablesen ließe, wo ein bestimmtes Elektron auf dem Schirm landet. Es ist keine „vollständigere" Kontrolle der Elektronen möglich.

Dass dies keine Unzulänglichkeit der Quantenmechanik ist, die irgendwann durch eine bessere und vollständigere Theorie behoben werden könnte, ist die Aussage des bellschen Theorems, das wir in Abschnitt 3.13 diskutieren werden. Es zeigt, dass Theorien mit „verborgenen Parametern", die den Nachweisort schon im Voraus festlegen, explizit nichtlokale Eigenschaften haben müssen.

Schließlich noch eine letzte Anmerkung zum statistischen Charakter der quantenmechanischen Gesetze: Es ist natürlich nicht ausgeschlossen, dass die Wahrscheinlichkeiten 0 oder 1 auftreten. In vielen Experimenten wird man sich sogar aktiv darum bemühen, Wahrscheinlichkeiten nahe 1 für ein bestimmtes Ereignis herbeizuführen. In diesen Fällen kann man dann sehr wohl sichere Aussagen über das Eintreten oder Nichteintreten von Einzelereignissen machen.

Ein besonders eindrückliches Beispiel für die statistische Natur der Quantengesetze ist der Zerfall von radioaktiven Kernen. Zum Beispiel emittiert beim Alpha-Zerfall ein Atomkern ein α-Teilchen (Abb. 3.3). Ob ein einzelner radioaktiver Atomkern innerhalb

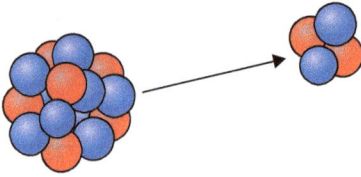

Abb. 3.3: Der radioaktive Zerfall eines Atomkerns als Beispiel für den Indeterminismus der Quantenphysik.

der nächsten Stunde zerfällt, können wir nicht vorhersagen. Es gibt auch keinen Parameter, der dies im Voraus festlegt. Der Kernzerfall ist ein Beispiel für tatsächlichen Zufall in der Quantenphysik.

Es ist aber eine statistische Aussage möglich: Wir können den Bruchteil sehr vieler Kerne vorhersagen, der innerhalb der nächsten Stunde zerfällt. Man findet eine reproduzierbare statistische Gesetzmäßigkeit: Der Zerfall folgt einem exponentiellen Zerfallsgesetz mit einer für die Kernspezies charakteristischen Halbwertszeit.

In den Quantentechnologien wird der probabilistische, indeterministische Charakter von Quantenprozessen direkt nutzbar gemacht, zum Beispiel in Quantenzufallszahlengeneratoren oder bei der sicheren Schlüsselverteilung in der Quantenkommunikation. Auf der anderen Seite erschwert der Quantenzufall das Entwerfen von Quantenalgorithmen für Quantencomputer ungemein.

Grundregel 2: Interferenz einzelner Quantenobjekten

Wir haben schon festgestellt: Obwohl die einzelnen Heliumatome stets nur an einem Ort nachgewiesen werden, bilden ihre Auftreffpunkte nach vielen Wiederholungen ein Doppelspalt-Interferenzmuster. Bemerkenswert ist, dass das Interferenzmuster auch dann auftritt, wenn sich immer nur ein einzelnes Quantenobjekt in der Anordnung befindet und eine gegenseitige Wechselwirkung daher ausgeschlossen ist. Paul Dirac, einer der Begründer der Quantenmechanik, drückte es so aus: Jedes Quantenobjekt interferiert nur mit sich selbst. Auch im Helium-Doppelspaltexperiment aus Abb. 3.2 gab es keine gegenseitige Beeinflussung der Atome: Die lange Zeitdauer von 42 Stunden bedeutete eine mittlere Zeitdauer zwischen zwei Detektionen von ca. drei Sekunden. Trotz der großen Zahl der insgesamt nachgewiesenen Atome wurde also jedes Atom einzeln registriert, ohne dass sich im Mittel eines der anderen nachgewiesenen Atome in der Apparatur befand.

ℹ️ **Jedes Quantenobjekt interferiert nur mit sich selbst**

Man kann eine ganz plastische Veranschaulichung von Diracs Aussage geben: Eine Organisation verschickt identische Baupläne für ein Doppelspalt-Interferenzexperiment an viele Labore in der ganzen Welt, wo die Apparatur nach den Bauplänen aufgebaut wird. Mit den gleichartigen Apparaturen wird jeweils ein einziges Experiment durchgeführt – in jedem Labor nur mit einem einzigen Atom. Der Nachweisort dieses Atoms wird jeweils auf eine Overheadfolie eingezeichnet (Abb. 3.4 links). Bei einer Kon-

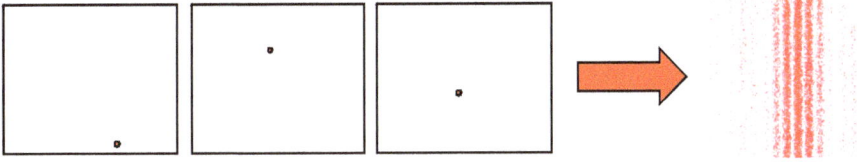

Abb. 3.4: Das Übereinanderlegen von Einzelereignissen führt zum Interferenzmuster.

ferenz kommen alle Teilnehmer zusammen, jeder mit einer Folie, auf der sich ein Punkt befindet. Sie legen ihre Folien auf dem Projektor übereinander. Es ergibt sich das Doppelspalt-Interferenzmuster (Abb. 3.4 rechts).

Grundregel 2 gibt ein Kriterium für das Auftreten von Interferenz: Immer wenn es für das Eintreten eines bestimmten Versuchsergebnisses mehrere „Wege" gibt (allgemeiner: klassisch denkbare Alternativen für die Realisierung des gleichen Versuchsergebnisses), kann Interferenz nachgewiesen werden. Im Doppelspaltexperiment ist das Versuchsergebnis die Detektion an einem bestimmten Ort X auf der Goldfolie. Es gibt zwei klassisch denkbare Alternativen für die Realisierung dieses Ergebnisses: Das Atom kann durch den linken Spalt (Alternative 1) oder durch den rechten Spalt (Alternative 2) dorthin gelangen. Das Versuchsergebnis, der Nachweis am Ort X, ist in beiden Fällen das gleiche.

Quantenmechanisch wird der Zustand der Atome in der Spaltebene als *Überlagerungszustand* der beiden klassischen Alternativen beschrieben. Das wird symbolisch durch die folgende Notation ausgedrückt:

$$|\psi\rangle = |\text{Zustand für Alternative 1}\rangle + |\text{Zustand für Alternative 2}\rangle . \qquad (3.1)$$

Ein solcher Zustand ist der Prototyp eines „Qubit"-Zustands, bei dem keine der beiden klassischen Alternativen tatsächlich realisiert ist. Überlagerungszustände kommen im Bereich der Quantentechnologien sehr häufig vor; sie sind geradezu ihr Kennzeichen. Üblicherweise sind es nicht die Alternativen „linker Spalt" und „rechter Spalt", die überlagert werden, sondern interne Zustände von Quantenobjekten, die allgemein mit $|0\rangle$ und $|1\rangle$ bezeichnet werden. Der hier betrachtete Überlagerungszustand beim Doppelspaltexperiment hat aber den Vorteil, das man an seinem Beispiel sehr anschaulich die oft gehörte, aber selten erklärte Aussage begründen kann, dass sich ein Qubit in einem Überlagerungszustand aus $|0\rangle$ und $|1\rangle$ weder im einen noch im anderen Zustand befindet, sondern „in beiden Zuständen gleichzeitig" – und die Frage beantworten, was das eigentlich bedeuten soll.

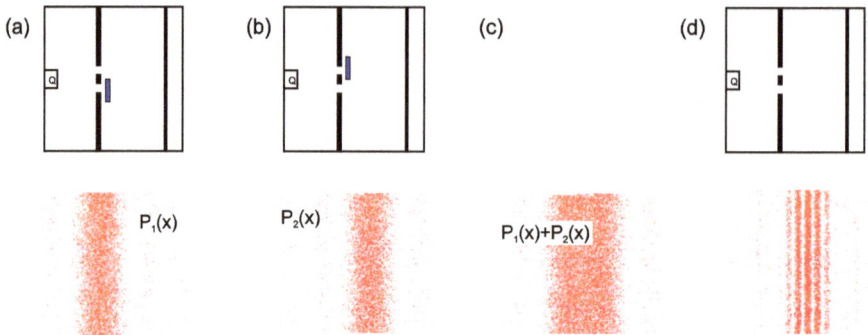

$P_1(x)$ $P_2(x)$ $P_1(x)+P_2(x)$

Abb. 3.5: "Umsortieren" der Atome (Computersimulation).

ℹ Überlagerungszustände und das „Nichtbesitzen von Eigenschaften"

Innerhalb der Doppelspaltapparatur befinden sich die Atome in einem „Qubit"-Zustand: einem Überlagerungszustand aus „durch den rechten Spalt gegangen" und „durch den linken Spalt gegangen". Keine der beiden klassischen Alternativen wird dabei tatsächlich realisiert. Dies wird – wie wir gleich zeigen werden – am Auftreten von Interferenz sichtbar.

Nehmen wir zunächst das Gegenteil an, dass also eine der Alternativen „linker Spalt" oder „rechter Spalt" tatsächlich realisiert wäre. Jedem der Heliumatome könnte man somit einen der beiden Spalte zuordnen, durch den es gegangen ist – wir wüssten nur nicht, durch welchen. Einen solchen Zustand könnte man als „Entweder-Oder-Zustand" bezeichnen [15].

Dass diese Entweder-Oder-Vorstellung nicht unser Experiment beschreibt, kann man mit folgendem Argument zeigen: Würde die Annahme stimmen, dann müsste das auf dem Schirm nachgewiesene Muster unverändert bleiben, wenn man die Atome „umsortiert". Dazu lässt man zuerst alle diejenigen Atome durch die Apparatur laufen, die durch den linken Spalt gehen und erst danach diejenigen, die durch den rechten Spalt gehen. Dieses „Umsortieren" lässt sich durch abwechselndes Verschließen der beiden Spalte realisieren. Das Ergebnis ist in Abb. 3.5 dargestellt. Die links durchgegangenen Atome erzeugen die Verteilung $P_1(x)$ auf der Goldfolie; die rechts durchgegangenen die Verteilung $P_2(x)$. Beide zusammengenommen ergeben das in Abb. 3.5(c) dargestellte Muster $P_1(x) + P_2(x)$. Im Gegensatz zu unserer Annahme entspricht diese Verteilung aber nicht derjenigen, die sich mit zwei geöffneten Spalten ergibt (Abb. 3.5(d)).

In der Argumentationskette steckt somit ein Fehler. Es ist die Ausgangsannahme der lokalisierten Atome. Wir können uns die Atome in der Spaltebene nicht mehr als Objekte mit einem bestimmten Ort oder einer bestimmten Bahn vorstellen. Damit ist auch die Entweder-Oder-Beschreibung hinfällig. Das ist gemeint, wenn es in Grundregel 2 heißt, dass keine der beiden Alternativen im klassischen Sinne realisiert wird, und dies ist auch der Charakter von Überlagerungszuständen. Sie lassen sich von klassischen „Entweder-Oder-Zuständen" durch das Auftreten von Interferenz unterscheiden.

Das Ausnutzen von Interferenz in Überlagerungszuständen ist in den Quantentechnologien zentral: Der Vorteil von Quantencomputern über klassische Computern wird wesentlich durch die Nutzung von Qubits in Überlagerungszuständen und das Auftreten von Interferenz ermöglicht.

Nur als Nebenbemerkung sei hinzugefügt, dass es die „Entweder-Oder-Zustände" auch in der Quantenmechanik gibt. Sie werden dort – nach der voranstehenden Beschreibung des „Zusammenmischens" unmittelbar einleuchtend – als *statistische Gemische* bezeichnet und unterscheiden sich von den Überlagerungszuständen durch das Fehlen der Interferenzfähigkeit (vgl. Abschnitt 3.11).

Grundregel 3: Eindeutige Messergebnisse

Wie wir gesehen haben, kann man Quantenobjekten in Überlagerungszuständen bestimmte Eigenschaften nicht zuschreiben – zum Beispiel den Atomen im Doppelspaltexperiment einen Spalt, durch den sie gegangen sind, oder allgemeiner ausgedrückt: einen bestimmten Ort.

Allerdings kann man den Ort eines Atoms ja *messen* – und es stellt sich sofort die Frage, was das Ergebnis einer Ortsmessung ist, wenn das gemessene Atom in einem solchen *delokalisierten* Zustand ist. Die Antwort kennen wir bereits aus dem experimentellen Resultat in Abb. 3.2. Hier wird durch den Nachweis auf der Goldfolie, bei dem die Heliumatome ihre Anregungsenergie abgeben und dabei ein Elektron auslösen, eine Ortsmessung durchgeführt. Das Experiment zeigt: Bei einer Ortsmessung wird das Atom an einem ganz bestimmten Ort registriert – auch wenn es vorher in einem Zustand war, in dem es mindestens über den Abstand der beiden Spalte (im Experiment 8 μm) delokalisiert war.

Dieser Befund ist ein Beispiel für ein generelles Merkmal von Messungen in der Quantenphysik: Bei einer Messung findet man stets einen eindeutigen Wert der gemessenen Größe. Dies gilt auch, wenn sich das Quantenobjekt vor der Messung in einem Überlagerungszustand befindet, in dem es die betreffende Eigenschaft gar nicht besitzt.

Eine Messung an einem quantenmechanischen Objekt unterscheidet sich in dieser Hinsicht von Messungen in der klassischen Physik: Während in der klassischen Physik durch eine Messung eine schon vorher festliegende Eigenschaft nur festgestellt wird, hat eine quantenmechanische Messung aktiven Charakter. Das gemessene System wird „gezwungen", sich für einen der möglichen Messwerte zu „entscheiden".

Messungen an Qubits

Diskutieren wir den gleichen Sachverhalt am Beispiel von Qubits. Wir betrachten ein Qubit, das sich in einem Überlagerungszustand aus $|0\rangle$ und $|1\rangle$ befindet (im Quantencomputing bezeichnet man $|0\rangle$ und $|1\rangle$ als die *Berechnungsbasis*). Allgemein kann man seinen Zustand wie folgt schreiben:

$$|\psi\rangle = \alpha\,|0\rangle + \beta\,|1\rangle\,. \qquad (3.2)$$

Gegenüber Gl. (3.1) sind die Koeffizienten α und β hinzugekommen. Das sind Zahlen (im allgemeinen komplexwertig), die ausdrücken, dass in $|\psi\rangle$ die beiden Komponenten $|0\rangle$ und $|1\rangle$ nicht zu gleichen Teilen, sondern mit unterschiedlichem Gewicht vertreten sind. Bei der Ausführung eines Quantenalgorithmus in einem Quantencomputer werden die Qubits in solche Überlagerungszustand gebracht; normalerweise sogar in noch komplexere Überlagerungszustände, an denen mehrere Qubits beteiligt sind. Das ist die Grundlage der *Quantenparallelität*.

Am Ende der Berechnung muss das Qubit ausgelesen werden. Dazu wird eine Messung durchgeführt. Die gemessene Größe ist der Wert in der Berechnungsbasis. Nach Grundregel 3 ergibt sich bei dieser Messung ein eindeutiges Ergebnis (0 oder 1), auch wenn man dem Qubit im Überlagerungszustand (3.2) keinen festen Wert zuordnen konnte. Einen experimentellen Beleg für die Eindeutigkeit des Ergebnisses bei einer solchen Messung haben wir schon im Quantum-Jump-Experiment in Abb. 2.5 gefunden, wo man die Sprünge zwischen den Messergebnissen 0 und 1 anschaulich erkennen kann.

Mit dem Formalismus der Quantenmechanik, den wir im folgenden Abschnitt behandeln werden, können wir noch einen Schritt weitergehen und Wahrscheinlichkeiten für die jeweiligen Messergebnisse angeben. Nach Grundregel 1 sind die Gesetze der Quantenphysik statistischer Natur, und für den Überlagerungszustand (3.2) können wir die *Wahrscheinlichkeiten* für die beiden möglichen Messergebnisse 0 und 1 angeben: Sie sind $|\alpha|^2$ für den Messwert 0 und $|\beta|^2$ für den Messwert 1. Wenn also $|\alpha|^2 = 0,8$ und $|\beta|^2 = 0,2$, dann findet man bei 1000 Messungen an Qubits im Zustand (3.2) ungefähr 800 Mal den Wert 0 und 200 Mal den Wert 1. Diese Interpretation der Koeffizienten α und β aus Gl. (3.2) ist ein Spezialfall der Wahrscheinlichkeitsregel von Born, die wir auf S. 62 in allgemeiner Form besprechen werden.

---

i **Welle-Teilchen-Dualismus**

Der in der Anfangszeit der Quantenmechanik heftig debattierte *Welle-Teilchen-Dualismus* war ein erstes Beispiel dafür, dass die aus unserer Erfahrungswelt stammenden anschaulichen Begriffe (wie Welle oder Teilchen) nur begrenzt zur Beschreibung von Quantenphänomenen geeignet sind. Man muss betonen, dass sich diese Probleme immer nur auf unsere sprachlichen Veranschaulichungen bezogen haben. Im mathematischen Formalismus gab es nie Schwierigkeiten, eine korrekte Beschreibung der Experimente zu geben.

Im Lauf der Zeit ist es gelungen, begrifflich saubere Sprechweisen zu entwickeln, mit denen sich quantenmechanische Argumentationen sprachlich angemessen formulieren lassen. Die hier besprochenen Grundregeln sind ein Beispiel dafür. Mit ihnen kann man auch den scheinbar rätselhaften Dualismus zwischen Welle und Teilchen („Quantenobjekte verhalten sich manchmal wie Wellen und manchmal wie Teilchen") in vernünftiger Weise erklären. Für jedes Experiment kann man eindeutig vorhersagen, ob man „Wellenverhalten" oder „Teilchenverhalten" oder beides finden wird. Dazu werden Grundregel 2 und 3 benötigt.

Nach Grundregel 2 erfolgt die räumliche und zeitliche Ausbreitung von Quantenobjekten nach Wellengesetzen. Das Wellenverhalten ist experimentell am Auftreten von Interferenz ablesbar, und das Kriterium dafür lautet, dass einzelne Quantenobjekte zu einem Interferenzmuster beitragen können, wenn es verschiedene „Wege" (Spalte beim Doppelspaltexperiment, Arme eines Interferometers) zur Realisierung des gleichen Versuchsergebnisses gibt. Natürlich kann man sich auch entscheiden, eine Apparatur aufzubauen, die keine verschiedenen Wege enthält. Dann zeigt sich keine Interferenz. Teilchenhaftes Verhalten tritt nur bei einer Messung auf. Führt man eine Ortsmessung durch (wie auf der Goldfolie im Helium-Doppelspaltexperiment) wird man nach Grundregel 3 einen bestimmten Messwert für den Ort finden. Das Quantenobjekt wird lokalisiert nachgewiesen, also teilchenhaft.

Als Faustregel kann man festhalten, dass Quantenobjekte sich wellenhaft ausbreiten und teilchenhaft nachgewiesen werden. Die wellenhafte Ausbreitung erfolgt vollkommen deterministisch. Sie wird durch die Schrödingergleichung beschrieben, die Grundgleichung der Quantenmechanik, die den Charakter einer Wellengleichung hat (in den Quantentechnologien spielt sie keine große Rolle, deshalb wird sie hier nur am Rande erwähnt). Das teilchenhafte Verhalten und der indeterministische, statistische Charakter treten nur bei Messungen in Erscheinung. Sie werden durch die bornsche Wahrscheinlichkeitsregel (Grundregel 3) beschrieben.

Etwas Ähnliches kann man auch für Qubits formulieren: In einem Quantencomputer verhalten sie sich während der Rechnung „analog" (kontinuierliche Überlagerung von |0⟩ und |1⟩ nach Gl. (3.2) mit der Fähigkeit zu Interferenz). Erst bei der Messung am Ende der Rechnung wird ein „digitales" Ergebnis gefunden: einer der beiden möglichen Messwerte 0 oder 1, jeweils mit einer gewissen Wahrscheinlichkeit.

Grundregel 4: Komplementarität

Der von Niels Bohr geprägte Begriff der *Komplementarität* umfasst ein ganzes Bündel von Relationen zwischen *zwei* verschiedenen Messgrößen. Die Relationen sind alle von der Form: „Man kann das eine haben oder das andere, aber nicht beides gleichzeitig." Bekanntestes Beispiel ist die *heisenbergsche Unbestimmtheitsrelation* für Ort und Impuls. Ähnliche Relationen, die in den Quantentechnologien relevanter sind, gelten aber zum Beispiel auch für die Polarisationskomponenten von Licht (vgl. Abschnitt 3.7).

Wir wollen an dieser Stelle beim Doppelspaltexperiment bleiben und auf die Komplementaritätsrelation zwischen „Welcher-Weg-Information" und „Fähigkeit zur Interferenz" eingehen, die uns zum wichtigen Thema der umgebungs-induzierten *Dekohärenz* führen wird.

Wir haben schon gesehen, dass im Doppelspaltexperiment keine Interferenz auftritt, wenn man den Heliumatomen einen bestimmten Spalt zuweisen kann, durch den sie gegangen sind – wenn man also „Welcher-Weg-Information" besitzt. Diese Feststellung kann noch präzisiert werden. Um das Auftreten von Interferenz zu verhindern, reicht es nämlich schon aus, wenn die Quantenobjekte irgendwo in der Umgebung eine Spur hinterlassen, an der man im Prinzip ablesen könnte, welche der klassischen Alternativen realisiert wurde.

Diese Spur kann zum Beispiel ein Photon sein, das die Heliumatome an irgendeiner Stelle auf ihrem Weg emittieren. Das in Grundregel 2 erwähnte experimentelle Ergebnis ist nun nicht mehr „der Nachweis eines Heliumatoms am Ort X", sondern „der Nachweis eines Heliumatoms am Ort X und die Emission eines Photons mit Ursprungsort Y". Wenn sich aus dem Ursprungsort Y auf den Spalt zurückschließen lässt, durch den das Heliumatom gegangen sein muss, dann gibt es keine zwei Alternativen für die Realisierung des Versuchsergebnisses mehr, und es tritt keine Interferenz auf. Das emittierte Photon muss dazu noch nicht einmal in einem Detektor nachgewiesen worden sein. Es reicht aus, dass es die Information über seinen Ursprungsort in die Umgebung hinausgetragen hat.

Obwohl sich die Beschreibung dieses Experiment schon ein wenig fantastisch anhört – als Variante des oben beschriebenen Doppelspaltexperiments mit Helium wurde es tatsächlich kurze Zeit später von Pfau et al. durchgeführt [16].

Welcher-Weg-Information und Interferenz   **ⓘ**

Anders als bei dem zuvor beschriebenen Experiment handelte es sich nicht um ein Doppelspaltexperiment, sondern die Atome wurden an einer stehenden Lichtwelle gebeugt (Abb. 3.6). Die unterschiedlichen Lichtintensitäten in den Knoten und Bäuchen lassen die stehende Welle wie ein Beugungsgitter wirken. In einem ersten Schritt wurde das Experiment ohne Photonenemission durchgeführt. Dazu wurde der Laser, der das Lichtgitter erzeugte, auf eine Frequenz eingestellt, die bei den Heliumatomen keine Übergänge induziert. Die Atome verließen dann die stehende Welle im Grundzustand, so dass sie auf ihrem Weg zum Detektor kein Photon emittierten. In diesem Fall ergab sich ein deutlich ausgeprägtes Interferenzmuster, wie die als offene Kreise gezeichneten Datenpunkte in Abb. 3.6 zeigen.

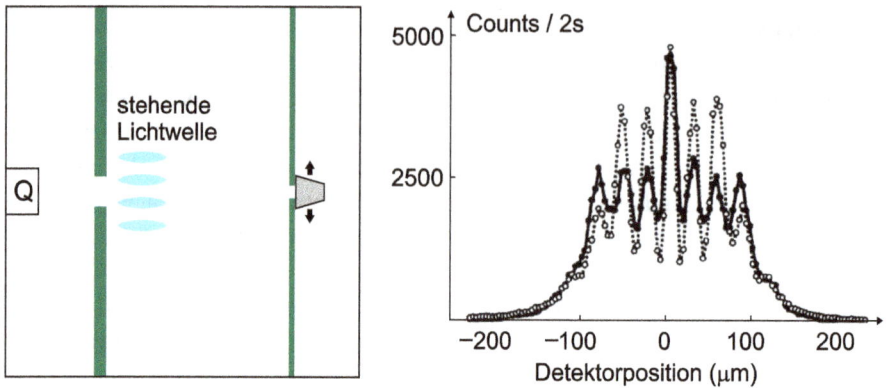

Abb. 3.6: Interferenz von Heliumatomen ohne (offene Kreise, gestrichelte Linie) und mit (gefüllte Kreise, durchgezogene Linie) Welcher-Weg-Information [16].

Im zweiten Schritt wurde die Laserfrequenz auf einen Übergang im Heliumatom abgestimmt. Das Ergebnis dieses Experiments ist in Abb. 3.6 durch die gefüllten Datenpunkte dargestellt. Man erkennt ein im Kontrast abgeschwächtes Interferenzmuster. Durch das Abstimmen der Laserfrequenz auf die Resonanzfrequenz wird ein Teil der Heliumatome in einen angeregten Zustand gebracht. Der Laser bewirkt nicht nur die Anregung, sondern auch das Rückkehren zum Grundzustand, und zwar mit der gleichen Wahrscheinlichkeit. Infolgedessen befindet sich die Hälfte der Heliumatome in einen angeregten Zustand, die andere Hälfte im Grundzustand. Die Atome im Grundzustand zeigen wie vorher Interferenz. Doch die anderen Atome, die die stehende Lichtwelle im angeregten Zustand verlassen, emittieren auf ihrem Weg zum Detektor ein Photon, aus dem man im Prinzip ihren Weg ablesen könnte. Diese Atome tragen nach dem oben Gesagten nicht zum Interferenzmuster bei. Das in Abb. 3.6 gezeigte abgeschwächte Interferenzbild enthält beide Beiträge: interferierende Atome, die kein Photon emittiert haben und nicht interferierende Atome, die durch Photonenemission Welcher-Weg-Information in die Umgebung getragen haben.

Dieses Experiment liefert eine deutliche Veranschaulichung der Komplementarität von Welcher-Weg-Information und Interferenzmuster: Man kann in einem Experiment entweder das eine oder das andere erreichen, aber nicht beides zugleich. Das gilt auch dann, wenn man nur partielle, also nicht ganz eindeutige Weginformation erlangt: Der Kontrast des Interferenzmusters vermindert sich dann entsprechend [17].

Umgebungs-induzierte Dekohärenz

Das Experiment von Pfau et al. führt direkt zu dem für die Quantentechnologien eminent wichtigen Thema der *umgebungs-induzierten Dekohärenz*. Damit ist der Verlust von Interferenzfähigkeit durch unkontrollierte Wechselwirkungen mit der Umgebung gemeint. Bereits die Emission eines einzelnen Photons, das es erlaubt zwischen zwei alternativen „Wegen" zu unterscheiden, reichte in dem Experiment aus, um die Interferenz zwischen den beiden Alternativen zu verhindern. Das Photon muss dazu nicht

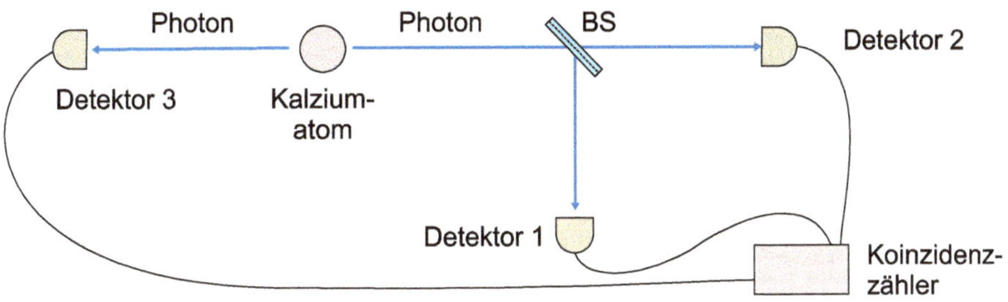

Abb. 3.7: Antikoinzidenzexperiment von Grangier, Roger und Aspect [18].

nachgewiesen werden; für die Unterdrückung der Interferenz genügt es schon, wenn die Welcher-Weg-Information in die Umgebung getragen wird.

So gut wie alle Anwendungen in den Quantentechnologien beruhen auf der Nutzung von Überlagerungszuständen und den damit verbundenen Interferenzeffekten. Sie sind ja gerade das spezifisch Quantenmechanische und bilden die Grundlage der Quantenüberlegenheit. Wenn die Interferenzeffekte durch Dekohärenz unterdrückt werden, fällt die Quantenüberlegenheit weg. Die Quantensysteme werden „effektiv klassisch"; sie verhalten sich wie in klassischen Entweder-Oder-Zuständen.

Aus diesem Grund muss die umgebungs-induzierte Dekohärenz in den Quantentechnologien so gut wie möglich verhindert werden. Das ist schwierig, denn jedes Quantensystem wechselwirkt mehr oder weniger stark mit seiner Umgebung: durch die immer vorhandene thermische Strahlung, durch spontane Emission, durch Streuung von Licht und Gasmolekülen oder Wechselwirkung mit Gitterschwingungen in Festkörpern. Die Maßnahmen gegen diese unkontrollierbaren Wechselwirkungen sind oft aufwändig: Zur Abschirmung dienen etwa tiefe Temperaturen (gegen die thermische Strahlung) oder Vakuum (gegen Stöße). Letztlich erfolgte die Auswahl der Systeme, die heute in den Quantentechnologien genutzt werden, aufgrund ihrer Unempfindlichkeit gegen Dekohärenz. Dabei darf allerdings die Abschirmung nur so weit gehen, dass die Quantensysteme noch manipulierbar bleiben, denn sie müssen ja kontrolliert werden. Beispielsweise sind NV-Zentren oder Ionen in Fallen unempfindlich gegen thermische Strahlung im Infrarotbereich (es gibt dort keine anregbaren Übergänge). Sie können aber mit Laser- oder Mikrowellenstrahlung manipuliert werden.

3.3 Antikoinzidenzexperimente mit einzelnen Photonen

Neben dem Doppelspaltexperiment gibt es ein weiteres Experiment, mit dem man zum „Herzen der Quantenmechanik" vorstoßen kann. Es wurde 1986 von Grangier, Roger und Aspect durchgeführt [18] und ist ein frühes Beispiel für die Nutzung angekündigter einzelner Photonen (heralded single photons, vgl. S. 17). Das Experiment besteht aus zwei Teilen: Im ersten Teil treffen einzelne Photonen auf einen halbdurchlässigen Spiegel (auch Strahlteiler genannt; BS für beam splitter) und werden danach

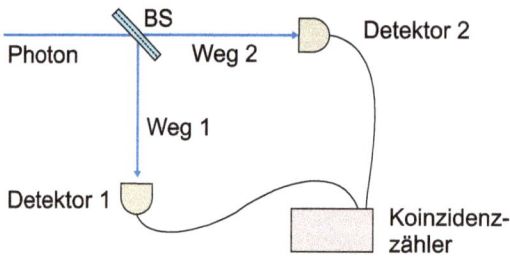

Abb. 3.8: Einzelne Photonen am Strahlteiler.

in einem Antikoinzidenzexperiment von zwei Detektoren nachgewiesen (Abb. 3.7). Im zweiten Teil wird der Versuchsaufbau um einen zweiten halbdurchlässigen Spiegel ergänzt, so dass ein Interferometer entsteht. Nun lässt sich Interferenz nachweisen. Man erhält also – bei geringer Modifikation der Versuchsbedingungen – charakteristisches Teilchenverhalten und charakteristisches Wellenverhalten im selben Experiment.

Weil der experimentelle Aufbau so überschaubar ist, lassen sich die Merkwürdigkeiten der Quantenphysik besonders klar diskutieren. Wir interpretieren das Experiment zunächst qualitativ mit den Grundregeln und nutzen es dann, um eine erste Einführung in den quantenmechanischen Formalismus zu geben.

ℹ️ **Experiment von Grangier, Roger und Aspect (Erster Teil)**

Der Aufbau des Experiments ist in Abb. 3.7 gezeigt. Die Hauptschwierigkeit bestand damals in der kontrollierten Herstellung einzelner Photonen. Dazu wurden die Atome eines Kalzium-Atomstrahls mit Lasern in einen angeregten Zustand gebracht, aus dem sie unter Aussendung *zweier* Photonen wieder in den Grundzustand übergingen. Das eine der emittierten Photonen diente als „Trigger"-Photon. Es wurde in Detektor 3 nachgewiesen und kündigte die Ankunft des zweiten Photons an. Erst wenn Detektor 3 angesprochen hatte, wurden Detektor 1 und 2 für eine kurze Zeit freigegeben. Auf diese Weise war es möglich, gezielt mit einzelnen Photonen zu arbeiten.

Das gleiche Prinzip wird noch heute angewandt, um einzelne Photonen zu erzeugen, allerdings mit einer anderen Quelle. Statt des unhandlichen Atomstrahls, der eine Vakuumapparatur benötigt, werden die Photonenpaare mit wesentlich weniger Aufwand in BBO-Kristallen erzeugt (vgl. S. 17).

Antikoinzidenz einzelner Photonen am Strahlteiler

Die Grundidee des ersten Versuchsteils ist einfach (Abb. 3.8): Ein einzelnes Photon trifft auf den Strahlteiler BS und hat dort zwei Möglichkeiten. Es kann durchgelassen und in Detektor 1 nachgewiesen werden oder es kann reflektiert werden und wird in Detektor 2 nachgewiesen. Da es sich um ein einzelnes Photon handelt, sollte es immer nur in einem der beiden Detektoren gefunden werden; die beiden Detektoren sollten nie gleichzeitig ansprechen. Ein Koinzidenz-Zähler, der die beiden Detektoren verbindet, müsste also perfekte Antikoinzidenz finden.

Dieses Resultat hört sich auf Anhieb plausibel und wenig überraschend an, und doch ist die Antikoinzidenz ein echter Nachweis für die Photonennatur des Lichts. Eine klassische Welle würde nämlich am Strahlteiler gleichmäßig aufgespalten und könnte so die Detektoren mit einer gewissen Wahrscheinlichkeit auch gleichzeitig zum Ansprechen bringen. Zufällige Schwankungen der Lichtintensität würden auf beide Detektoren gleichzeitig treffen und so z. B. bei einer kurzzeitig vergrößerten Lichtintensität die Wahrscheinlichkeit für gleichzeitiges Ansprechen sogar erhöhen.

Im Experiment wurde die Vorhersage der Quantenphysik klar bestätigt: Die Ergebnisse für die Koinzidenzraten der beiden Detektoren 1 und 2 standen im Einklang mit perfekter Antikoinzidenz.

Qualitative Erklärung mit den Grundregeln

Um die Erklärungsmächtigkeit der Grundregeln zu zeigen, wollen wir die Ergebnisse des Experiments qualitativ mit ihnen beschreiben. Zunächst bringt der Strahlteiler das Photon in einen Überlagerungszustand aus Weg 1 und Weg 2. In diesem Überlagerungszustand kann man dem Photon keine Ortseigenschaft zuschreiben, es ist nichtlokalisiert und über beide Wege verteilt (vgl. die Argumentation im Kasten auf S. 48). Entsprechend der oben angesprochenen Faustregel „wellenhafte Ausbreitung und teilchenhafter Nachweis" kann man sich das Photon wie in der klassischen Optik als einen Puls vorstellen, der sich mit Lichtgeschwindigkeit ausbreitet und am Strahlteiler in zwei Teile aufgespalten wird – nur dass es sich nicht um eine klassische elektromagnetische Welle handelt, sondern um etwas Abstrakteres, das am besten mit dem Begriff *Wahrscheinlichkeitswelle* beschrieben wird. Beide Teile des Pulses sind *gemeinsam* mit einem einzelnen Photon besetzt (Grundregel 2). Das zeigt sich bei der Messung.

Die Detektoren 1 und 2 führen nämlich eine Orts- bzw. „Weg"-Messung am Photon durch. Gemäß Grundregel 3 (eindeutige Messergebnisse) hat diese Ortsmessung ein eindeutiges Ergebnis. Genau einer der beiden Detektoren spricht an, niemals beide. Die gesamte Energie des Photons wird ungeteilt auf genau einen der beiden Detektoren übertragen. Ein einzelnes Photon wird bei einer Ortsmessung somit immer nur als Ganzes an einem einzelnen Ort gefunden, niemals an zwei Orten gleichzeitig. Das wird an der Antikorrelation sichtbar, die sich im Experiment zeigte.

An welchem der beiden Detektoren ein bestimmtes Photon gefunden wird, ist unvorhersagbar. Das ist die Aussage von Grundregel 1 (Indeterminismus und statistische Vorhersagbarkeit). Gemäß der Quantenphysik gibt es kein physikalisches Merkmal, das im Voraus festlegt, auf welchen der beiden Detektoren die Photonenenergie am Ende übertragen wird. Es ist eine Sache des Zufalls. Hier zeigt sich der Indeterminismus der Quantenphysik. Der Prozess verläuft aber nicht gänzlich regellos, denn es ist sehr wohl möglich, eine statistische Vorhersage zu treffen. Sie ist in diesem Fall sehr einfach: Bei einem 50/50-Strahlteiler (einem halbdurchlässigen Spiegel) wird von sehr vielen Photonen etwa die Hälfte in Detektor 1 und die andere Hälfte in Detektor 2 gefunden.

i **Quantenzufallszahlengeneratoren**

Eine der ersten kommerziellen Anwendungen der neuen Quantentechnologien betraf den Zufall. Mit *Quantenzufallszahlengeneratoren* lassen sich Zufallszahlen erzeugen, die wirklich zufällig sind. Das hört sich unspektakulär an. Schließlich gehört eine Routine zur Zufallszahlenerzeugung zur Grundausstattung jedes Compilers. Man muss sich jedoch vergegenwärtigen, dass ein klassischer Computer eine deterministische Maschine ist. Er *kann* prinzipiell keine echten Zufallszahlen liefern, weil das Konzept des Zufalls seinem Konstruktionsprinzip völlig widerspricht.

Klassische Computer benutzten deterministische Routinen, die bei mehrfacher Anwendung Zahlenfolgen ausgeben, die in der praktischen Anwendung nicht von echten Zufallsfolgen unterschieden werden können. Man spricht von *Pseudozufallszahlengeneratoren*. Da die Zahlenfolgen durch einen deterministischen Algorithmus berechnet werden, handelt es sich nicht um echten Zufall. Die Zahlenfolge lässt sich vorhersagen wenn der Startwert bekannt ist (oft wird die aktuelle Uhrzeit verwendet) und entsprechend später auch rekonstruieren. Gravierender noch ist die Tatsache, dass die von den Algorithmen gelieferten Zahlenfolgen im Allgemeinen periodisch sind. Die Periodenlänge hängt von den Startwerten ab. Diese Einschränkung ist so ernsthaft, dass die Autoren des Standardwerks *„Numerical Recipes"* [19] in drastischer Weise formulierten: „If all scientific papers whose results are in doubt because of bad [random number routines] were to disappear from library shelves, there would be a gap on each shelf about as big as your fist."

Anders ist es bei Zahlenfolgen, die durch Quantenzufall entstehen. Wenn man bei einem 50/50-Strahlteiler „durchgelassen" mit 0 und „reflektiert" mit 1 kodiert, erhält man eine Folge von echten Zufallsbits. Dieser inhärente Quantenzufall wird in kommerziellen Quantenzufallszahlengeneratoren genutzt, die seit Anfang der 2000er Jahre auf dem Markt sind. Sie werden zum Beispiel für kryptographische Anwendungen eingesetzt, wo sich bereits „geringe statistische Defekte der Schlüssel negativ auf die Sicherheitseigenschaften auswirken" [20] und deshalb zuverlässige Zufallszahlengeneratoren benötigt werden. Aber auch Online-Casinos haben ein großes Interesse daran, dass ihre Zufallszahlen nicht pseudozufällig, sondern unvorhersagbar sind und gehören daher zu den Kunden der Quantenzufalls-Anbieter.

Zweiter Teil des Experiments: Mach-Zehnder-Interferometer

Während im ersten Teil des Experiments hauptsächlich die Teilchenaspekte des Lichts hervortraten, wurde das Experiment im zweiten Teil so abgeändert, dass sich vor allem die Welleneigenschaften zeigten. Mit den angekündigten einzelnen Photonen aus der gleichen Quelle wie zuvor wurde nun ein Interferenzexperiment durchgeführt. Obwohl bei dem Experiment immer nur ein einziges Photon in der Apparatur war, trat das typische Wellenphänomen Interferenz auf.

i **Experiment von Grangier, Roger und Aspect (Zweiter Teil: Interferenz)**

Das Experiment wurde im zweiten Teil um einen weiteren Strahlteiler und zwei Spiegel (M für mirror) zu einem Interferometeraufbau erweitert, der in dieser Form als *Mach-Zehnder-Interferometer* bezeichnet wird (Abb. 3.9(a)). Es ist charakteristisch für ein solches Interferometer, dass das Licht auf zwei verschiedenen, räumlich getrennten Wegen zu den Detektoren gelangt (analog zu den beiden Spalten im Doppelspaltexperiment). Wie im ersten Versuchsteil wird das Licht am ersten Strahlteiler aufgespalten. Es wird von den Spiegeln umgelenkt und fällt auf den zweiten Strahlteiler, in dem die beiden Teilstrahlen wieder zusammengeführt werden. Erst die beiden „gemischten" Austrittsstrahlen werden von den Detektoren registriert.

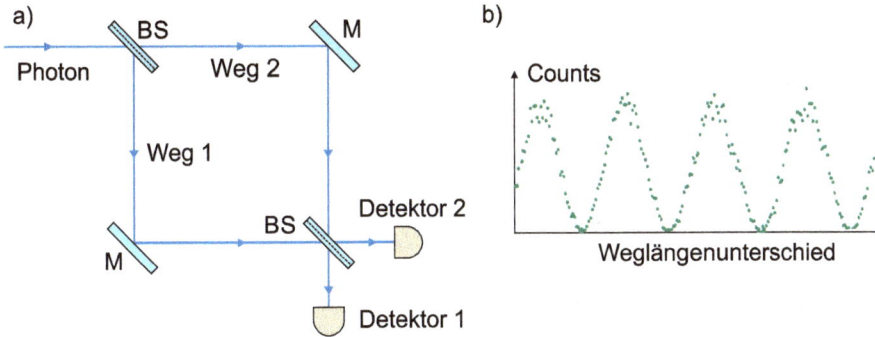

Abb. 3.9: Erweiterung des Experiments zum Mach-Zehnder-Interferometer (Daten: [18]).

Es gibt nun zwei Wege vom ersten Strahlteiler zum Detektor – eine Situation, in der in der klassischen Optik Interferenz auftritt, sofern die entsprechenden Anforderungen an Kohärenz, korrekte Justage etc. erfüllt sind. Um Interferenz zu zeigen, erzeugten die Experimentatoren einen Gangunterschied zwischen den beiden Wegen, indem sie einen der Umlenkspiegel leicht verschoben und dadurch die Weglänge in diesem Interferometerarm änderten. Dadurch ergaben sich für beide Detektoren Zählraten, die vom Weglängenunterschied abhingen. Abbildung 3.9(b) zeigt die Zählrate von Detektor 2. Man erkennt klar das Wechselspiel von konstruktiver und destruktiver Interferenz, die sich je nach Weglängenunterschied einstellen. Detektor 1 zeigt ein ähnliches Muster, in dem Maxima und Minima vertauscht sind.

Erklärung mit den Grundregeln

Auch die Ergebnisse des zweiten Versuchsteils lassen sich mit den Grundregeln beschreiben. Dadurch, dass der zweite Strahlteiler die beiden Teilstrahlen wieder mischt, gibt es zwei nicht unterscheidbare Möglichkeiten für das Versuchsergebnis „Detektor 2 spricht an", nämlich über Weg 1 oder über Weg 2. Gemäß Grundregel 2 zeigt sich Interferenz, wenn die Weglänge in den Interferometerarmen variiert wird.

Die Ergebnisse der beiden Versuchsteile scheinen sich auf den ersten Blick zu widersprechen: Das Auftreten von Interferenz ist ein deutliches Anzeichen dafür, dass das Photon „beide Wege geht", im Antikorrelationsexperiment wird dagegen das Photon bei einer Messung immer nur auf einem der beiden Wege gefunden. Wir hatten das bereits mit Grundregel 3 und dem speziellen Charakter der Messung in der Quantenphysik erklärt. Man kann aber auch mit Grundregel 4 (Komplementarität) argumentieren: Die im ersten Teil mit den Detektoren gewonnene „Welcher-Weg"-Information und die im zweiten Teil beobachtete Interferenz schließen sich gegenseitig aus. Man kann ein Experiment durchführen, in dem man Interferenz beobachtet, oder eines, in dem man „Welcher-Weg"-Information erhält, aber es ist nicht möglich, beides im gleichen Experiment zu bekommen.

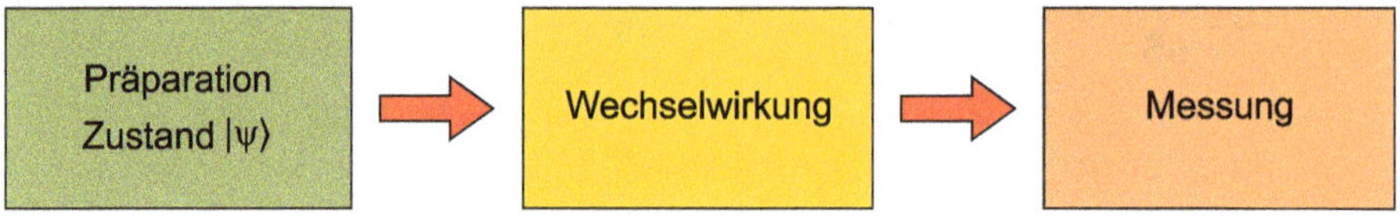

Abb. 3.10: Schema eines Experiments in der Quantenphysik.

3.4 Zustände und Messungen

Mit dem mathematischen Formalismus der Quantenmechanik lassen sich im Wesentlichen zwei Arten von Vorhersagen treffen:

1. Aussagen über die möglichen Messwerte von physikalischen Größen (zum Beispiel die möglichen Werte der Energie in einem Atom),
2. Aussagen über die Wahrscheinlichkeitsverteilungen von Messwerten (wie etwa die Detektorklickraten im gerade besprochenen Experiment).

Abbildung 3.10 zeigt ein allgemeines Schema, mit dem sich Experimente in der Quantenphysik beschreiben lassen. Um kontrolliert experimentieren zu können, werden die Quantenobjekte zunächst in bestimmter Weise *präpariert* (z. B. Photonen mit einer bestimmten Richtung und Wellenlänge, Atome in einem bestimmten Energieniveau oder Qubits in einem definierten Anfangszustand). Die so präparierten Quantenobjekte werden durch einen Zustand $|\psi\rangle$ beschrieben. Anschließend findet in der Regel eine *Wechselwirkung* statt (bei der bestimmte Operationen mit den Quantenobjekten durchgeführt werden). Am Ende wird eine *Messung* derjenigen physikalischen Größen durchgeführt, über die man im Experiment Aufschluss erlangen will (sie werden oft als *Observablen* bezeichnet). Diesen drei Phasen eines Experiments sind in der theoretischen Beschreibung unterschiedliche Elemente zugeordnet.

Wie schon im Zusammenhang mit Grundregel 1 diskutiert, sind wesentliche Aussagen der Quantenphysik von statistischer Natur (Punkt 2 in der Aufzählung oben). Daher ist es zum Vergleich zwischen theoretischer Vorhersage und Experiment nötig, das betreffende Experiment sehr oft zu wiederholen. Man betrachtet also *Ensembles von identisch präparierten Quantenobjekten*, an denen die gleichen Operationen vorgenommen und die gleichen Messungen durchgeführt werden. Die Zustandspräparation ist das gezielte Herstellen von Ensembles gleichartiger Quantenobjekte.

ℹ️ *Ein Beispiel aus dem Quantencomputing:* Führt man eine Berechnung auf einem Quantencomputer durch, dann wird diese nicht nur einmal durchgeführt, sondern es findet eine ganze Reihe von Durchläufen statt, zum Beispiel 1024 (= 2^{10}) „shots" (vgl. Abb. 6.7 auf S. 163). Das wird nicht nur wegen des notorischen Rauschens der derzeit verfügbaren Quantencomputer so gemacht, sondern um Aufschluss über die entsprechenden Wahrscheinlichkeitsverteilungen zu erhalten. Bei jedem Durchlauf wird das in Abb. 3.10 dargestellte Schema ausgeführt: Die Qubits werden im Ausgangszustand $|0\rangle$ präpariert, es werden Bitoperationen durchgeführt, und am Ende wird ihr Wert gemessen. Aus vielen Durchläufen ergeben sich Häufigkeitsverteilungen wie in Abb. 6.7.

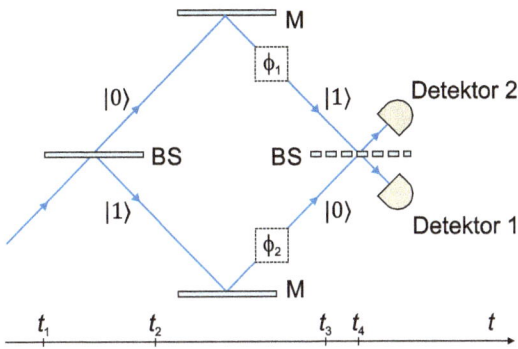

Abb. 3.11: Modifizierte Darstellung des Experiments von Grangier, Roger und Aspect.

Zustände und Superpositionsprinzip

Abbildung 3.11 zeigt das Experiment von Grangier, Roger und Aspect in einer um 45°
gedrehten Ansicht. Der zweite Strahlteiler ist gestrichelt eingezeichnet. Er fehlt im ersten Teil des Experiments und wird erst im zweiten Teil eingesetzt. Die beiden mit ϕ
bezeichneten Kästen sind Phasenschieber, die ebenfalls nur im zweiten Teil des Experiments gebraucht werden. Sie stellen symbolisch den Gangunterschied zwischen
den beiden Teilstrahlen dar, der durch das Verstellen der Spiegel erzeugt wird. Wie in
der klassischen Optik treten bei der Reflexion an den Spiegeln Phasensprünge auf. Sie
bleiben im Verlauf des Experiments unverändert und sind dadurch irrelevant, denn
Interferenzexperimente weisen immer nur Phasen*differenzen* nach.

Zur ersten Einführung in den Formalismus begeben wir uns in eine extrem reduzierte
Welt [21, 22], in der es wie in Abb. 3.11 nur schräg nach oben und schräg nach unten
laufende Einzelphotonen gibt (genauer: Wir beschränken uns auf Einzelphotonenzustände, bei denen nur zwei Werte des Impulsvektors $\vec{p} = \hbar\vec{k}$ vorkommen). Diese
beiden Zustände können als physikalische Realisierungen von *Qubit-Basiszuständen*
$|0\rangle$ und $|1\rangle$ angesehen werden. Daneben enthält unsere Welt Strahlteiler, Spiegel, Phasenschieber und Detektoren. Damit betrachten wir den für Qubits relevanten Teil des
quantenmechanischen Formalismus.

Mit nur zwei Basiszuständen handelt es sich bei den Qubits mathematisch um die
einfachsten denkbaren Quantensysteme. Sie werden durch zweikomponentige Vektoren beschrieben, deren Komponenten komplexwertig sein können.

Qubit-Zustände: Qubits werden durch zweikomponentige komplexwertige Vektoren beschrieben:

$$|\psi\rangle = \begin{pmatrix} \alpha \\ \beta \end{pmatrix}. \tag{3.3}$$

Zwei Zustände $|0\rangle$ und $|1\rangle$ werden herausgehoben und als die *Berechnungsbasis* oder
als Standard-Basiszustände bezeichnet:

$$|0\rangle = \begin{pmatrix} 1 \\ 0 \end{pmatrix} \quad \text{und} \quad |1\rangle = \begin{pmatrix} 0 \\ 1 \end{pmatrix}. \tag{3.4}$$

Sie spannen den Raum der möglichen Zustände vollständig auf. Alle anderen Zustände lassen sich aus ihnen durch Superposition zusammensetzen:

$$\begin{pmatrix} \alpha \\ \beta \end{pmatrix} = \alpha \cdot |0\rangle + \beta \cdot |1\rangle. \tag{3.5}$$

Die beiden Zustände $|0\rangle$ und $|1\rangle$ sind keineswegs die einzige Möglichkeit für die Basiswahl. Im Fall von Qubits ist es nur besonders naheliegend, diese Vektoren heranzuziehen. Allgemein sind zwei beliebige andere orthogonale Vektoren, die den gleichen Zustandsraum aufspannen, als Basisvektoren völlig gleichwertig. Dieser Umstand wird insbesondere in der Quantenkryptographie ausgenutzt, die von verschiedenen gleichberechtigten Basen für die Polarisationszustände von Licht Gebrauch macht.

Die generelle Möglichkeit zur Überlagerung von Zuständen ist der Inhalt des *Superpositionsprinzips*. Es hat die gleiche Form wie in allen linearen Wellentheorien, wird hier aber für die abstrakteren quantenmechanischen Zustände formuliert.

> **Superpositionsprinzip**: Wenn $|\psi_1\rangle$ und $|\psi_2\rangle$ physikalisch mögliche Zustände eines Quantensystems sind, dann sind auch alle Überlagerungszustände
>
> $$|\psi\rangle = \alpha\,|\psi_1\rangle + \beta\,|\psi_2\rangle \tag{3.6}$$
>
> physikalisch mögliche Zustände des Systems.

Die landläufige Redeweise: „Ein Qubit kann nicht nur die Werte 0 und 1 annehmen, sondern auch alle Werte dazwischen" lässt sich nun präzisieren. Mathematisch handelt es sich um eine Überlagerung in einem zweidimensionalen komplexen Vektorraum. Der Überlagerungszustand (3.6) wird durch die Richtung eines Vektors in diesem Raum beschrieben (wir werden gleich sehen, dass seine Länge keine Rolle spielt).

Skalarprodukt und Dirac-Notation

Für quantenmechanische Zustandsvektoren ist eine weitere mathematische Struktur definiert: das *Skalarprodukt*. Seine Definition wird aus der linearen Algebra übernommen, wo das Skalarprodukt $\langle x, y \rangle$ zweier n-dimensionaler komplexwertiger Vektoren $x = (x_1, \ldots, x_n)$ und $y = (y_1, \ldots, y_n)$ durch

$$\langle x, y \rangle = \sum_{i=0}^{n} x_i^* \cdot y_i \tag{3.7}$$

definiert ist. Hierbei bedeutet das Stern-Symbol die komplexe Konjugation.

In der Quantenmechanik hat sich eine sehr leistungsfähige Notation eingebürgert, die auf Paul Dirac zurückgeht und das symbolische Rechnen mit Zustandsvektoren wesentlich erleichtert. Sie unterscheidet „Ket-Vektoren" $|\psi\rangle$, die wie in Gl. (3.3) als

Spaltenvektoren definiert sind, von „Bra-Vektoren" $\langle\psi|$. Das sind Zeilenvektoren, die aus den Ket-Vektoren durch komplexe Konjugation und Vertauschen von Zeilen und Spalten (Transposition) hervorgehen:

$$\text{Ket-Vektor:}\quad |\psi\rangle = \begin{pmatrix} \alpha \\ \beta \end{pmatrix}; \quad \text{Bra-Vektor:}\quad \langle\psi| = (\alpha^* \quad \beta^*). \tag{3.8}$$

Mit dieser *Bra-Ket-Notation* (auch als *Dirac-Notation*) bezeichnet, lässt sich das Skalarprodukt durch „Zusammenstecken" von Bras und Kets zur „Bracket" (Klammer) schreiben und nach den Regeln der Vektormultiplikation aus der linearen Algebra berechnen.

Skalarprodukt: Das Skalarprodukt zweier Zustandsvektoren $|\psi_1\rangle = \begin{pmatrix} \alpha \\ \beta \end{pmatrix}$ und $|\psi_2\rangle = \begin{pmatrix} \gamma \\ \delta \end{pmatrix}$ ist:

$$\langle\psi_1|\psi_2\rangle = (\alpha^* \quad \beta^*)\begin{pmatrix} \gamma \\ \delta \end{pmatrix} = \alpha^*\gamma + \beta^*\delta. \tag{3.9}$$

Das so definierte Skalarprodukt hat die Eigenschaft $\langle\psi_1|\psi_2\rangle = \langle\psi_2|\psi_1\rangle^*$. Zwei Zustandsvektoren $|\psi_1\rangle$ und $|\psi_2\rangle$, für die $\langle\psi_1|\psi_2\rangle = 0$ gilt, sind *orthogonal* zueinander. Ein Zustandsvektor $|\psi\rangle$, dessen Skalarprodukt mit sich selbst den Wert 1 hat, $\langle\psi|\psi\rangle = 1$, wird als *normiert* bezeichnet.

Beispielaufgabe: Zeigen Sie, dass die Qubit-Zustände $|0\rangle$ und $|1\rangle$ jeweils normiert und zueinander orthogonal sind.

Lösung: Zur Überprüfung der Normierung berechnen wir das Skalarprodukt von $|0\rangle$ mit sich selbst. Die Ket- und Bra-Darstellung lautet:

$$|0\rangle = \begin{pmatrix} 1 \\ 0 \end{pmatrix} \quad \text{und} \quad \langle 0| = (1 \quad 0), \tag{3.10}$$

so dass gilt:

$$\langle 0|0\rangle = (1 \quad 0)\begin{pmatrix} 1 \\ 0 \end{pmatrix} = 1 \cdot 1 + 0 \cdot 0 = 1. \tag{3.11}$$

Der Vektor $|0\rangle$ ist also normiert. Analog finden wir, dass $|1\rangle$ ebenfalls normiert ist, $\langle 1|1\rangle = 1$. Die Orthogonalität von $|0\rangle$ und $|1\rangle$ ergibt sich aus:

$$\langle 1|0\rangle = (0 \quad 1)\begin{pmatrix} 1 \\ 0 \end{pmatrix} = 0 \cdot 1 + 1 \cdot 0 = 0. \tag{3.12}$$

Die beiden Zustandsvektoren $|0\rangle$ und $|1\rangle$ bilden somit ein *Orthonormalsystem* für den zweidimensionalen Zustandsraum des Qubits. Ein Orthonormalsystem, das den entsprechenden Zustandsraum vollständig aufspannt, nennt man eine *Basis*.

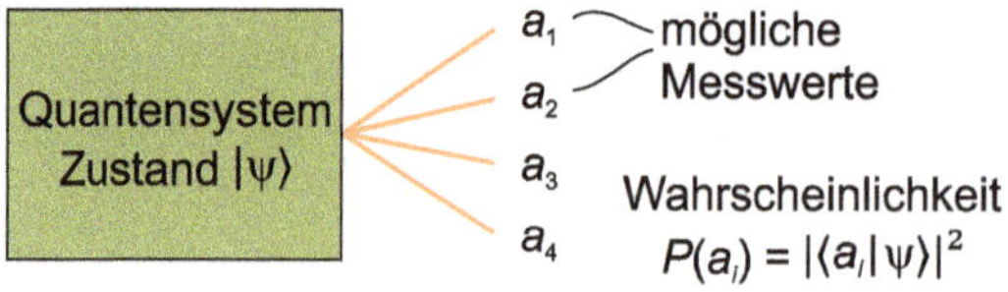

Abb. 3.12: Illustration der bornschen Wahrscheinlichkeitsformel.

Wahrscheinlichkeiten

Der bedeutendste Unterschied der Quantenmechanik zur klassischen Physik liegt in ihren inhärenten Wahrscheinlichkeitsaussagen. Anders als in den statistischen Theorien der klassischen Physik wird das Auftreten von Wahrscheinlichkeiten nicht auf die subjektive Unkenntnis eines Beobachters zurückgeführt, die bei besserer Kenntnis der genauen Umstände vermeidbar wäre, sondern, wie im Zusammenhang mit Grundregel 3 besprochen, als fundamental angesehen.

Die Wahrscheinlichkeit wird durch ein eigenes Postulat in die Quantenmechanik eingeführt: die auf Born (1926) zurückgehende Wahrscheinlichkeitsformel. Sie bezieht sich auf ein Quantensystem im Zustand $|\psi\rangle$, an dem man Messungen der Messgröße A durchführt. Die möglichen Messwerte sind $a_1, a_2, a_3, \ldots a_n$ (Abb. 3.12). Zur Berechnung der Wahrscheinlichkeit, bei der Messung den Messwert a_j zu finden, bildet man das Skalarprodukt von $|\psi\rangle$ mit demjenigen Zustandsvektor $|a_j\rangle$, der den Messwert a_j repräsentiert. Die Wahrscheinlichkeit $P(a_j)$ ergibt sich dann durch Quadrieren.

Wahrscheinlichkeitsformel von Born: Die Wahrscheinlichkeit bei einer Messung der Observablen A an einem System im Zustand $|\psi\rangle$ den Messwert a_j zu finden, beträgt:

$$P(a_j) = \left| \langle a_j | \psi \rangle \right|^2 \tag{3.13}$$

Beispielaufgabe: Betrachten Sie den Qubit-Zustand $|\psi\rangle = \begin{pmatrix} \alpha \\ \beta \end{pmatrix}$ und berechnen Sie die Wahrscheinlichkeiten, bei einer Messung in der Berechnungsbasis $(|0\rangle, |1\rangle)$ den Wert 0 bzw. 1 zu finden.

Lösung: Zur Berechnung der Wahrscheinlichkeiten setzen wir die zu den Messwerten 0 und 1 gehörenden Zustände $|0\rangle$ und $|1\rangle$ in die bornsche Wahrscheinlichkeitsformel ein:

$$P(0) = |\langle 0|\psi\rangle|^2 = \left| \begin{pmatrix} 1 & 0 \end{pmatrix} \begin{pmatrix} \alpha \\ \beta \end{pmatrix} \right|^2 = |\alpha|^2, \tag{3.14}$$

und ebenso: $P(1) = |\langle 1|\psi\rangle|^2 = |\beta|^2$.

Die beiden Komponenten des Zustandsvektors haben also eine direkte physikalische Interpretation: Ihre Betragsquadrate $|\alpha|^2 = \alpha^* \cdot \alpha$ und $|\beta|^2 = \beta^* \cdot \beta$ sind die Wahrscheinlichkeiten, bei einer Messung in der Berechnungsbasis den Wert 0 oder 1 zu finden. Deshalb werden die Komponenten des Zustandsvektors auch als *Wahrscheinlichkeitsamplituden* bezeichnet.

Auch wenn wir nur statistische Vorhersagen über das Ergebnis von Messungen machen können, so ist doch klar, dass bei jeder Einzelmessung einer der möglichen Messwerte gefunden wird. Die Summe über alle Wahrscheinlichkeiten muss 1 ergeben:

$$|\alpha|^2 + |\beta|^2 = 1. \tag{3.15}$$

Dies ist eine generelle Bedingung an die Komponenten des Zustandsvektors, die auch entsprechend für höherdimensionale Systeme gilt, deren Zustandsvektoren mehr Komponenten haben. Man sagt, der Zustandsvektor muss *normiert* sein. Geometrisch lässt sich Gl. (3.15) als das Quadrat der Länge des Zustandsvektors interpretieren. In der Quantenmechanik müssen Zustandsvektoren immer die Länge 1 haben. Daher die schon im Zusammenhang mit Gl. (3.6) getroffene Aussage, dass nur die Richtung des Zustandsvektors relevant ist, nicht seine Länge.

Aus Gl. (3.13) wird auch deutlich, dass globale Phasenfaktoren $e^{i\phi}$ eines Zustandsvektors physikalisch irrelevant sind, denn sie fallen bei der Bildung des Betragsquadrats heraus. Der Zustandsvektor $e^{i\phi} \cdot (\alpha \, |\psi_1\rangle + \beta \, |\psi_2\rangle)$ ist in jeder Hinsicht gleichwertig zu Gl. (3.6); alle physikalischen Vorhersagen sind die gleichen. Globale Phasenfaktoren werden daher generell ignoriert.

Anwendung des Formalismus

Um den Formalismus an einem konkreten Beispiel zu illustrieren, wenden wir ihn zur Beschreibung des Experiments von Grangier et al. an. Wir betrachten zunächst den ersten Teil, das Antikoinzidenzexperiment. Gemäß dem Schema in Abb. 3.10 identifizieren wir drei Phasen des Experiments:

1. *Präparation:* Wie auf S. 53 beschrieben war die kontrollierte Präparation einzelner Photonen das Schwierigste am Experiment. Wir sehen von den experimentellen Herausforderungen ab und setzen eine Quelle voraus, die einzelne Photonen emittiert. In unserer reduzierten Welt kommen nur zwei Sorten davon vor: schräg nach oben laufende (diesen Zustand bezeichnen wir mit $|0\rangle$) und schräg nach unten laufende (Zustand $|1\rangle$). Wir nehmen an, dass der Anfangszustand $|\psi(t_1)\rangle = |0\rangle$ ist. Die Quelle präpariert also Photonen im Zustand $|0\rangle$, die wie in Abb. 3.11 schräg nach oben laufen.

2. *Wechselwirkung:* Der Strahlteiler bringt die Photonen in einen Überlagerungszustand aus $|0\rangle$ und $|1\rangle$. Hinter dem Strahlteiler, zum Zeitpunkt t_2, lautet der Zustand

$$|\psi(t_2)\rangle = t \, |0\rangle + r \, |1\rangle \, , \tag{3.16}$$

wobei die Koeffizienten t und r für „transmittiert" und „reflektiert" stehen. Bei einem 50/50-Strahlteiler, der den Strahl zu gleichen Teilen durchlässt und reflektiert, haben sie den gleichen Betrag.

Die beiden Spiegel reflektieren die Photonen und vertauschen dabei $|0\rangle$ und $|1\rangle$:

$$|\psi(t_3)\rangle = t\,|1\rangle + r\,|0\rangle\,. \tag{3.17}$$

Wie in der klassischen Optik verursachen die Spiegel auch einen Phasensprung um π, also einen zusätzlichen Faktor $e^{i\pi} = -1$ im Zustandsvektor. Wie schon erwähnt, hat dieser globale Phasenfaktor keine Auswirkungen auf experimentelle Ergebnisse und wir ignorieren ihn deshalb.

3. *Messung:* Mit den beiden Detektoren führen wir eine Messung der Observablen „schräg nach oben oder schräg nach unten laufend" durch (Abb. 3.11). Bei der Messung wird genau einer der beiden möglichen Messwerte gefunden (Grundregel 3): Genau einer der beiden Detektoren wird ansprechen. Das ist die Antikoinzidenz, die sich im Experiment auch zeigte.

Die Messergebnisse werden mit 1 und 0 codiert; ihre Wahrscheinlichkeiten lassen sich nach der bornschen Wahrscheinlichkeitsformel (3.13) berechnen:

$$P(1) = |t|^2, \quad P(0) = |r|^2\,. \tag{3.18}$$

Es wird also mit der Wahrscheinlichkeit $|t|^2$ ein am Strahlteiler durchgelassenes Photon gefunden, mit Wahrscheinlichkeit $|r|^2$ ein reflektiertes. Daher auch die Bezeichnungen Transmissionskoeffizient und Reflexionskoeffizient für t und r. Bei einem 50/50-Strahlteiler gilt $|t|^2 = |r|^2 = \frac{1}{2}$.

Beispielaufgabe: Prüfen Sie die Ausdrücke für die Wahrscheinlichkeiten in Gl. (3.18) nach.

Lösung: Wir gehen vom Zustand $\psi(t_3)$ aus und berechnen die Wahrscheinlichkeiten mit der bornschen Wahrscheinlichkeitsformel (3.13):

$$P(1) = \Big|\langle 1|\psi(t_3)\rangle\Big|^2 = \Big| t\,\underbrace{\langle 1|1\rangle}_{=1} + r\,\underbrace{\langle 1|0\rangle}_{=0}\Big|^2 = |t|^2, \tag{3.19}$$

$$P(0) = \Big|\langle 0|\psi(t_3)\rangle\Big|^2 = \Big| t\,\underbrace{\langle 0|1\rangle}_{=0} + r\,\underbrace{\langle 0|0\rangle}_{=1}\Big|^2 = |r|^2. \tag{3.20}$$

Der Messwert 1 gehört zur durchgelassenen Komponente $|1\rangle$ des Zustands (in Abb. 3.11 zum Zeitpunkt t_3 schräg nach unten laufend); der Messwert 0 zur reflektierten Komponente $|0\rangle$ (zum Zeitpunkt t_3 schräg nach oben laufend).

Beschreibung des Interferenz-Experiments

Kommen wir nun zum zweiten Teil des Experiments. Hier wird der zweite Strahlteiler eingesetzt und ein Gangunterschied erzeugt.

Vor dem Erreichen des zweiten Strahlteilers ist der Zustand der gleiche wie in Gl. (3.17). Wir berücksichtigen zusätzlich die „Phasenboxen" auf den beiden Wegen durch Phasenfaktoren $e^{i\phi}$ und zeigen durch einen Index an den Transmissions- und Reflexionskoeffizienten an, dass sie sich auf Strahlteiler 1 beziehen:

$$|\psi(t_3)\rangle = t_1 e^{i\phi_1} |1\rangle + r_1 e^{i\phi_2} |0\rangle. \tag{3.21}$$

Am zweiten Strahlteiler laufen zwei Teilstrahlen ein, die beide teilweise reflektiert und teilweise durchgelassen werden. Die Wirkung des zweiten Strahlteilers auf die Zustände $|0\rangle$ und $|1\rangle$ ist analog zu Gl. (3.16):

$$|0\rangle \rightarrow t_2 |0\rangle + r_2 |1\rangle,$$
$$|1\rangle \rightarrow r_2 |0\rangle + t_2 |1\rangle. \tag{3.22}$$

Der Zustand zum Zeitpunkt t_4, nach dem zweiten Strahlteiler, ergibt sich durch Einsetzen in Gl. (3.21):

$$|\psi(t_4)\rangle = (t_1 r_2 e^{i\phi_1} + r_1 t_2 e^{i\phi_2}) |0\rangle + (t_1 t_2 e^{i\phi_1} + r_1 r_2 e^{i\phi_2}) |1\rangle. \tag{3.23}$$

Die einzelnen Faktoren lassen sich durch Nachfahren der verschiedenen Wege in Abb. 3.11 „aufsammeln"; auch auf diese Weise kann man den Zustand konstruieren.

Um das Auftreten von Interferenz zu zeigen, betrachten wir die Detektorzählraten in Abhängigkeit von der Phasendifferenz $\Delta\phi = \phi_1 - \phi_2$. Wir beschränken uns dabei auf 50/50-Strahlteiler, für die $|t|^2 = |r|^2 = \frac{1}{2}$ gilt. Konkret wählen wir $t_1 = t_2 = 1/\sqrt{2}$ und $r_1 = r_2 = i/\sqrt{2}$ (zur Begründung s. den folgenden Infokasten). Damit wird aus Gl. (3.23):

$$|\psi(t_4)\rangle = \frac{i}{2}(e^{i\phi_1} + e^{i\phi_2}) |0\rangle + \frac{1}{2}(e^{i\phi_1} - e^{i\phi_2}) |1\rangle. \tag{3.24}$$

Wir ziehen einen gemeinsamen Faktor $\exp(i(\phi_1 + \phi_2)/2)$ vor die Klammer, verwenden $e^{i\phi_1} = e^{i(\phi_1+\phi_2)/2} \cdot e^{i(\phi_1-\phi_2)/2}$, ersetzen $\phi_1 - \phi_2 = \Delta\phi$, benutzen die eulersche Formel $e^{iz} = \cos(z) + i\sin(z)$ und lassen den globalen Phasenfaktor $ie^{i(\phi_1+\phi_2)/2}$ weg. Es ergibt sich:

$$|\psi(t_4)\rangle = \cos\left(\frac{1}{2}\Delta\phi\right) |0\rangle + \sin\left(\frac{1}{2}\Delta\phi\right) |1\rangle. \tag{3.25}$$

Wie in Gl. (3.18) können wir nun die Wahrscheinlichkeiten berechnen, das Photon bei der Messung in Detektor 1 (Messwert 1) oder Detektor 2 (Messwert 0) zu finden:

$$P(1) = \sin^2\left(\frac{1}{2}\Delta\phi\right), \quad P(0) = \cos^2\left(\frac{1}{2}\Delta\phi\right). \tag{3.26}$$

Die Ansprechwahrscheinlichkeiten ändern sich periodisch mit dem Gangunterschied – das ist das Wechselspiel von konstruktiver und destruktiver Interferenz, erkennbar im Messergebnis aus Abb. 3.9. Als Funktion von $\Delta\phi$ sind die Werte um 90° phasenverschoben: Maximale Ansprechwahrscheinlichkeit von Detektor 1 bedeutet minimale

Abb. 3.13: Strahlteilerplatte und -würfel.

Ansprechwahrscheinlichkeit von Detektor 2 und umgekehrt. Für $\Delta\phi = 0$ (gleiche Weglängen in beiden Armen) ist $P(1) = 0$ und $P(0) = 1$: Nur der obere Detektor in Abb. 3.11 spricht an.

ℹ️ **Phasenverschiebungen am Strahlteiler**

Das einfachste Beispiel für einen Strahlteiler kennt man aus dem Alltag: Leuchtet man mit einer Taschenlampe auf eine schräggestellte Glasplatte, dann wird ein Teil des Lichts durchgelassen und ein Teil reflektiert. Oft kann man diesen Effekt an Fensterscheiben beobachten.

Strahlteilerplatten funktionieren genau so: Es sind schrägstehende dünne Glasplatten, die auf einer Seite beschichtet sind, um den gewünschten Reflexionsgrad zu erreichen (Abb. 3.13 links). Andere Strahlteiler-Bauarten sind aus zwei rechtwinkligen Glasprismen zu einem Würfel zusammengeklebt (Abb. 3.13 rechts); eine Seite der Kontaktfläche ist beschichtet.

Vom theoretischen Standpunkt aus sind Strahlteiler keine ganz einfachen Bauteile (vgl. z. B. [23, 24]). Die Koeffizienten r und t in der Formel (3.16) sind im allgemeinen komplexwertig, und nur ihr Betrag wird durch die Reflexions- und Transmissionseigenschaften des Prismas festgelegt. Die Phasen hängen von der speziellen Bauweise ab, z. B. von der Lage der reflektierenden Schichten, sie unterscheiden sich damit für verschiedene Strahlteiler-Ausführungen.

Es ist aber eine generelle Aussage möglich, die man mit einem Energieerhaltungsargument beweisen kann [22]: Die relative Phasenverschiebung zwischen r und t muss immer $\frac{\pi}{2}$ betragen. Wegen $e^{i\pi/2} = i$ erfüllen die oben für den 50/50-Strahlteiler verwendeten Ausdrücke $t = 1/\sqrt{2}$ und $r = i/\sqrt{2}$ diese Anforderung.

3.5 Zeitentwicklung und Qubit-Operationen

Manipulationen an Qubits werden durch *unitäre Matrizen* beschrieben. Darunter versteht man diejenigen Matrizen, für die

$$U^\dagger U = \mathbb{1} \tag{3.27}$$

gilt. $U^\dagger$ (gesprochen: „U dagger") bezeichnet dabei die zu U *adjungierte Matrix*, die aus U durch Vertauschen von Zeilen und Spalten (Transposition) und komplexes Konjugieren aller Einträge entsteht. $\mathbb{1}$ steht für die Einheitsmatrix.

Beispielaufgabe: Zeigen Sie, dass die Matrix

$$U_{\text{BS}} = \frac{1}{\sqrt{2}} \begin{pmatrix} 1 & i \\ i & 1 \end{pmatrix} \tag{3.28}$$

unitär ist.

Lösung: Wir bilden zunächst die adjungierte Matrix. Da U symmetrisch ist, bleibt sie beim Vertauschen von Zeilen und Spalten unverändert. Beim komplexen Konjugieren wird i durch $-i$ ersetzt, so dass:

$$U_{\text{BS}}^\dagger = \frac{1}{\sqrt{2}} \begin{pmatrix} 1 & -i \\ -i & 1 \end{pmatrix}. \tag{3.29}$$

Nun führen wir die Matrixmultiplikation aus:

$$U_{\text{BS}}^\dagger \cdot U_{\text{BS}} = \frac{1}{2} \begin{pmatrix} 1 & -i \\ -i & 1 \end{pmatrix} \cdot \begin{pmatrix} 1 & i \\ i & 1 \end{pmatrix} = \frac{1}{2} \begin{pmatrix} 2 & 0 \\ 0 & 2 \end{pmatrix} = \mathbb{1}. \tag{3.30}$$

Damit ist die Unitarität von U_{BS} gezeigt.

Beispielaufgabe: Zeigen Sie, dass aus $U^\dagger U = \mathbb{1}$ auch $UU^\dagger = \mathbb{1}$ folgt.

Lösung: Wir multiplizieren $U^\dagger$ von links mit $U^\dagger U = \mathbb{1}$:

$$U^\dagger = \mathbb{1} \cdot U^\dagger = \left(U^\dagger U \right) \cdot U^\dagger = U^\dagger \cdot \left(U \cdot U^\dagger \right). \tag{3.31}$$

Damit die linke und die rechte Seite der Gleichung gleich sind, muss $UU^\dagger = \mathbb{1}$ gelten. Der Vollständigkeit halber sei darauf hingewiesen, dass man in unendlichdimensionalen Vektorräumen Fälle konstruieren kann, in denen die Beziehung nicht mehr gilt.

Zeitentwicklung

Die *Zeitentwicklung* von Zuständen wird in der Quantenmechanik durch die *Schrödingergleichung* beschrieben. Das ist eine *Differentialgleichung*, deren formale Lösung sich in der Form

$$|\psi(t_1)\rangle = U\,|\psi(t_0)\rangle \tag{3.32}$$

schreiben lässt. Dabei ist U eine unitäre Matrix. Noch häufiger spricht man von einem unitären *Operator*, weil U eine „Operation" an $|\psi(t_0)\rangle$ durchführt. In den Quantentechnologien tritt dieser Operator U im Zusammenhang mit der Zeitentwicklung von Quantensystemen in zwei gleichberechtigten Rollen auf:

1. Als *Zeitentwicklungsoperator* $U = e^{-iH(t_1-t_0)/\hbar}$, der kontinuierlich die Zeitentwicklung des Systems zwischen den Zeiten t_0 und t_1 beschreibt. H ist dabei ein Operator, der die Gesamtenergie angibt und dadurch das System charakterisiert. Er wird als *Hamilton-Operator* bezeichnet. Im vorliegenden Buch werden wir diese Beschreibungsform kaum verwenden, weil in den konkreten Anwendungen die folgende Beschreibungsform häufiger vorkommt.
2. U als wohldefinierte Operation an Quantensystemen, die einen gegebenen Anfangszustand in einen bestimmten Endzustand überführt. Die *Quantengatter*, mit denen in Quantencomputern gezielte Operationen an Qubits durchgeführt werden, sind das prototypische Beispiel für diese Beschreibungsform. Die Wirkung der Mikrowellen- oder Laserpulse, die mit den Qubits wechselwirken, wird durch einen unitären Operator U beschrieben, der das Gatter charakterisiert. An die Stelle der kontinuierlichen Beschreibung der Zeitentwicklung des Systems tritt hier eine eher summarische Beschreibung durch eine Abfolge von „Standard-Bauelementen".

Die Unitarität der Zeitentwicklung und speziell der Operatoren für Gatteroperationen ist notwendig, um die Normierung von $|\psi\rangle$ zu erhalten und dadurch zu garantieren, dass die Summe über alle Wahrscheinlichkeiten zu jedem Zeitpunkt 1 ergibt (vgl. Gl. (3.15)). Wir gehen davon aus, dass der Zustand zum Zeitpunkt t_0 normiert ist: $\langle\psi(t_0)|\psi(t_0)\rangle = 1$. Zum einem späteren Zeitpunkt t_1 gilt dann:

$$\langle\psi(t_1)|\psi(t_1)\rangle = \langle\psi(t_0)|U^\dagger U|\psi(t_0)\rangle . \tag{3.33}$$

Das ist genau dann gleich 1, wenn $U^\dagger U = \mathbb{1}$ ist, wenn U also unitär ist.

Beispielaufgabe: Zeigen Sie, dass der Operator U_{BS} aus Gl. (3.28), die Wirkung des im vorigen Abschnitt betrachteten symmetrischen Strahlteilers beschreibt:

$$U_{BS} = \begin{pmatrix} t & r \\ r & t \end{pmatrix} = \frac{1}{\sqrt{2}}\begin{pmatrix} 1 & i \\ i & 1 \end{pmatrix}. \tag{3.34}$$

Lösung: Wir wenden U_{BS} auf die Zustände $|0\rangle$ (Photon schräg nach oben laufend) und $|1\rangle$ (Photon schräg nach unten laufend) an und vergleichen dann mit Gl. (3.22), mit der wir eben die Wirkung des Strahlteilers beschrieben haben. Wir finden:

$$U_{BS}|0\rangle = \frac{1}{\sqrt{2}}\begin{pmatrix} 1 & i \\ i & 1 \end{pmatrix}\begin{pmatrix} 1 \\ 0 \end{pmatrix} = \begin{pmatrix} 1 \\ i \end{pmatrix}, \tag{3.35}$$

$$U_{BS}|1\rangle = \frac{1}{\sqrt{2}}\begin{pmatrix} 1 & i \\ i & 1 \end{pmatrix}\begin{pmatrix} 0 \\ 1 \end{pmatrix} = \begin{pmatrix} i \\ 1 \end{pmatrix}. \tag{3.36}$$

Ausgeschrieben gilt also:

$$U_{BS}|0\rangle = \frac{1}{\sqrt{2}}(1|0\rangle + i|1\rangle),$$

$$U_{BS} |1\rangle = \frac{1}{\sqrt{2}} (i\,|0\rangle + 1\,|1\rangle). \tag{3.37}$$

Das entspricht Gl. (3.22) mit $t = 1/\sqrt{2}$ und $r = i/\sqrt{2}$. Die unitäre Matrix U_{BS} beschreibt somit die Wirkung eines symmetrischen Strahlteilers.

Beispielaufgabe: Konstruieren Sie die unitäre Matrix, die die Wirkung der Spiegel in Abb. 3.11 beschreibt.

Lösung: Ein Spiegel macht aus schräg nach oben laufenden Photonen schräg nach unten laufende und umgekehrt. Er vertauscht also die Zustände $|0\rangle$ und $|1\rangle$. Zusätzlich erzeugt er noch einen Phasensprung von $\frac{\pi}{2}$, den wir aber wie zuvor ignorieren wollen. Die Vertauschung von $|0\rangle$ und $|1\rangle$ wird durch die Matrix

$$U_M = \begin{pmatrix} 0 & 1 \\ 1 & 0 \end{pmatrix} \tag{3.38}$$

bewirkt, deren Adjungiertes sie selbst ist und deren Unitarität man durch Matrixmultiplikation nachprüfen kann. Auf S. 159 wird uns diese Matrix als Quantengatter wiederbegegnen. Sie beschreibt das *Pauli-X-Gatter*, die quantenmechanische Verallgemeinerung des klassischen NOT-Gatters.

Rechnen mit dem Bra-Ket-Formalismus: Äußeres Produkt

Der Bra-Ket-Formalismus ist für symbolische Rechnungen sehr leistungsfähig. Speziell das *äußere Produkt* ist eine elegante Methode zur Darstellung von Operatoren. Es stellt eine Matrix A durch die Matrixelemente A_{ij} und die Einheitsvektoren $|e_i\rangle$ der zugrundegelegten Basis dar:

$$A = \sum_{ij} A_{ij} |e_i\rangle \langle e_j|. \tag{3.39}$$

Bei der Anwendung auf Zustände oder der Hintereinanderanwendung mehrerer Operatoren ergeben sich Skalarprodukte, die sich wie gewohnt auswerten lassen. Ohne in mathematische Tiefen steigen zu müssen, kann man sich dabei darauf verlassen, dass einen die Dirac-Notation bei der korrekten Anwendung des Formalismus unterstützt.

Mit dem äußeren Produkt lässt sich eine nützliche Darstellung der Einheitsmatrix $\mathbb{1}$ durch die Basisvektoren $|e_i\rangle$ eines vollständigen Orthonormalsystems gewinnen. Aus

$$\mathbb{1} = \sum_{ij} \mathbb{1}_{ij} |e_i\rangle \langle e_j| \tag{3.40}$$

folgt nämlich unmittelbar die als *Vollständigkeitsrelation* bezeichnete Beziehung:

$$\mathbb{1} = \sum_{i} |e_i\rangle \langle e_i|. \tag{3.41}$$

Beispielaufgabe: Zeigen Sie, dass die Matrix (3.38), die die Wirkung eines Spiegels (und später das Pauli-*X*-Gatter) beschreibt, sich in der Form

$$U_M = |0\rangle \langle 1| + |1\rangle \langle 0| \tag{3.42}$$

darstellen lässt.

Lösung: Um dies zu zeigen, wenden wir den Operator U_M auf den Zustandsvektor $|0\rangle$ an. Es ergibt sich:

$$U_M |0\rangle = [|0\rangle \langle 1| + |1\rangle \langle 0|] |0\rangle = |0\rangle \langle 1|0\rangle + |1\rangle \langle 0|0\rangle. \tag{3.43}$$

Das formale Ausmultiplizieren der eckigen Klammern hat zu den Skalarprodukten $\langle 1|0\rangle = 0$ und $\langle 0|0\rangle = 1$ geführt. Wenn wir dies einsetzen, erhalten wir wie erwartet:

$$U_M |0\rangle = |1\rangle. \tag{3.44}$$

Analog ergibt sich bei Anwendung von U_M auf den Zustandsvektor $|1\rangle$:

$$U_M |1\rangle = [|0\rangle \langle 1| + |1\rangle \langle 0|] |1\rangle = |0\rangle \underbrace{\langle 1|1\rangle}_{=1} + |1\rangle \underbrace{\langle 0|1\rangle}_{=0} = |0\rangle. \tag{3.45}$$

Der durch Gl. (3.42) dargestellte Operator U_M wirkt also auf die Zustandvektoren so, wie wir es für die Matrix (3.38) zuvor beschrieben hatten.

3.6 Observablen und Messungen

Der dritte Schritt im Schema eines quantenphysikalischen Experiments in Abb. 3.10 ist die *Messung*. Im Zusammenhang mit Grundregel 3 haben wir den inhärent statistischen Charakter der Messung in der Quantenphysik bereits besprochen. Führt man Messungen einer Observablen *A* an einem Quantensystem im Zustand $|\psi\rangle$ durch, dann lassen sich für die Verteilung der Messergebnisse im Allgemeinen nur Wahrscheinlichkeitsaussagen machen. Die Wahrscheinlichkeiten für die möglichen Messwerte von *A* lassen sich mit der bornschen Wahrscheinlichkeitsformel (3.13) berechnen.

Mit dem quantenmechanischen Formalismus lassen sich darüber hinaus die möglichen Messwerte für eine Observable *A* berechnen: diejenigen Werte, die bei einer Messung der Observablen überhaupt gefunden werden können. Der Tatsache, dass für manche Observablen nicht alle, sondern nur bestimmte Werte möglich sind, verdankt die Quantenphysik ja gerade ihren Namen. Die Vorhersage von möglichen Messwerte mit dem Formalismus der Quantenmechanik war historisch von großer Bedeutung, als es in den 1920er Jahren gelang, die quantisierten Werte der Energie von Atomen zu beschreiben und damit die diskrete Natur der Spektrallinien von Atomen aufzuklären. Hier wollen wir ein wesentlich einfacheres Modellsystem mit nur zwei möglichen Messwerten betrachten, nämlich die *Polarisation* von Licht.

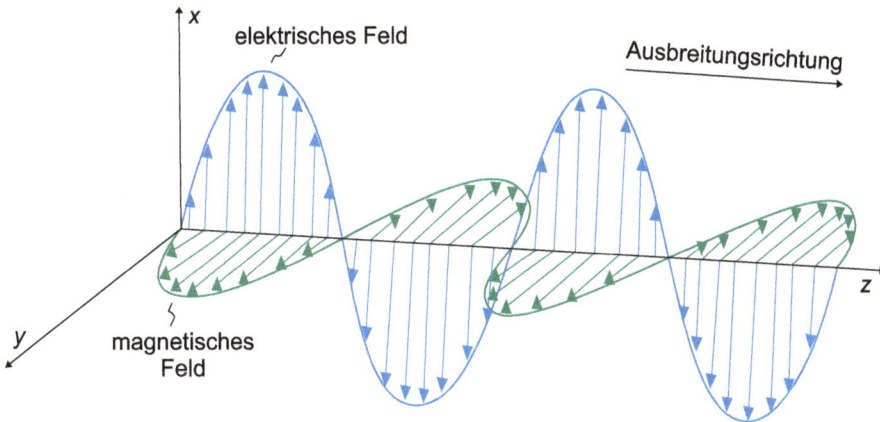

Abb. 3.14: Lineare Polarisation von Licht im klassischen Wellenmodell.

Polarisation von Licht

Im Wellenmodell der klassischen Physik lässt sich die Polarisation als die Schwingungsrichtung des elektrischen Feldes beschreiben. Der Vektor des elektrischen Feldes schwingt immer in einer Ebene senkrecht zur Ausbreitungsrichtung des Lichts. Bei polarisiertem Licht schwingt der Feldvektor im einfachsten Fall linear in einer bestimmten Richtung. Man spricht dann von *linearer Polarisation* (Abb. 3.14). Aber auch kompliziertere Muster wie zirkulare oder elliptische Polarisation sind möglich (und werden in Anwendungen wie 3D-Kino genutzt). Im Alltag begegnet uns zumeist unpolarisiertes Licht, das wir uns als ein Gemisch von Photonen aller Polarisationsrichtungen ohne feste Phasenbeziehungen vorstellen können.

Für die Polarisation haben wir kein Sinnesorgan. Mit bloßem Auge können wir nicht unterscheiden, ob Licht unpolarisiert oder polarisiert ist und welches seine Polarisationsrichtung ist. Wir sind auf Messgeräte für die Observable Polarisation angewiesen. Ganz einfach kann man die Polarisation von polarisiertem Licht mit Polarisationsfolie bestimmen, die nur eine bestimmte lineare Polarisationskomponente von Licht passieren lässt und die Komponente senkrecht dazu absorbiert. Geschickter ist es, mit *polarisierenden Strahlteilern* zu arbeiten (abgekürzt PBS, von *polarizing beam splitter*).

Polarisierende Strahlteiler   ℹ

Polarisierende Strahlteiler bestehen gewöhnlich aus zwei Prismen, die zu einem Würfel zusammengeklebt werden (Abb. 3.15). Die Kontaktfläche wird mit einer Beschichtung versehen, die die Transmissions- und Reflexionseigenschaften des Strahlteilers bestimmt.

Wie bei einem normalen Strahlteiler wird einfallendes Licht in einen durchgelassenen und einen reflektierten Anteil aufgespalten. Im Unterschied zum normalen Strahlteiler ist das Licht, das aus den beiden Ausgängen kommt, linear polarisiert (Pfeile in Abb. 3.15). Man kann das Verhalten eines polarisierenden Strahlteilers mit einem Laserpointer demonstrieren, dessen Licht bei vielen Modellen linear

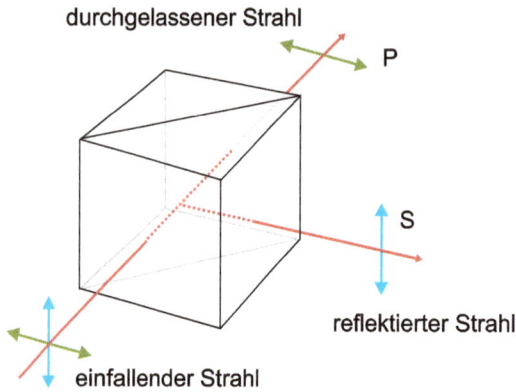

durchgelassener Strahl

P

S

reflektierter Strahl

einfallender Strahl

Abb. 3.15: Polarisierender Strahlteiler (vgl. auch Abb. 3.13).

polarisiert ist. Rotiert man den Laserpointer um seine Achse, während man den Strahlteiler beleuchtet, ändert sich die Polarisationsrichtung des einfallenden Lichtes und als Folge auch die Intensität des aus den beiden Ausgängen auslaufenden Lichts: Für eine bestimmte Polarisationsrichtung kommt Licht nur aus dem einen Ausgang; bei weiterer Rotation um 90° kommt das Licht nur aus dem anderen Ausgang. Die folgenden Eigenschaften eines polarisierenden Strahlteilers sind im Zusammenhang mit der quantenmechanischen Messung relevant:

1. Fällt horizontal polarisiertes Licht auf den polarisierenden Strahlteiler, so wird es vollständig durchgelassen (grüne Pfeile in Abb. 3.15). Es wird kein Licht reflektiert.
2. Fällt vertikal polarisiertes Licht auf den polarisierenden Strahlteiler, so wird es vollständig reflektiert (blaue Pfeile in Abb. 3.15). Nichts wird durchgelassen.
3. Ist das Licht, das auf den polarisierenden Strahlteiler fällt, schräg polarisiert (unter einem Winkel α zur Horizontalen) wird es teilweise durchgelassen, teilweise reflektiert und dabei in linear polarisierte Teilstrahlen aufgespalten. Die Intensität von reflektiertem und durchgelassenem Teilstrahl hängt vom Winkel α ab (sie ist proportional zu $\cos^2 \alpha$ bzw. $\sin^2 \alpha$). Der durchgelassene Anteil des Strahls ist vollständig horizontal polarisiert, der reflektierte Anteil vollständig vertikal polarisiert. Dadurch kann ein polarisierender Strahlteiler nicht nur zum Nachweis, sondern auch zur gezielten Präparation von polarisiertem Licht verwendet werden.

Wir betrachten hier ideale Strahlteiler und Laserpointer, die vollständig polarisiertes Licht aussenden. Für reale Geräte ist das oft nur annähernd der Fall. Dann variieren die Intensitäten nicht zwischen 0 % und 100 % sondern zwischen „heller" und „dunkler". Die in Abb. 3.15 gezeigten Bezeichnungen S und P sind in der Optik gebräuchlich. Sie stehen für die Polarisation des austretenden Lichts, die entweder senkrecht (S) zu der Ebene steht, die der einfallende Strahl mit dem Lot auf die reflektierende Fläche bildet, oder parallel (P) zu dieser Ebene. In den Quantentechnologien sind eher die Bezeichnungen H und V üblich, die sich nicht auf den Strahlteiler, sondern auf die Orientierung in Bezug auf den Labortisch beziehen.

Von der klassischen Optik gehen wir nun zur Quantenphysik über und wiederholen das Laserpointer-Experiment mit einzelnen Photonen, die wir gezielt linear polarisieren (zum Beispiel mit einem anderen polarisierenden Strahlteiler). Auf diese Weise führen wir eine Messung der Observablen „Polarisation in H/V-Richtung" durch. Wie zu erwarten, werden horizontal polarisierte Photonen vollständig durchgelassen und vertikal polarisierte Photonen vollständig reflektiert.

Bei schräg polarisierten Photonen zeigen sich einmal mehr die Eigenarten des quantenmechanischen Messprozesses. Nach Grundregel 3 wird bei jeder Messung ein bestimmter Wert der gemessenen Größe gefunden. So auch hier: Ein einlaufendes Photon wird entweder als Ganzes durchgelassen und am P-Ausgang nachgewiesen oder als Ganzes reflektiert und am S-Ausgang detektiert. Die Nachweishäufigkeiten variieren mit dem Einfalls-Polarisationswinkel. Darüber hinaus sind alle Photonen, die am P-Ausgang gefunden werden, horizontal polarisiert; alle Photonen am S-Ausgang sind vertikal polarisiert. Diesen experimentellen Befund wollen wir im Folgenden mit dem quantenmechanischen Formalismus beschreiben.

Polarisationszustände

Zur quantenmechanischen Beschreibung der Polarisation können wir horizontale und vertikale Polarisation als Basis wählen. Sie werden durch die folgenden Zustandsvektoren beschrieben:

$$|H\rangle = \begin{pmatrix} 1 \\ 0 \end{pmatrix} \quad \text{und} \quad |V\rangle = \begin{pmatrix} 0 \\ 1 \end{pmatrix}. \tag{3.46}$$

Mit Hilfe dieser Basisvektoren können wir beliebige Überlagerungszustände der Polarisation bilden. Insbesondere werden Photonen, die im Winkel α zur Horizontalen polarisiert sind, durch den Zustand

$$|Z\rangle = \cos\alpha\,|H\rangle + \sin\alpha\,|V\rangle \tag{3.47}$$

beschrieben. Führt man an Photonen in diesem Zustand die zuvor beschriebene Messung der Observablen „Polarisation in H/V-Richtung" aus, dann ergeben sich die entsprechenden Wahrscheinlichkeiten durch die bornsche Formel (3.13):

$$P(H) = \left| \langle H|Z\rangle \right|^2 = \cos^2\alpha,$$
$$P(V) = \left| \langle V|Z\rangle \right|^2 = \sin^2\alpha. \tag{3.48}$$

Diese Wahrscheinlichkeiten geben die Häufigkeitsverteilungen an, mit der bei oftmaliger Wiederholung des Experiments H- und V-polarisierte Photonen an den entsprechenden Ausgängen gefunden werden, wenn unter dem Winkel α polarisierte Photonen einlaufen.

In der klassischen Optik ist der entsprechende Zusammenhang schon lange als *Gesetz von Malus* bekannt. Abbildung 3.16 zeigt die Wahrscheinlichkeit $P(H)$ als Funktion von α. Noch aussagekräftiger ist die Darstellung in der Abbildung rechts, in der $P(H)$ in einem Polardiagramm gegen den Winkel α aufgetragen ist. Es zeigt sich eine

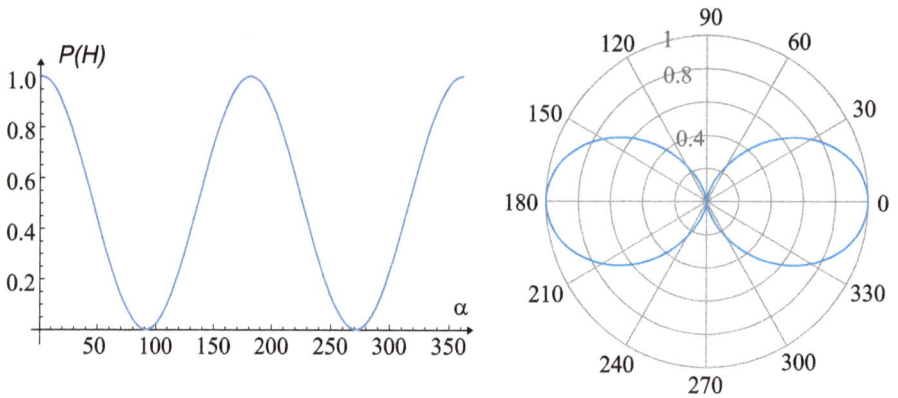

Abb. 3.16: Wahrscheinlichkeit für das Ergebnis H in Abhängigkeit vom Polarisationswinkel α (rechts in Polardarstellung).

„8-förmige" Verteilung, deren lange Achse entlang der gemessenen Polarisationsrichtung ausgerichtet ist (also in Richtung 0° für $P(H)$ und in Richtung 90° für $P(V)$).

Wir können unser Polarisationsmessgerät (den Strahlteilerwürfel samt Einzelphotonendetektoren) verallgemeinern, indem wir andere Polarisationsrichtungen außer H/V messen. Wir drehen die Anordnung in Abb. 3.15 um einen Winkel β um die Achse des einfallenden Strahls und messen damit die Polarisation in β- bzw. (β – 90°)-Richtung. In der Quantenkommunikation wird häufig eine Basis benutzt, die gegenüber der H/V-Basis um 45° gedreht ist. Diese Basis wird als ±45°-Basis (oder kurz ±-Basis) bezeichnet, mit

$$|+\rangle = \cos(45°)\,|H\rangle + \sin(45°)\,|V\rangle = \frac{1}{\sqrt{2}}(|H\rangle + |V\rangle) \tag{3.49}$$

und

$$|-\rangle = \frac{1}{\sqrt{2}}(|H\rangle - |V\rangle). \tag{3.50}$$

Observablen und Eigenwerte

Jeder Observablen wird in der Quantenmechanik ein Operator zugeordnet, der durch eine *hermitesche Matrix* beschrieben wird. Eine Matrix A ist hermitesch, wenn

$$A^\dagger = A \tag{3.51}$$

gilt, d. h. wenn sie gleich ihrer adjungierten Matrix ist. Hermitesche Matrizen und Operatoren werden daher auch als selbstadjungiert bezeichnet. Sie haben die Eigenschaft, dass ihre *Eigenwerte* immer reell sind.

Eigenwerte und Eigenvektoren
Das mathematische Konzept der *Eigenwerte* und *Eigenvektoren* einer Matrix ist Voraussetzung für die Beschreibung von quantenmechanischen Observablen und Messungen. Wenn für eine Matrix A, einen Vektor $|u_j\rangle$ und eine Zahl λ_j die Gleichung

$$A\,|u_j\rangle = \lambda_j\,|u_j\rangle \qquad (3.52)$$

erfüllt ist, dann ist λ_j ein Eigenwert von A mit dem dazugehörigen Eigenvektor $|u_j\rangle$. Für eine gegebene Matrix A ist die *Eigenwertgleichung* (3.52) nur für ganz bestimmte Zahlen λ_j erfüllbar. Diese Zahlen sind die *Eigenwerte* von A. Die Berechnung der Eigenwerte einer Matrix ist ein Standardproblem der linearen Algebra, und es gibt eine umfangreiche Literatur zu dem Thema. Praktisch lassen sich die Eigenwerte einer $n \times n$-Matrix durch Lösen eines Polynoms vom Grad n bestimmen (charakteristisches Polynom).

Eine $n \times n$-Matrix hat n (nicht notwendig verschiedene) Eigenwerte mit dazugehörigen Eigenvektoren. Ist die Matrix hermitesch, dann sind die Eigenwerte reell. Die Menge der Eigenwerte von A heißt das *Spektrum* von A. Für unendlichdimensionale Operatoren (wie Ort oder Impuls), die nicht mehr durch Matrizen, sondern durch Differentialoperatoren beschrieben werden, ist das Spektrum oft nicht mehr diskret, sondern die Eigenwerte nehmen kontinuierliche Werte an.

Beispielaufgabe: Zeigen Sie, dass die drei sogenannten *Pauli-Matrizen* hermitesch sind:

$$\sigma_x = \begin{pmatrix} 0 & 1 \\ 1 & 0 \end{pmatrix}, \quad \sigma_y = \begin{pmatrix} 0 & -i \\ i & 0 \end{pmatrix}, \quad \sigma_z = \begin{pmatrix} 1 & 0 \\ 0 & -1 \end{pmatrix}. \qquad (3.53)$$

Lösung: Von allen drei Matrizen müssen wir die Adjungierte bilden, d. h. Zeilen und Spalten vertauschen und anschließend komplex konjugieren. Für σ_x und σ_z sieht man sofort, dass das Resultat gleich der ursprünglichen Matrix ist. Für σ_y gilt:

$$\sigma_y^\dagger = \left(\sigma_y^\mathsf{T}\right)^* = \begin{pmatrix} 0 & i \\ -i & 0 \end{pmatrix}^* = \begin{pmatrix} 0 & -i \\ i & 0 \end{pmatrix} = \sigma_y. \qquad (3.54)$$

Die Pauli-Matrizen treten oft im Zusammenhang mit Observablen auf, die genau zwei Werte annehmen können, etwa der Spin von Elektronen. Da sie nicht nur hermitesch, sondern zusätzlich auch noch unitär sind, können sie auch Operationen an Quantensystemen beschreiben. Die Matrix σ_x ist uns in dieser Funktion schon von der Beschreibung des Spiegels in Gl. (3.38) bekannt. Die Pauli-Matrizen werden uns auch als Quantengatter wiederbegegnen.

In der Quantenmechanik ist die Eigenwertgleichung (3.52) von Operatoren von zentraler Bedeutung, weil sich damit die möglichen Messwerte einer Observablen vorhersagen lassen. Das wird durch die folgende Regel beschrieben.

Messergebnisse in der Quantenmechanik: Die möglichen Messwerte einer Observablen sind die Eigenwerte des zugehörigen Operators.

Bereits aus Grundregel 3 wissen wir, dass bei jeder Messung ein einziger der möglichen Messwerte gefunden wird. Welches die möglichen Messwerte sind, lässt sich aus der Eigenwertgleichung ermitteln: Es sind die Eigenwerte des jeweiligen Operators. Andere Werte treten bei Messungen nicht auf.

Die Wahrscheinlichkeiten für die Messwerte werden mit der bornschen Wahrscheinlichkeitsformel (3.13) berechnet. Die Zustände, die in dieser Formel für den jeweiligen Messwert eingesetzt werden, sind die zu λ_j gehörigen Eigenzustände $|u_j\rangle$. Die Wahrscheinlichkeit, bei einer Messung an einem System im Zustand $|\psi\rangle$ den Messwert λ_j zu erhalten, beträgt nach Gl. (3.13) daher:

$$P(\lambda_j) = \left| \langle u_j | \psi \rangle \right|^2. \tag{3.55}$$

Über die bornsche Wahrscheinlichkeitsformel werden somit die Elemente des Formalismus (Operatoren, Eigenwerte und Eigenzustände) direkt mit der experimentellen Erfahrung verknüpft.

Aus Gl. (3.55) folgt, dass die Eigenzustände einer Observablen diejenigen Zustände sind, in denen das entsprechende Messergebnis mit der Wahrscheinlichkeit 1 gefunden wird, denn wenn $|\psi\rangle = |u_j\rangle$, dann ist nach Gl. (3.55) die Wahrscheinlichkeit für den zugehörigen Eigenwert $P(\lambda_j) = 1$; für alle anderen Werte ist sie gleich null. Die Eigenzustände einer Observablen sind also die Zustände, in denen bei einer Messung dieser Observablen immer ein ganz bestimmter Wert gefunden wird und die Messergebnisse nicht streuen.

Beispielaufgabe: Zeigen Sie, dass sich mit dem Operator

$$\sigma_z = \begin{pmatrix} 1 & 0 \\ 0 & -1 \end{pmatrix} \tag{3.56}$$

die auf S. 72 besprochene Messung mit einzelnen Photonen am polarisierenden Strahlteiler beschreiben lässt.

Lösung: Um die dort festgehaltenen Ergebnisse mathematisch zu erfassen, kodieren wir das Messergebnis „Photon am P-Ausgang gefunden" (horizontale Polarisation) mit +1 und das Messergebnis „Photon am S-Ausgang gefunden" (vertikale Polarisation) mit −1. Das sind die möglichen Messwerte, die der gesuchte Operator als Eigenwerte liefern muss.

Für klassisches Licht zeigte sich für verschiedene einfallenden Polarisationsrichtungen das auf S. 72 beschriebene Verhalten. Analog dazu erhalten wir für Einzelphotonen die folgenden experimentellen Ergebnisse:

1. Für Photonen im Zustand $|H\rangle$ ergibt sich immer der Messwert 1 (d. h. mit Wahrscheinlichkeit 1).
2. Für Photonen im Zustand $|V\rangle$ ergibt sich immer der Messwert −1.
3. Sind die Photonen in einem Überlagerungszustand, sind die entsprechenden Wahrscheinlichkeiten $\cos^2 \alpha$ bzw. $\sin^2 \alpha$.

Wir schließen, dass die Zustände $|H\rangle$ und $|V\rangle$ Eigenzustände des gesuchten Operators sein müssen, denn sie liefern mit der Wahrscheinlichkeit 1 die zugehörigen Messergebnisse $+1$ und -1. Wir prüfen nach, ob das für die Matrix σ_z zutrifft. Auf $|H\rangle$ angewandt ergibt sich:

$$\sigma_z |H\rangle = \begin{pmatrix} 1 & 0 \\ 0 & -1 \end{pmatrix} \begin{pmatrix} 1 \\ 0 \end{pmatrix} = \begin{pmatrix} 1 \\ 0 \end{pmatrix} = +1 \cdot |H\rangle . \tag{3.57}$$

Die Eigenwertgleichung (3.52) ist also erfüllt, und wie gefordert ist $|H\rangle$ tatsächlich ein Eigenvektor von σ_z mit Eigenwert $+1$. Ähnlich ergibt sich:

$$\sigma_z |V\rangle = -1 \cdot |V\rangle . \tag{3.58}$$

Der Zustand $|V\rangle$ ist also ebenfalls ein Eigenzustand von σ_z mit Eigenwert -1. Damit haben wir die zwei Eigenzustände und Eigenwerte von σ_z identifiziert. Mit der bornschen Regel erhalten wir, wie schon in Gl. (3.48) berechnet, die Wahrscheinlichkeiten für Überlagerungszustände aus $|H\rangle$ und $|V\rangle$.

Erwartungswerte

Den *Erwartungswert* $\langle A \rangle$ einer Observable A (d. h. die über viele Messungen gemittelten Werte) erhält man wie in der klassischen Statistik durch Aufsummieren der mit den Wahrscheinlichkeiten gewichteten Messwerte:

$$\langle A \rangle = \sum_j P(\lambda_j) \cdot \lambda_j = \sum_j |\langle u_j|\psi\rangle|^2 \cdot \lambda_j. \tag{3.59}$$

Mit der Dirac-Notation lässt sich das sehr kompakt als

$$\langle A \rangle = \langle \psi|A|\psi\rangle \tag{3.60}$$

schreiben, denn da die Eigenwerte von A ein vollständiges Orthonormalsystem bilden, können wir mit Gl. (3.41) eine „Eins einschieben" und schreiben:

$$\langle \psi|A \cdot \mathbb{1}|\psi\rangle = \sum_j \langle \psi|A|u_j\rangle \langle u_j|\psi\rangle = \sum_j \langle \psi|u_j\rangle \langle u_j|\psi\rangle \cdot \lambda_j = \sum_j |\langle u_j|\psi\rangle|^2 \cdot \lambda_j.$$

In den Quantentechnologien ist man jedoch deutlich seltener an Mittelwerten interessiert als in den traditionellen Anwendungen der Quantenmechanik, weil Einzelereignisse hier eine viel größere Rolle spielen.

Mit Gl. (3.41) können wir noch eine weitere hilfreiche Relation herleiten. Eine hermitesche Matrix A hat ein vollständiges System von Eigenvektoren $|u_j\rangle$ mit Eigenwerten λ_j. Es gilt die Eigenwertgleichung $A|u_j\rangle = \lambda_j |u_j\rangle$. Mit Gl. (3.41) lässt sich die folgende Darstellung von A durch die äußeren Produkte der Eigenvektoren zeigen:

$$A = \sum_{j=1}^{N} \lambda_j |u_j\rangle \langle u_j| . \tag{3.61}$$

i

Beispielaufgabe: Zeigen Sie die Gültigkeit von Gl. (3.61).

Lösung: Die Eigenvektoren $|u_j\rangle$ bilden bei einer hermiteschen Matrix ein vollständiges System von Basisvektoren. Gl. (3.41) lautet in dieser Basis:

$$\mathbb{1} = \sum_j |u_j\rangle \langle u_j|. \tag{3.62}$$

Wir wenden den Operator A auf beide Seiten der Gleichung an:

$$A \cdot \mathbb{1} = \sum_j A |u_j\rangle \langle u_j| = \sum_j \lambda_j |u_j\rangle \langle u_j|, \tag{3.63}$$

wobei im zweiten Schritt die Eigenwertgleichung benutzt wurde. Damit ist die Gültigkeit von Gl. (3.61) gezeigt. Der Operator A ist in seiner Eigenvektor-Basis also diagonal und hat die Eigenwerte als Diagonalelemente.

3.7 Unbestimmtheit

Aus unserer klassischen Erfahrungswelt sind wir nicht gewohnt mit Objekten zu arbeiten, die gewisse Eigenschaften schlichtweg nicht besitzen – etwa einen bestimmten Ort für Elektronen innerhalb eines Atoms oder für die Heliumatome im Doppelspaltexperiment (S. 48). Die Überlagerungszustände aus $|0\rangle$ und $|1\rangle$ bei Qubits sind ein weiteres Beispiel. Da vor der Entdeckung der Quantenmechanik kein Anlass dazu bestand, sich über solche Zustände zu verständigen, bildet unsere Sprache sie auch nicht adäquat ab. Bei der Formulierung von Aussagen darüber ist deshalb besondere Sorgfalt notwendig. Die *heisenbergsche Unbestimmtheitsrelation* ist ein Fall, wo dies besonders deutlich wird.

Die Unbestimmtheitsrelation bezieht sich auf *Paare von Eigenschaften*. Am häufigsten werden Ort und Impuls diskutiert. In den Quantentechnologien ist die Polarisation von Photonen wichtiger, weil sie zum Kodieren von Information verwendet wird. Deshalb diskutieren wir dieses Beispiel.

Wir haben gesehen, dass es Zustände gibt, bei denen bei einer Messung der Observablen A immer der gleiche Messwert gefunden wird. Das sind die Eigenzustände von A. Beim polarisierenden Strahlteiler sind es die Zustände $|H\rangle$ und $|V\rangle$, bei denen (ideale Bedingungen vorausgesetzt) streuungsfrei immer der Messwert +1 bzw. −1 gefunden wird. Photonen in einem der beiden Eigenzustände können wir einen definierten Wert der H/V-Polarisation zuschreiben. Photonen in Überlagerungszuständen aus $|H\rangle$ und $|V\rangle$ haben keine definierte H/V-Eigenschaft; die H/V-Messwerte streuen bei oftmaliger Wiederholung der Messung.

Die heisenbergsche Unbestimmtheitsrelation beantwortet die Frage, unter welchen Umständen es möglich ist, zwei Observablen zugleich streuungsfrei zu präparieren. Ist es möglich, Zustände so herzustellen, dass sowohl bei Messung der Obser-

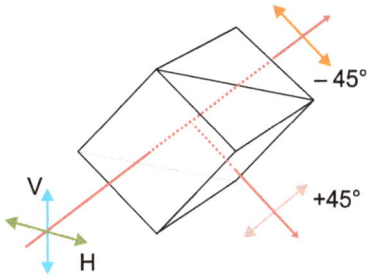

Abb. 3.17: Polarisationsmessung mit einem um 45° gedrehten polarisierenden Strahlteiler.

vablen A als auch bei Messung der Observablen B streuungsfrei immer die gleichen Messwerte gefunden werden? Dafür lässt sich ein einfaches Kriterium angeben: Die entsprechenden Operatoren müssen vertauschbar sein (kommutieren). Für die zugehörigen Matrizen A und B muss bei der Matrizenmultiplikation gelten: $A \cdot B = B \cdot A$. Dann sind Zustände präparierbar, die sowohl Eigenzustände von A wie auch von B sind. Mit der Notation $[A, B] = A \cdot B - B \cdot A$ (Kommutator) können wir schreiben:

Zwei Observablen A und B sind gleichzeitig streuungsfrei präparierbar, wenn die zugehörigen Operatoren kommutieren: $[A, B] = 0$.

Verschiedene Polarisationsbasen

Wir haben gesehen, dass es genau zwei Zustände $|H\rangle$ und $|V\rangle$ gibt, die bei einer Messung mit dem polarisierenden Strahlteilerwürfel aus Abb. 3.15 streuungsfrei zu ganz bestimmten Messwerten führen. Wir nennen diese Messung die *H/V-Messung*; die beiden Zustände $|H\rangle$ und $|V\rangle$ bilden die H/V-Basis.

Wir können eine neue Messgröße definieren, indem wir den Strahlteilerwürfel um 45° drehen (Abb. 3.17). Auch die gedrehte Anordnung spaltet einfallendes Licht in zwei Teilstrahlen auf. Durch die Drehung bedingt haben die durchgelassenen Photonen nun eine Polarisation von −45°, die reflektierten von +45°, bezogen auf die ursprüngliche H/V-Ebene. Auch die Austrittsrichtung der reflektierten Photonen ist entsprechend gedreht. Diese Messung nennen wir die *±-Messung*.

Im Zusammenhang mit der heisenbergschen Unbestimmtheitsrelation fragen wir: Gibt es Zustände, die gleichzeitig streuungsfrei bezüglich der H/V-Messung und der ±-Messung sind? Sind die beiden Messgrößen gleichzeitig präparierbar?

Da es nur zwei streuungsfreie Zustände bezüglich der H/V-Messung gibt, reicht es aus, für diese beiden Zustände nachzuprüfen, ob sie auch bezüglich der ±-Messung streuungsfrei sind. Im Experiment stellt sich heraus: Das ist nicht der Fall. Die Messwerte sind sogar völlig zufällig; sie streuen maximal. Für Photonen im Zustand $|H\rangle$ ergibt sich bei der ±-Messung eine 50/50-Wahrscheinlichkeit für den Nachweis am +-Ausgang oder am −-Ausgang. Entsprechendes gilt für einlaufende Photonen im Zustand $|V\rangle$.

Wie lässt sich dieses experimentelle Ergebnis im Formalismus wiedergeben? Die beiden Zustände $|+\rangle$ und $|-\rangle$, die mit ±45° polarisierte Photonen beschreiben, haben wir in Gl. (3.49) bereits gefunden. Wir nennen diese beiden Zustände die ±-Basis. Durch Einsetzen in die Eigenwertgleichung kann man sich davon überzeugen, dass sie Eigenzustände des folgenden Operators sind, der die ±-Messung beschreibt:

$$\sigma_{45°} = \begin{pmatrix} \cos(2 \cdot 45°) & \sin(2 \cdot 45°) \\ \sin(2 \cdot 45°) & -\cos(2 \cdot 45°) \end{pmatrix} = \begin{pmatrix} 0 & 1 \\ 1 & 0 \end{pmatrix}. \tag{3.64}$$

Es ist die Matrix σ_x aus Gl. (3.53); die Zustände $|+\rangle$ und $|-\rangle$ sind ihre Eigenzustände mit Eigenwerten $+1$ und -1.

Um nachzuprüfen, ob die H/V-Observable und die ±-Observable zugleich streuungsfrei präparierbar sind, berechnen wir den Kommutator der beiden zugehörigen Operatoren σ_z und σ_x:

$$[\sigma_z, \sigma_x] = \begin{pmatrix} 1 & 0 \\ 0 & -1 \end{pmatrix} \cdot \begin{pmatrix} 0 & 1 \\ 1 & 0 \end{pmatrix} - \begin{pmatrix} 0 & 1 \\ 1 & 0 \end{pmatrix} \cdot \begin{pmatrix} 1 & 0 \\ 0 & -1 \end{pmatrix} = \begin{pmatrix} 0 & 2 \\ -2 & 0 \end{pmatrix}. \tag{3.65}$$

Der Kommutator ist von null verschieden; die beiden Operatoren kommutieren nicht. Nach der Unbestimmtheitsrelation ist es somit nicht möglich, beide Observablen streuungsfrei zu präparieren. Es gibt keine Zustände, in denen sowohl die H/V-Observable als auch die ±-Observable einen festen Wert hat, der sich mit Sicherheit bei jeder Messung zeigt. Noch anders ausgedrückt: Es gibt keine Quantensysteme, denen wir die H/V-Eigenschaft und die ±-Eigenschaft zugleich zuschreiben können. Dieser Umstand ist in der Quantenkommunikation von entscheidender Bedeutung. Hier wird die Inkompatibilität der beiden Basen ausgenutzt, um Abhörversuche beim Austausch von kryptographische Schlüsseln zu verhindern.

Beispielaufgabe: Berechnen Sie für ein im Zustand $|V\rangle$ präpariertes Ensemble von Photonen die Wahrscheinlichkeiten für die beiden möglichen Ergebnisse einer Messung in der ±-Basis und begründen Sie damit die oben wiedergegebene Aussage über das experimentelle Ergebnis.

Lösung: Zur Berechnung von Wahrscheinlichkeiten benutzen wir die bornsche Wahrscheinlichkeitsformel. Bezüglich der H/V-Basis lauten die Zustände der ±-Basis wie in Gl. (3.49) angegeben:

$$|+\rangle = \frac{1}{\sqrt{2}}(|H\rangle + |V\rangle), \tag{3.66}$$

$$|-\rangle = \frac{1}{\sqrt{2}}(|H\rangle - |V\rangle). \tag{3.67}$$

Wir nehmen an, dass die auf den Strahlteiler einfallenden Photonen im Zustand $|V\rangle$ präpariert wurden. Die Wahrscheinlichkeit für den Messwert $|+\rangle$ beträgt dann nach Gl. (3.13):

$$P(+) = |\langle +|V\rangle|^2 = \frac{1}{2} |\underbrace{\langle H|V\rangle}_{=0} + \underbrace{\langle V|V\rangle}_{=1}|^2 = \frac{1}{2}. \tag{3.68}$$

Das gleiche Ergebnis ergibt sich für den Messwert $|-\rangle$. Beim Nachweis werden die Hälfte der Photonen am +-Ausgang gefunden, die andere Hälfte am −-Ausgang, ohne dass im Einzelfall vorhersagbar ist, welches Photon an welchem Ausgang landet.

Die heisenbergsche Unbestimmtheitsrelation macht noch weitergehende Aussagen über die Möglichkeit der gleichzeitigen Präparation zweier Observablen mit möglichst geringer Streuung. Mathematisch lässt sich die Streuung der Messwerte für die Observable A durch die *Standardabweichung* ΔA charakterisieren. Bei jeder Messung von A ergibt sich eine Häufigkeitsverteilung der Messwerte, und wie in der klassischen Statistik lässt sich die Breite der Verteilung durch die Standardabweichung erfassen. In der Quantenmechanik lässt sich ΔA durch den folgenden Erwartungswert ermitteln:

$$(\Delta A)^2 = \langle A^2 \rangle - \langle A \rangle^2. \tag{3.69}$$

Die Definition von ΔA ist analog zur klassischen Statistik gebildet, nur dass anstelle klassischer Mittelwerte die Erwartungswerte von quantenmechanischen Operatoren verwendet werden (zur Notation vgl. Gl. (3.60)). Die entsprechende Größe ΔB lässt sich für eine andere Observable B berechnen. ΔB beschreibt die Standardabweichung der Häufigkeitsverteilung von B-Messwerten. Die A-Messung und die B-Messung werden dabei unabhängig voneinander an identisch präparierten Ensembles von Quantenobjekten vorgenommen. Die heisenbergsche Unbestimmtheitsrelation macht eine Aussage über das Produkt der beiden Standardabweichungen.

> *Heisenbergsche Unbestimmtheitsrelation:* Präpariert man ein Quantensystem im Zustand $|\psi\rangle$ und führt Messungen für zwei Observablen A und B durch, so gilt für das Produkt der Standardabweichungen die Ungleichung:
> $$\Delta A \cdot \Delta B \geq \langle \psi | [A, B] | \psi \rangle . \tag{3.70}$$

Die Aussage verallgemeinert die oben angegebene Formulierung über die gleichzeitige Präparierbarkeit zweier Observablen. Da es sich um eine Ungleichung handelt, kann das Produkt $\Delta A \cdot \Delta B$ immer auch größer sein als der Wert auf der rechten Seite, je nach konkretem System und Art der Messung. Kleiner kann es dagegen nie sein.

Verwandte Unbestimmtheitsrelationen

In der Literatur findet man verschiedene, mehr oder weniger eng verwandte Verwendungen des Begriffs „heisenbergsche Unbestimmtheitsrelation":

1. In der hier formulierten Version der Unbestimmtheitsrelation werden die Messungen von A und B völlig unabhängig voneinander an Ensembles von identisch präparierten Quantenobjekten im Zustand $|\psi\rangle$ vorgenommen. Diese Interpretation wird auch als *Präparationsunbestimmtheit* bezeichnet (weil sie von der gemeinsamen Präparierbarkeit zweier Observablen handelt). Mathematisch spiegelt sich dies in Gl. (3.69) wider, die der Definition der Standardabweichung in der klassischen Statistik entspricht.

2. Von *gleichzeitigen* Messungen ist dabei nicht die Rede. Natürlich ist es auch denkbar, Messgeräte zu bauen, die *gleichzeitig* zwei Observablen A und B messen. Werner konnte 2004 eine verwandte Beziehung herleiten, die für den Fall gleichzeitiger Messungen gilt [25].

3. Oft spricht man davon, dass die Messung der Observablen A die Messung von B beeinflusst oder stört. Diese Aussage bezieht sich auf Messungen, die nacheinander, aber an den gleichen Quantenobjekten vorgenommen werden („Störung durch eine Messung"). Historisch ist dies die Situation, die von Heisenberg mit

Hilfe von Gedankenexperimenten analysiert wurde. Auch dies ist eine legitime Fragestellung, die erst spät sorgfältiger analysiert wurde [26, 27]. Der Slogan „keine Messung ohne Störung" fasst zusammen, dass es in der Quantenmechanik im Allgemeinen nicht möglich ist, ein System zu messen, ohne dabei seinen Zustand zu verändern.

4. Es gibt auch heuristischere Verwendungen des Ausdrucks „heisenbergsche Unbestimmtheitsrelation". In vielen Fällen handelt es sich um Beispiele für die aus der Theorie der Fouriertransformation bekannte Beziehung $\Delta k \cdot \Delta x \geq 1$ zwischen der Frequenzbreite und der räumlichen (oder zeitlichen) Ausdehnung von Wellenzügen. Sie gilt in dieser Form auch in der klassischen Optik oder Akustik und kann daher keine spezifische Aussage über Quantenphänomene beinhalten.

3.8 Visualisierung mit der Blochkugel

Der allgemeine Zustand eines Quantensystems mit zwei Zuständen $|0\rangle$ und $|1\rangle$ ist der Überlagerungszustand

$$|\psi\rangle = \alpha\,|0\rangle + \beta\,|1\rangle , \tag{3.71}$$

wobei α und β komplexe Zahlen sind. Der Zustand wird also von vier reellen Zahlen beschrieben (Realteil und Imaginärteil von α und β). Die Normierungsbedingung $|\alpha|^2 + |\beta|^2 = 1$ reduziert diese Zahl auf drei. Noch weiter wird die Zahl der freien Parameter dadurch reduziert, dass die globale Phase des Zustands physikalisch keine Rolle spielt. Nur die relative Phase zwischen $|0\rangle$ und $|1\rangle$ ist relevant. Damit können wir den Zustand vollständig durch die Angabe von zwei reellen Zahlen spezifizieren. In einer Form, die die Normierungsbedingung automatisch erfüllt, schreiben wir:

$$|\psi\rangle = \cos\frac{\theta}{2}\,|0\rangle + e^{i\phi}\sin\frac{\theta}{2}\,|1\rangle . \tag{3.72}$$

Die beiden Parameter θ und ϕ können wir mit dem Polarwinkel und dem Azimutwinkel einer Kugeloberfläche identifizieren und gelangen so zur *Blochkugel*, einer nützlichen Visualisierung der Zustände von Zwei-Niveau-Systemen.

Die Oberfläche der Blochkugel beschreibt die Einheitssphäre im dreidimensionalen Raum durch Angabe der Winkel θ und ϕ (Abb. 3.18). Wenn wir die Polarisation von Licht als Beispiel betrachten (mit $|0\rangle = |H\rangle$ und $|1\rangle = |V\rangle$), können wir die Lage der Zustände $|H\rangle$, $|V\rangle$, $|+\rangle$ und $|-\rangle$ durch Vergleich mit Gl. (3.72) feststellen: Der Zustand $|H\rangle$ liegt am Nordpol, $|V\rangle$ am Südpol der Blochkugel; $|+\rangle$ und $|-\rangle$ liegen am Äquator mit $\phi = 0$ bzw. $\phi = \pi$. Diese vier Zustände liegen auf einem Kreis, der durch reelle Koeffizienten α und β beschrieben wird. Bisher noch nicht betrachtet haben wir die Zustände mit zirkularer Position, deren Basiszustände $|R\rangle$ und $|L\rangle$ (für rechts- und linkszirkulare Polarisation) komplexe Koeffizienten beinhalten:

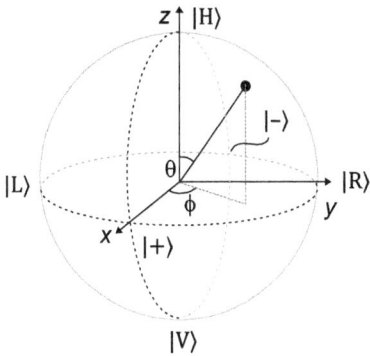

Abb. 3.18: Blochkugel für die Polarisationszustände von Licht.

$$|R\rangle = \frac{1}{\sqrt{2}}(|H\rangle + i\,|V\rangle), \quad |L\rangle = \frac{1}{\sqrt{2}}(|H\rangle - i \cdot |V\rangle). \tag{3.73}$$

π-Pulse und $\frac{\pi}{2}$-Pulse   **i**

Wenn Qubits durch Systeme mit zwei Energieniveaus realisiert werden (z. B. Ionen oder supraleitende Qubits) ist im Zusammenhang mit Gatteroperationen oft von π-Pulsen oder $\frac{\pi}{2}$-Pulsen die Rede. Die Bedeutung dieser Ausdrücke lässt sich anhand der Bloch-Kugel erklären.

Die Qubit-Manipulation erfolgt bei diesen Systemen durch Wechselwirkung mit dem elektromagnetischen Feld, d. h. durch Laser- oder Mikrowellenpulse. Durch die Wechselwirkung werden Übergänge zwischen den Qubit-Zuständen induziert. Genauer: Die Wechselwirkung verändert die Koeffizienten α und β in Gl. (3.71). Je stärker das elektrische Feld des Pulses und je länger die Pulsdauer, umso stärker ist die Wechselwirkung.

Häufig sind bestimmte immer wiederkehrende Operationen an Qubits nötig. Die dazu nötigen standardisierten Pulse hat man entsprechend benannt:

1. Ein π-Puls rotiert den Zustandsvektor auf der Blochkugel um 180°. Er macht also $|0\rangle$ aus $|1\rangle$ und umgekehrt.
2. Ein $\frac{\pi}{2}$-Puls rotiert den Zustand auf der Blochkugel um 90°. Er erzeugt also Überlagerungszustände. Aus $|0\rangle$ und $|1\rangle$ resultieren z. B. die Zustände $|+\rangle$ und $|-\rangle$.

Die Blochkugel ist eine hilfreiche Veranschaulichung für die Zustände von Zwei-Niveau-Systemen und insbesondere für die Operationen die man an ihnen durchführt. Sie hat jedoch eine Eigenheit, die anfangs verwirrend wirkt. *Orthogonale* Zustände (wie $|H\rangle$ und $|V\rangle$) liegen auf der Kugel *gegenüber*. Der Winkel zwischen ihnen beträgt also 180° und nicht 90°. Mathematisch ist dies durch das Auftreten des Winkels $\theta/2$ in Gl. (3.72) bedingt, den man in dieser Weise einführt, damit die Kugeloberfläche vollständig aufgespannt wird.

3.9 Komplexere Quantensysteme

Bisher haben wir nur das denkbar einfachste Quantensystem betrachtet: ein einzelnes Qubit mit zwei möglichen Zuständen. Dieses einfachste Modellsystem kann man in zwei Richtungen erweitern: Wir können Quantenobjekte mit mehr Zuständen betrachten, und wir können Systeme betrachten, die aus mehreren Quantenobjekten zusammengesetzt sind.

Quantenobjekte mit mehreren Niveaus

Wenn wir die Zahl der unabhängigen Basiszustände eines Quantenobjekts erhöhen, wird dies mathematisch dadurch wiedergegeben, dass sich die Dimension des Zustandsvektors $|\psi\rangle$ erhöht. Betrachten wir zum Beispiel ein Quantenobjekt mit drei Energieniveaus, dann hat der Zustandsvektor drei komplexe Komponenten. Das setzt sich in dieser Weise fort. Das Skalarprodukt für zwei n-dimensionale Zustandsvektoren $|a\rangle$ und $|b\rangle$ in einem n-dimensionalen Zustandsraum lautet:

$$\langle a|b\rangle = \sum_{i=1}^{n} a_i^* \cdot b_i. \tag{3.74}$$

Operatoren werden entsprechend durch $n \times n$-Matrizen beschrieben.

Treten kontinuierliche Variablen auf, wie z. B. Ort oder Impuls, dann reichen endlich viele Zahlenangaben zur Spezifikation des Zustands nicht mehr aus. Der Zustandsraum wird unendlichdimensional. Der Zustandsvektor wird dann durch kontinuierliche *Wellenfunktionen* dargestellt, zum Beispiel in der Form $\psi(x)$ als Funktion des Ortes. Die Beschreibung von Quantensystemen durch kontinuierliche Wellenfunktionen ist in der traditionellen Quantenphysik der Regelfall, etwa bei der Beschreibung von Elektronenzuständen in Atomen. In den Quantentechnologien sind endlichdimensionale Systeme verbreiteter. Wir werden den kontinuierlichen Fall daher nicht weiter vertiefen.

Mehr-Qubit-Zustände

In aller Regel hat man es in den Anwendungen der Quantentechnologien mit *mehreren* Quantenobjekten zu tun, die miteinander wechselwirken. Ein Beispiel sind die Qubits in einem Quantencomputer. Bei der Ausführung von Quantenalgorithmen sind immer mehrere Qubits beteiligt, die durch Gatteroperationen zur Wechselwirkung gebracht werden. Wir wollen zunächst annehmen, dass es sich um *unterscheidbare* Quantenobjekte handelt, die z. B. durch einen wohldefinierten Platz in einem Kristallgitter, auf einem Chip oder in einer Ionenfalle individuell voneinander unterschieden werden können.

Zur Illustration betrachten wir ein Zwei-Qubit-System. Die beiden einzelnen Qubits werden durch die Zustände $|a\rangle$ und $|b\rangle$ beschrieben. Der Zustand des Gesamtsystems kann dann mit dem *Tensorprodukt* der beiden Einzelzustände beschrieben werden:

$$|\psi\rangle = |a\rangle \otimes |b\rangle \quad \text{oder auch} \quad |\psi\rangle = |a\rangle_1 |b\rangle_2, \tag{3.75}$$

wobei wir die zweite Schreibweise, in der die Indizes andeuten, auf welches Qubit sich der jeweilige Einzelzustand bezieht, bevorzugen. Das Skalarprodukt für die Zwei-Qubit-Zustände zerfällt paarweise in die Skalarprodukte der Einzelzustände. Für die beiden Zustände $|\psi\rangle = |a\rangle \otimes |b\rangle$ und $|\phi\rangle = |c\rangle \otimes |d\rangle$ lautet es:

$$\langle\psi|\phi\rangle = \langle a|c\rangle \cdot \langle b|d\rangle, \tag{3.76}$$

oder, in der Notation mit Indizes:

$$\langle\psi|\phi\rangle = ((\langle a|_1 \langle b|_2)(|c\rangle_1|d\rangle_2) = \langle a|c\rangle_1 \cdot \langle b|d\rangle_2. \tag{3.77}$$

Der Zustand (3.75), der in ein Produkt der beiden Einzelsystem-Zustände zerfällt, ist keineswegs der allgemeinste Zustand, den ein Zwei-Qubit-System annehmen kann. Wenn $|a_i\rangle$ und $|b_j\rangle$ die Basiszustände der beiden Systeme sind, ist generell eine beliebige Überlagerung möglich:

$$|\psi\rangle = \sum_{ij} c_{ij} |a_i\rangle_1 |b_j\rangle_2, \tag{3.78}$$

mit Koeffizienten c_{ij}, die die Normierungsbedingung erfüllen müssen.

Beispielaufgabe: Geben Sie eine Basis für den Zustandsraum eines Zwei-Qubit-Systems an.   **[i]**

Lösung: Wir gehen von den Basiszuständen $|0\rangle_1$ und $|1\rangle_1$ für das erste Qubit und $|0\rangle_2$ und $|1\rangle_2$ für das zweite Qubit aus. Durch Tensorproduktbildung lassen sich aus ihnen vier normierte und wechselseitig orthogonale Zustände bilden:

$$|00\rangle = |0\rangle_1|0\rangle_2, \quad |01\rangle = |0\rangle_1|1\rangle_2,$$
$$|10\rangle = |1\rangle_1|0\rangle_2, \quad |11\rangle = |1\rangle_1|1\rangle_2. \tag{3.79}$$

Exemplarisch zeigen wir nur die Orthogonalität von $|01\rangle$ und $|10\rangle$:

$$\langle 01|10\rangle = ((\langle 0|_1\langle 1|_2)(|1\rangle_1|0\rangle_2) = \langle 0|1\rangle_1 \cdot \langle 1|0\rangle_2 = 0. \tag{3.80}$$

Weil es vier orthogonale Basiszustände gibt, ist der Zustandsraum für das Zwei-Qubit-System vierdimensional.

Beispielaufgabe: Zeigen Sie, dass der Zustandsraum eines *n*-Qubit-Systems durch 2^n komplexe Koeffizienten beschrieben wird.

Lösung: Der Zustandsraum von *n* Qubits wird durch die Basisvektoren $|00\dots00\rangle$, $|00\dots01\rangle$, $|00\dots10\rangle$, $|00\dots11\rangle$, ..., $|11\dots11\rangle$ aufgespannt (mit jeweils *n* Stellen). Die Einträge kann man als Binärdarstellung der Zahlen von 0 bis $2^n - 1$ lesen. Da der allgemeine Zustand des *n*-Qubit-Systems eine Überlagerung aller dieser Zustände ist, werden zu seiner Beschreibung 2^n komplexe Koeffizienten benötigt.

Die Dimensionalität des Zustandsraums nimmt also exponentiell mit der Zahl der Qubits zu. Das ist der Hauptgrund für die Leistungsfähigkeit von Quantencomputern.

Matrixnotation: Während das Tensorprodukt in der Dirac-Notation auf recht natürliche Weise darstellbar ist, erweist es sich in der Matrixdarstellung als sperriger. Wir bleiben beim Beispiel des Zwei-Qubit-Zustands. Aus zwei zweidimensionalen Zustandsvektoren (a, b) und (c, d) soll ein vierdimensionaler konstruiert werden. Das geschieht in der folgenden Weise:

$$\begin{pmatrix} a \\ b \end{pmatrix} \otimes \begin{pmatrix} c \\ d \end{pmatrix} = \begin{pmatrix} a \cdot \begin{pmatrix} c \\ d \end{pmatrix} \\ b \cdot \begin{pmatrix} c \\ d \end{pmatrix} \end{pmatrix} = \begin{pmatrix} ac \\ ad \\ bc \\ bd \end{pmatrix}. \tag{3.81}$$

In dieser Darstellung lauten die vier Basisvektoren für ein Zwei-Qubit-System:

$$|00\rangle = \begin{pmatrix} 1 \\ 0 \\ 0 \\ 0 \end{pmatrix}, \quad |01\rangle = \begin{pmatrix} 0 \\ 1 \\ 0 \\ 0 \end{pmatrix}, \quad |10\rangle = \begin{pmatrix} 0 \\ 0 \\ 1 \\ 0 \end{pmatrix}, \quad |11\rangle = \begin{pmatrix} 0 \\ 0 \\ 0 \\ 1 \end{pmatrix}. \tag{3.82}$$

Systeme aus ununterscheidbaren Quantenobjekten

Bisher haben wir angenommen, dass die Quantenobjekte im betrachteten System individuell unterscheidbar sind, beispielsweise durch eine definierte räumliche Position. Ist das nicht der Fall, gelten andere Regeln. In einem Heliumatom gibt es zum Beispiel zwei Elektronen, die sich auf keine Weise unterscheiden lassen. Das ist nicht einfach ein praktisches Problem (in der Art, dass es uns experimentell nicht gelingt, eine Markierung an den Elektronen anzubringen), sondern ein neues grundsätzliches Prinzip der Quantenphysik: Systeme aus mehreren gleichartigen Elementarteilchen, die nicht z. B. durch räumliche Trennung unterscheidbar gemacht werden, müssen als ununterscheidbare Quantenobjekte behandelt werden.

Was das im Formalismus bedeutet, hängt von der Art der Teilchen ab. Man unterscheidet *Fermionen*, deren Spin ein halbzahliges Vielfaches der planckschen Konstante $\hbar$ beträgt und *Bosonen* mit ganzzahligem Spin. Elektronen, Protonen und Neutronen sind Fermionen, Photonen sind Bosonen. Die Regel für die Konstruktion von Zustände für ununterscheidbare Quantenobjekte lautet: Bosonen haben Wellenfunktionen, die

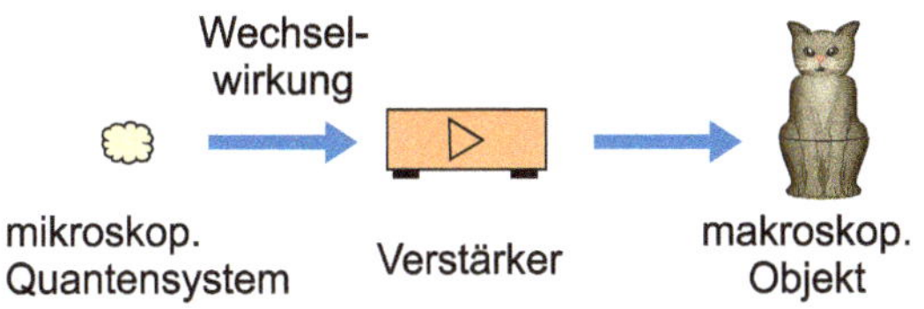

Abb. 3.19: Das im Katzenparadoxon aufgezeigte Schema zur Erzeugung makroskopischer Überlagerungszustände.

bei formaler Vertauschung der beiden Teilchen unverändert bleiben, bei Fermionen ändert sich das Vorzeichen:

$$\psi(\vec{r}_1, \vec{r}_2) = \pm\psi(\vec{r}_2, \vec{r}_1). \tag{3.83}$$

Dabei gilt das obere Vorzeichen für Bosonen und das untere für Fermionen. Der Unterschied erscheint nicht dramatisch, aber das täuscht. Für Fermionen folgt daraus das *Pauli-Prinzip* (zwei Elektronen können niemals im exakt gleichen Quantenzustand sein), das grundlegend für die Atomphysik ist. Für Bosonen impliziert die Bedingung umgekehrt, dass sie zum „Klumpen" im gleichen Quantenzustand neigen, was Phänomene wie Supraleitung, Bose-Einstein-Kondensation oder das Funktionsprinzip des Lasers zur Folge hat.

3.10 Dekohärenz und Schrödingers Katze

Ganz besondere Probleme im Verständnis der Quantenphysik wirft das so unscheinbar lautende Superpositionsprinzip (3.6) auf: Wenn $|\psi_1\rangle$ und $|\psi_2\rangle$ physikalisch mögliche Zustände eines Quantensystems sind, dann sind auch alle Überlagerungszustände

$$|\psi\rangle = \alpha\,|\psi_1\rangle + \beta\,|\psi_2\rangle \tag{3.84}$$

physikalisch mögliche Zustände des Systems. Das Superpositionsprinzip ist eines der grundlegenden Postulate der Quantenphysik und wird als universell gültig angesehen. Im Doppelspaltexperiment und beim Mach-Zehnder-Interferometer haben wir Beispiele dafür gesehen, wie Superposition zu Interferenz führt und wie Überlagerungszustände anhand des Auftretens von Interferenz nachgewiesen werden können.

Das Katzenparadoxon
Akzeptiert man die universelle Gültigkeit des Superpositionsprinzips, dann gerät man in ernsthafte Erklärungsnotstände. Denn warum gelingt es, Überlagerungszustände von mikroskopischen Objekten zu beobachten, aber niemals von makroskopischen

Katzenfigur intakt   Katzenfigur zerbrochen
Zustand $|+\rangle$ Zustand $|-\rangle$

Abb. 3.20: Intakte und zerbrochene Katzenfigur als makroskopischer Gegenstand in Schrödingers Katzenparadoxon.

Körpern? Das Superpositionsprinzip sollte auch für sie gelten, und es sollten Überlagerungszustände von Bällen, Steinen, Fahrrädern und allen möglichen anderen Gegenständen in unserer Umgebung existieren. Besonders eindrücklich hat Schrödinger 1935 auf dieses Problem hingewiesen und mit seinem Katzenparadoxon einen möglichen Einwand bereits entkräftet: Es könnte ja sein, dass die Überlagerungszustände makroskopischer Körper zwar prinzipiell existieren, aber so schwierig herzustellen sind, dass es in der Praxis niemals gelingt. Mit dem Katzenparadoxon gibt er eine prinzipielle Anleitung zu ihrer Herstellung [28]:

> Man kann auch ganz burleske Fälle konstruieren. Eine Katze wird in eine Stahlkammer gesperrt, zusammen mit folgender Höllenmaschine (die man gegen den direkten Zugriff der Katze sichern muss): In einem Geigerschen Zählrohr befindet sich eine winzige Menge radioaktiver Substanz, so wenig, dass im Lauf einer Stunde vielleicht eines von den Atomen zerfällt, ebenso wahrscheinlich aber auch keines; geschieht es, so spricht das Zählrohr an und betätigt über ein Relais ein Hämmerchen, das ein Kölbchen mit Blausäure zertrümmert. Hat man dieses ganze System eine Stunde lang sich selbst überlassen, so wird man sich sagen, dass die Katze noch lebt, wenn inzwischen kein Atom zerfallen ist. Der erste Atomzerfall würde sie vergiftet haben. Die ψ-Funktion des ganzen Systems würde das so zum Ausdruck bringen, dass in ihr die lebende und die tote Katze zu gleichen Teilen gemischt oder verschmiert sind.

Das von Schrödinger aufgezeigte Schema zur Erzeugung von Überlagerungszuständen für makroskopische Körper ist in Abb. 3.19 gezeigt: Ein mikroskopisches Quantenobjekt, bei dem wir kontrolliert Überlagerungszustände erzeugen können, wechselwirkt mit einem Verstärkungsmechanismus und überträgt auf diese Weise die Überlagerung auf ein makroskopisches Objekt.

Dass Schrödinger für sein Gedankenexperiment ein lebendes Objekt gewählt hat, ist zwar spektakulär, aber für das Verständnis eher hinderlich. Bei jeder Diskussion des Katzenparadoxons stößt man sehr schnell auf die Frage, wie denn die biologischen Zustände „lebendig" und „tot" physikalisch zu charakterisieren sind. Sie ist sehr schwer zu beantworten, aber für die Frage nach den Überlagerungszuständen makroskopischer Körper auch ganz irrelevant. Ebenso gut können wir wie in Abb. 3.20 eine Katzenfigur betrachten, die vom Hämmerchen zerschlagen wird oder nicht.

Überlagerungszustände und statistische Gemische

Eine Frage, die in der Debatte um Schrödingers Katze kaum jemals gestellt wird: Woran würden wir denn einen Überlagerungszustand aus intakter und zerbrochener Katzenfigur überhaupt erkennen? Gibt es Messungen, die den Überlagerungszustand von „klassisch intakten" und „klassisch zerbrochenen" Figuren unterscheiden könnten?

Wir haben diese Frage bereits im Zusammenhang mit dem Doppelspaltexperiment beantwortet. Auf S. 48 haben wir „Entweder-Oder-Zustände" (linker Spalt oder rechter Spalt) und Überlagerungszustände diskutiert. Der experimentelle Unterschied bestand im Auftreten von Interferenz. So auch hier: Überlagerungszustände können experimentell durch das Auftreten von Interferenz nachgewiesen werden.

Mit zunehmend verfeinerten Techniken gelingt es, Interferenz von immer größeren Objekten zu zeigen. Das oben besprochene Interferenzexperiment mit ganzen Heliumatomen war 1991 ein wichtiger Durchbruch. Im Jahr 1999 erregte die Interferenz von C_{60}-Molekülen großes Aufsehen. Das Rennen geht immer weiter: 2019 gelang es in der Gruppe von Arndt in Wien, große organische Moleküle aus mehr als 2000 Atomen zur Interferenz zu bringen [29]. Die Masse der Moleküle betrug etwa 25.000 atomare Masseneinheiten. Die Fortschritte zeigen: Überlagerungszustände von großen Objekten sind nicht ausgeschlossen. Es ist aber eine enorme experimentelle Herausforderung, sie anhand von Interferenzerscheinungen nachzuweisen.

Im Formalismus unterscheidet man quantenmechanische Überlagerungszustände von statistischen Gemischen – das sind die „Entweder-Oder-Zustände", bei denen jede Katzenfigur die Eigenschaft „intakt" oder „zerbrochen" tatsächlich besitzt. Wir betrachten die Messung einer Observablen D an einem Ensemble von Katzenfiguren. Die Aufgabe besteht darin, herauszufinden ob es sich um ein klassisches statistisches Gemisch oder um einen quantenmechanischen Überlagerungszustand handelt.

Für ein statistisches Gemisch ist die klassische mathematische Definition des Mittelwerts von D:

$$\langle D \rangle = \frac{N_+}{N} \cdot D_+ + \frac{N_-}{N} \cdot D_-. \tag{3.85}$$

Dabei sind $\frac{N_+}{N}$ und $\frac{N_-}{N}$ die relativen Häufigkeiten der intakten bzw. zerbrochenen Katzenfiguren im Ensemble. D_+ und D_- sind die Werte der Observablen D im jeweiligen Zustand. Zur Veranschaulichung kann man sich für D die Höhe der Katzennase über dem Boden vorstellen, auch wenn das sicherlich kein realistisches Beispiel ist.

Für den quantenmechanischen Überlagerungszustand $|\psi\rangle = \alpha\,|+\rangle + \beta\,|-\rangle$ aus intakter und zerbrochener Katzenfigur wird der Erwartungswert von D nach Gl. (3.60) mit $\langle D \rangle = \langle \psi | D | \psi \rangle$ berechnet. Nach Ausmultiplizieren der Terme ergibt sich:

$$\langle D \rangle = |\alpha|^2 \, \langle +|D|+\rangle + |\beta|^2 \, \langle -|D|-\rangle$$
$$+ \alpha^* \beta \, \langle +|D|-\rangle + \alpha\beta^* \, \langle -|D|+\rangle . \tag{3.86}$$

Die Terme in der ersten Zeile entsprechen strukturell der klassischen Formel (3.85); sie sind als klassischer Mittelwert mit den Wahrscheinlichkeiten (d. h. relativen Häufigkeiten) $|\alpha|^2$ und $|\beta|^2$ interpretierbar. Die Abweichung vom klassischen Mittelwert sind die Kreuzterme in der zweiten Zeile, die das Auftreten von Interferenz anzeigen. Die experimentelle Herausforderung besteht darin, die Observable D so zu wählen, dass bei Variation eines geeigneten Parameters diese Interferenzterme möglichst gut nachzuweisen sind.

Dekohärenz: der Einfluss der natürlichen Umgebung

Die Theorie der Dekohärenz begründet, weshalb es tatsächlich so schwierig ist, quantenmechanische Interferenzerscheinungen an makroskopischen Körpern zu beobachten. Ihr Ausgangspunkt ist die Feststellung, dass in Wirklichkeit ein makroskopisches Objekt nie ganz isoliert ist, sondern immer mit seiner *natürlichen Umgebung* wechselwirkt, die eine große Zahl von Freiheitsgraden besitzt. Diese Umgebung kann zum Beispiel die allgegenwärtige Wärmestrahlung sein, deren Photonenverteilung durch die Plancksche Formel bestimmt ist. Andere Beispiele sind die Wechselwirkung mit den umgebenden Gasmolekülen oder das gewöhnliche Licht, mit dem makroskopische Körper üblicherweise stark wechselwirken (denn man kann sie sehen).

Diese Wechselwirkung mit der Umgebung führt dazu, dass das für sich allein genommene Objekt seine quantenmechanische Kohärenz im Lauf der Zeit verliert, weil es Korrelationen mit seiner Umgebung aufbaut. Diesen Prozess nennt man *Dekohärenz* (vgl. S. 52). Auf die Wichtigkeit der natürlichen Umgebung hat als einer der ersten Zeh [30] hingewiesen; die Theorie wurde später von Zurek [31] und anderen weiterentwickelt.

Um das Argument zu erläutern, ordnen wir der Umgebung der Katzenfigur formal den Zustand $|U\rangle$ zu – einen Zustand, den wir weder kennen noch kontrollieren können, weil er größenordnungsmäßig 10^{23} Gasmoleküle beschreibt, sowie unzählige Photonen im sichtbaren und im Infrarotbereich. Die Umgebung hat sehr viele Freiheitsgrade, die mit der Katzenfigur in Wechselwirkung treten; ihr Zustand ist das Tensorprodukt aller Gas- und Photonenzustände:

$$|U\rangle = |\text{Gas}\rangle_1 \cdot |\text{Gas}\rangle_2 \cdots |\text{Gas}\rangle_{10^{23}} \cdot |\text{Photon}\rangle_1 \cdots |\text{Photon}\rangle_N. \qquad (3.87)$$

Entscheidend für das Argument ist, dass die zerbrochene Katzenfigur die Umgebung auf *andere* Weise beeinflusst als die intakte (Abb. 3.21): Sie streut das Licht auf andere Weise, Gasmoleküle stoßen an anderen Stellen auf Oberflächen und werden anders abgelenkt. Schon nach extrem kurzer Wechselwirkungszeit ist die zerbrochene Katzenfigur auf andere Weise mit der Umgebung korreliert als die intakte. Formal zeigt sich das im Zustand des Gesamtsystems aus Katzenfigur und Umgebung, der die folgende Gestalt annimmt:

$$|\psi\rangle = \alpha\,|+\rangle\,|U_+\rangle + \beta\,|-\rangle\,|U_-\rangle. \qquad (3.88)$$

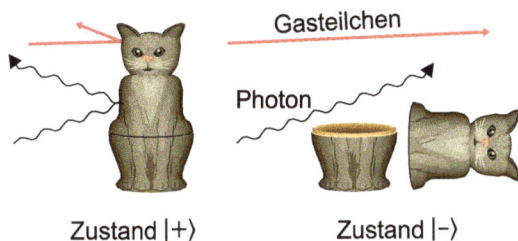

Zustand $|+\rangle$ Zustand $|-\rangle$

Abb. 3.21: Die zerbrochene Katzenfigur beeinflusst die Umgebung (Photonen und Gasteilchen) auf andere Weise als die intakte.

Die Korrelation zwischen Katzenfigur und Umgebung drückt sich darin aus, dass zu $|+\rangle$ ein anderer Umgebungszustand gehört als zu $|-\rangle$. Der Zustand (3.88) lässt sich nicht mehr als Produkt (Zustand der Katze) · (Zustand der Umgebung) schreiben: Katze und Umgebung sind *verschränkt* – ein Begriff, der von Schrödinger in diesem Zusammenhang geprägt wurde und der in der modernen Quantenphysik eine enorme Bedeutung gewonnen hat (vgl. Abschnitt 3.14).

Wir betrachten nun wieder Messungen der Katzenfigur-Observablen D (die nur auf die Zustände der Katzenfigur, aber nicht auf die Zustände der Umgebung wirkt). Analog zu Gl. (3.86) erhalten wir:

$$\langle D \rangle = |\alpha|^2 \langle +|D|+\rangle \underbrace{\langle U_+|U_+\rangle}_{=1} + |\beta|^2 \langle -|D|-\rangle \underbrace{\langle U_-|U_-\rangle}_{=1}$$

$$+ \alpha^* \beta \langle +|D|-\rangle \underbrace{\langle U_+|U_-\rangle}_{\approx 0} + \alpha\beta^* \langle -|D|+\rangle \underbrace{\langle U_-|U_+\rangle}_{\approx 0} . \tag{3.89}$$

Die Skalarprodukte der Umgebungszustände in der ersten Zeile haben den Wert 1, weil die Vektoren so normiert sind. Interessanter sind die Skalarprodukte in der zweiten Zeile, die in exzellenter Näherung den Wert null ergeben, so dass insgesamt:

$$\langle D \rangle \approx |\alpha|^2 \langle +|D|+\rangle + |\beta|^2 \langle -|D|-\rangle . \tag{3.90}$$

Die Interferenzterme verschwinden, weil wir annehmen können, dass die Umgebungszustände $|U_+\rangle$ und $|U_-\rangle$ orthogonal sind. Das Ergebnis (3.90) hat die Gestalt des klassischen Mittelwerts (3.85), der beim statistischen Gemisch aus zerbrochenen und intakten Katzenfiguren auftritt. Dieses Nicht-Auftreten von Interferenz aufgrund der Wechselwirkung eines makroskopischen Körpers mit seiner Umgebung wird als Dekohärenz bezeichnet.

Wieso ist die Annahme gerechtfertigt, dass die Umgebungszustände $|U_+\rangle$ und $|U_-\rangle$ orthogonal sind? Es handelt sich um ein Produkt von unzähligen Termen, die alle betragsmäßig alle ≤ 1 sind. Falls nur einer der Faktoren null ist, falls also nur eines der Gasmoleküle oder Photonen von der intakten Figur völlig anders gestreut wird als von der zerbrochenen, ist das gesamte Produkt gleich null. Selbst wenn dies nicht der Fall ist: Wenn sich jeder der Faktoren in den beiden Fällen nur ganz geringfügig unterscheidet, wird das Produkt wegen der schieren Anzahl an Faktoren faktisch null. Zur Veranschaulichung der Größenordnung: Es gilt $(0,999)^{10^{23}} \approx e^{-10^{20}}$, eine unvorstellbar kleine Zahl. Der Mechanismus der Dekohärenz ist so effektiv, dass auch die Zeitskalen, auf denen die Interferenzfähigkeit zerstört wird, außerordentlich kurz sind. Abschätzungen mit einfachen Modellen ergeben Dekohärenzzeiten von typischerweise 10^{-30} s.

> Die Theorie der *Dekohärenz* beschreibt, wie makroskopische Objekte durch die unkontrollierte Wechselwirkung mit ihrer Umgebung ihre Interferenzfähigkeit verlieren und dadurch „effektiv klassisch" werden.

Schrödingers Frage, warum keine Überlagerungszustände bei makroskopischen Körpern auftreten, wird somit durch die Dekohärenz beantwortet: Makroskopische Körper erscheinen klassisch, weil man sie nicht von ihrer Umgebung isolieren kann. Die Wechselwirkung mit der Umgebung zerstört die Interferenzfähigkeit. Die Katzenfigur ist intakt oder zerbrochen; Überlagerungen oder Interferenzerscheinungen können nicht nachgewiesen werden.

ℹ️ Für den Bau eines Quantencomputers sind das schlechte Nachrichten. Denn die Funktionsweise von Quantencomputern beruht wesentlich auf Überlagerungszuständen und Interferenz zwischen den verschiedenen Qubits. Ein funktionierender Quantencomputer mit 50 Qubits ist also ein makroskopischer Quantenzustand in der Art von Schrödingers Katze, der noch dazu in allen Details vollständig kontrolliert werden muss. Um Dekohärenz möglichst zu unterdrücken, kommen für seine Realisierung nur Systeme in Frage, die gut von ihrer Umgebung isoliert werden können. Zur Abschirmung gegen Gasmoleküle und Infrarot-Photonen helfen Vakuum und tiefe Temperaturen. Besonders geeignet sind Systeme, die auf natürliche Weise „immun" gegen bestimmte äußere Einflüsse sind, z. B. Ionen gegen Infrarot-Photonen.

ℹ️ Wir haben gesehen, dass prinzipiell die Streuung eines einzelnen Gasmoleküls oder Photons in Zustände, die für die beiden Alternativen orthogonal sind, ausreicht, um die Interferenz durch Dekohärenz zu verhindern. Das ist der physikalische Hintergrund des Kriteriums zum Auftreten von Interferenz beim Komplementaritätsprinzip (Grundregel 4). Auf S. 51 wurde es wie folgt ausgedrückt:

„Um das Auftreten von Interferenz zu verhindern, reicht es aus, wenn die Quantenobjekte irgendwo in der Umgebung eine Spur hinterlassen, an der man im Prinzip ablesen könnte, welche der klassischen Alternativen realisiert wurde."

Das ist die qualitative Formulierung des Auftretens von Dekohärenz. In dieser Fassung wird sie von einer Aussage über physikalische Wechselwirkungsprozesse zu einem informationstheoretischen Kriterium: Die Interferenzfähigkeit geht verloren, wenn Information über den Zustand des Systems in die Umgebung entweicht. In qualitativen Argumentationen wird die Grundregel dadurch zu einem mächtigen und leicht handhabbaren Werkzeug.

3.11 Der Dichtematrix-Formalismus

Normalerweise beschreibt man den Zustand eines quantenmechanischen Systems durch den Zustandsvektor $|\psi\rangle$. Er enthält die vollständige Information über das System, die man in Übereinstimmung mit den quantenmechanischen Unbestimmtheitsrelationen erlangen kann. Um diese Information zu erhalten, muss man Messungen an einem vollständigen Satz kommutierender Observablen (deren Eigenzustände den Zustandsraum vollständig aufspannen) durchführen oder eine entsprechende Präparation vornehmen.

Vollständig und unvollständig bekannte Systeme

Wie beschreibt man das System, wenn diese maximale Information nicht zur Verfügung steht? Zum Beispiel könnte man die räumlichen Freiheitsgrade eines Ensembles von Photonen vollständig charakterisiert haben, nicht aber die Polarisation. Es ist dann keine Aussage möglich, welchen der Polarisationszustände $|H\rangle$ oder $|V\rangle$ (oder der entsprechenden Überlagerungszustände) man dem Ensemble zuschreiben soll. Es liegt eine subjektive Unkenntnis der experimentellen Situation vor, d. h. es wurden nicht alle Möglichkeiten zur Präparation genutzt, die mit den Unbestimmtheitsrelationen kompatibel sind. Kurz ausgedrückt: Es gibt *unkontrollierte Freiheitsgrade*.

Das Auftreten von subjektiver Unkenntnis oder unkontrollierten Freiheitsgraden ist das Merkmal eines *statistischen Gemischs* – ein Begriff, den wir auf S. 89 bereits benutzt haben, um ihn von den *reinen Zuständen* abzugrenzen. Reine Zustände sind durch vollständige Information und Ausnutzen aller Präparationsmöglichkeiten charakterisiert. Sie sind durch Zustandsvektoren darstellbar. Zur Beschreibung von statistischen Gemischen muss der Formalismus verallgemeinert werden; man geht zum *Dichtematrix*-Formalismus über, mit dem die subjektive Unkenntnis statistisch erfasst werden kann.

Die Dichtematrix

Im Beispiel der Photonenpolarisation können wir für die Zustände $|H\rangle$ und $|V\rangle$ nur Wahrscheinlichkeiten angeben: p_H für $|H\rangle$ und p_V für $|V\rangle$. Bei vollständiger Unkenntnis der Polarisation sind p_H und p_V gleich groß, daher $p_H = p_V = \frac{1}{2}$. Man spricht dann von *unpolarisiertem Licht*.

Um den Mittelwert einer beliebigen Observablen A für ein statistisches Gemisch zu berechnen, geht man (wie in Gl. (3.85) oder Gl. (3.90)) nach den Regeln der klassischen Wahrscheinlichkeitsrechnung vor und bildet die mit den Wahrscheinlichkeiten p_H und p_V gewichtete Summe der (quantenmechanischen) Einzelmittelwerte:

$$\langle A\rangle_{\text{Gemisch}} = p_H \langle H|A|H\rangle + p_V \langle V|A|V\rangle. \tag{3.91}$$

Eine elegante Beschreibung für dieses Vorgehen erhält man durch Einführen der *Dichtematrix ρ*:

$$\rho = \begin{pmatrix} p_H & 0 \\ 0 & p_V \end{pmatrix} = p_H |H\rangle\langle H| + p_V |V\rangle\langle V|. \tag{3.92}$$

Mit ihrer Hilfe kann man den Mittelwert (3.91) berechnen, indem man die beiden Matrizen ρ und A multipliziert und die Spur (Tr = trace) der Produktmatrix $\rho \cdot A$ bildet (d. h. ihre Diagonalelemente addiert):

$$\langle A\rangle = \mathrm{Tr}(\rho \cdot A) = (\rho \cdot A)_{HH} + (\rho \cdot A)_{VV}. \tag{3.93}$$

Interpretation der Dichtematrix

Für das Verständnis der Dichtematrix ist es entscheidend, sich die beiden Wahrscheinlichkeitskonzepte klarzumachen, die dabei nebeneinander auftreten: zum einen die der Quantenmechanik inhärente Wahrscheinlichkeitsinterpretation, die nur probabilistische Aussagen für das Ergebnis von Messungen zulässt und durch zusätzliche Messungen nicht zu überwinden ist, zum anderen sind wir durch unsere subjektive Unkenntnis, die durch zusätzliche Messungen zu beseitigen wäre, dazu gezwungen, auf statistische Methoden zurückzugreifen.

Der Unterschied lässt sich am besten verdeutlichen, wenn wir die Dichtematrix

$$\rho = \begin{pmatrix} p_H & 0 \\ 0 & p_V \end{pmatrix} \tag{3.94}$$

für ein statistisches Gemisch der beiden Zustände $|H\rangle$ und $|V\rangle$ vergleichen mit derjenigen des reinen Zustandes $|\psi\rangle = \alpha |H\rangle + \beta |V\rangle$, der eine kohärente Überlagerung von $|H\rangle$ und $|V\rangle$ darstellt. Die Dichtematrix für einen reinen Zustand $|\psi\rangle$ ist generell durch

$$\rho' = |\psi\rangle\langle\psi| \tag{3.95}$$

gegeben, und nach Einsetzen von $|\psi\rangle = \alpha |H\rangle + \beta |V\rangle$ ergibt sich:

$$\rho' = \begin{pmatrix} |\alpha|^2 & \alpha\beta^* \\ \alpha^*\beta & |\beta|^2 \end{pmatrix}. \tag{3.96}$$

Man sieht, dass in der Dichtematrix (3.96) des reinen Zustands Außerdiagonalelemente auftreten, die in Gl. (3.94) Null sind. Sie sind für die Interferenzfähigkeit zwischen $|H\rangle$ und $|V\rangle$ verantwortlich. Das erkennt man, wenn man den Mittelwert (3.93) einer Observablen A für die beiden Dichtematrizen (3.94) und (3.96) bildet:

$$\langle A\rangle_{\text{Gemisch}} = \mathrm{Tr}(\rho A) = p_H \langle H|A|H\rangle + p_V \langle V|A|V\rangle,$$

$$\langle A\rangle_{\text{rein}} = \mathrm{Tr}(\rho' A) = |\alpha|^2 \langle H|A|H\rangle + |\beta|^2 \langle V|A|V\rangle + \alpha^*\beta \langle H|A|V\rangle + \alpha\beta^* \langle V|A|H\rangle.$$

Die beiden Ausdrücke unterscheiden sich gerade durch die Interferenzterme zwischen $|H\rangle$ und $|V\rangle$, die wir schon aus Gl. (3.86) kennen. Sie kommen mathematisch durch die Außerdiagonalelemente der Dichtematrix (3.96) zustande.

Unpolarisiertes Licht

Die Dichtematrix für unpolarisiertes Licht, ausgedrückt in der H/V-Basis ist durch die normierte Einheitsmatrix gegeben (Gl. (3.94) mit $(p_H = p_V = \frac{1}{2})$). Es stellt sich die Frage: Wenn man keine Information über den Polarisationszustand des Lichts besitzt, wieso kann man dann sagen, dass der Zustand gleichmäßig aus den Zuständen $|H\rangle$ und $|V\rangle$ zusammengemischt ist und nicht etwa aus den alternativen Basiszuständen $|+\rangle$ und $|-\rangle$?

Die Antwort ist, dass man das keineswegs weiß. Die Dichtematrix in der +/−-Basis (und jeder anderen Basis) ist nämlich genau die gleiche wie in der H/V-Basis. Unabhängig von der Basis, in der man sie ausdrückt, ist die Dichtematrix für unpolarisiertes Licht die normierte Einheitsmatrix. Für die logische Konsistenz des Formalismus ist das zu begrüßen. Es bedeutet aber auch, dass unpolarisiertes Licht, das (wie auch immer) inkohärent aus H/V-Zuständen zusammengemischt wurde, experimentell auf keine Weise von unpolarisiertem Licht zu unterscheiden ist, das inkohärent aus +/−-Zuständen zusammengemischt wurde – ein Ergebnis, das zu längerem Nachdenken einlädt.

Quantenmechanische Beschreibung eines Teilsystems

Eine Stärke des Dichtematrix-Formalismus ist, dass er die Betrachtung von *Teilsystemen* ermöglicht – insbesondere im Bereich der Quanteninformation ist dies oft nötig. Wir betrachten ein gekoppeltes System, das aus zwei Teilsystemen 1 und 2 besteht. Wir nehmen an, dass das Gesamtsystem durch einen reinen Zustand beschrieben wird. Nach Gl. (3.78) lässt sich sein Zustandsvektor aus den Tensorprodukten der Teilsystem-Basisvektoren zusammensetzen:

$$|\psi\rangle = \sum_{ij} c_{ij} |a_i\rangle_1 |b_j\rangle_2. \tag{3.97}$$

Wenn die beiden Systeme in Wechselwirkung stehen, ist es im allgemeinen nicht möglich, jedem Teilsystem einen eigenen Zustandsvektor zuzuschreiben. Die Korrelationen, die durch die Wechselwirkung zwischen 1 und 2 aufgebaut werden, führen dazu, dass die beiden Teilsysteme nicht unabhängig voneinander sind. Der Zustand von System 1 hängt also von dem Zustand von 2 ab und umgekehrt, genau wie in Gl. (3.88). Die beiden Systeme sind dann *verschränkt*.

Wenn es auch nicht möglich ist, einen Zustandsvektor zur Beschreibung von Teilsystem 1 allein anzugeben, so kann man doch eine Größe einführen, die das Gleiche leistet: die *reduzierte Dichtematrix* ρ_{red}, die man aus dem Gesamtzustand (3.97) durch Spurbildung über die Freiheitsgrade von Teilsystem 2 erhält:

$$\rho_{\text{red}} = \text{Tr}_2(|\psi\rangle\langle\psi|) = \sum_k {}_2\langle b_k|\psi\rangle\langle\psi|b_k\rangle_2, \tag{3.98}$$

wobei sich die Summe über ein vollständiges System von Zuständen des Teilsystems 2 erstreckt. Wegen der Spur über Teilsystem 2 wirkt ρ_{red} allein im Zustandsraum von Teilsystem 1. Dort erfüllt die reduzierte Dichtematrix ihre Aufgabe vollständig: Beschränkt man sich auf Observablen A_1, die sich nur auf Teilsystem 1 beziehen, erlaubt sie die Berechnung aller Mittelwerte derart, als ob nur Teilsystem 1 in Isolation vorhanden wäre und die Dichtematrix ρ_{red} besäße – das heißt mit Gl. (3.93) und Spurbildung über Teilsystem 1:

$$\langle A_1 \rangle = \mathrm{Tr}_1(\rho_{red} \cdot A_1). \tag{3.99}$$

Man erhält so die gleichen Werte wie mit dem vollen Zustandsvektor (3.97) und Spurbildung über beide Teilsysteme: $\langle A_1 \rangle = \mathrm{Tr}_{1,2}(|\psi\rangle\langle\psi| A_1)$.

Die formalen Unterschiede, die sich in der theoretischen Beschreibung eines Quantenobjekts durch einen reinen Zustand $|\psi\rangle$ einerseits und die reduzierte Dichtematrix ρ_{red} andererseits äußern, haben einen relevanten physikalischen Hintergrund. Der reine Zustand beschreibt ein in sich *abgeschlossenes System*, das sich ungestört von äußeren Einflüssen entwickeln kann. Dagegen bezieht sich die reduzierte Dichtematrix auf ein ständig mit seiner Umgebung wechselwirkendes *offenes Teilsystem* eines größeren Gesamtsystems.

---

i **Beschreibung der Dekohärenz mit dem Dichtematrix-Formalismus**

Der Dichtematrix-Formalismus ist das angemessene Mittel zum Beschreiben der Dekohärenz, denn die Umgebung des betrachteten Quantensystems ist gerade ein Teilsystem, dessen viele Freiheitsgrade wir nicht kennen und nicht kontrollieren können. Wir hatten in Gl. (3.88) für den Zustand des Gesamtsystems aus Quantensystem plus Umgebung geschrieben:

$$|\psi\rangle = \alpha\,|+\rangle\,|U_+\rangle + \beta\,|-\rangle\,|U_-\rangle\,. \tag{3.100}$$

Im Dichtematrix-Formalismus ordnen wir dem für sich genommenen Quantensystem eine reduzierte Dichtematrix zu, die durch aus Gl. (3.100) durch Spurbildung über die Umgebungsvariablen hervorgeht:

$$\rho_{red} = \mathrm{Tr}_{Umgebung}(|\psi\rangle\langle\psi|) = \sum_i \langle U_i|\psi\rangle\,\langle\psi|U_i\rangle\,, \tag{3.101}$$

wobei sich die Summe über ein vollständiges System von Umgebungszuständen $|U_i\rangle$ erstreckt. Für alle Messungen, die nur am Quantensystem durchgeführt werden, liefert die reduzierte Dichtematrix die gleichen Werte wie der vollständige Zustand (3.100).

Die Spurbildung in (3.101) entspricht einer Mittelung über die unkontrollierbaren und unbeobachtbaren Freiheitsgrade der Umgebung, deren Einflüssen das System ausgesetzt ist. Werten wir die reduzierte Dichtematrix (3.101) für den Zustand (3.100) aus und benutzen, dass nach dem oben Gesagten die zu den Objektzuständen $|+\rangle$ und $|-\rangle$ gehörigen Umgebungszustände in sehr guter Näherung orthogonal sind ($\langle U_+|U_-\rangle \approx 0$), so finden wir:

$$\rho_{red} = |\alpha|^2\,|+\rangle\,\langle+| + |\beta|^2\,|-\rangle\,\langle-| = \begin{pmatrix} |\alpha|^2 & 0 \\ 0 & |\beta|^2 \end{pmatrix}. \tag{3.102}$$

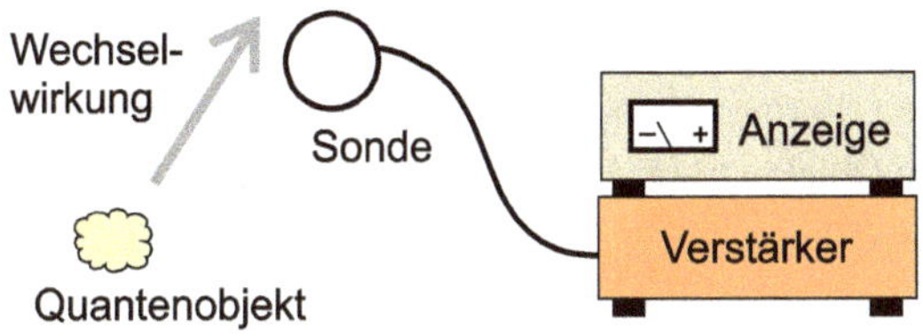

Abb. 3.22: Schema eines quantenmechanischen Messprozesses.

Die reduzierte Dichtematrix ist diagonal in der +/−-Basis. Man erkennt in dieser Darstellung also schon am Verschwinden der Außerdiagonalelemente, dass die Interferenzfähigkeit effektiv verloren gegangen ist. Die Dichtematrix ist die gleiche wie (3.92) mit den klassischen Wahrscheinlichkeiten $p_+ = |\alpha|^2$ und $p_- = |\beta|^2$.

3.12 Der quantenmechanische Messprozess

Der Messprozess ist in der Debatte um die Interpretation der Quantenphysik so intensiv diskutiert worden wie kein anderes Thema. Die Bücher und Aufsätze zu diesem Thema füllen viele Regalmeter. Seit die Dekohärenztheorie seit Ende der 1990er Jahre allgemein rezipiert wurde, kann das Thema als weitgehend verstanden gelten und ist daher überwiegend von historischem Interesse. Da man jedoch immer noch viele unzutreffende, veraltete oder verkürzte Darstellungen findet, soll an dieser Stelle darauf eingegangen werden.

Prinzipiell kann man Messungen in der Quantenmechanik durch die beiden Regeln beschreiben, die oben eingeführt wurden: die bornsche Wahrscheinlichkeitsformel und die Forderung, dass die möglichen Messwerte die Eigenwerte der gemessenen Observablen sind. Das ist eine phänomenologische Beschreibung, die für praktische Zwecke ausreichend ist.

Das Messproblem

Man kann jedoch noch einen Schritt weiter gehen und den Vorgang des Messens selbst quantenmechanisch beschreiben. Man bezieht also in einer Theorie der Messung das Messgerät selbst in die quantenmechanische Beschreibung mit ein. Da die Quantenmechanik dem Anspruch nach allgemeingültig ist, sollte sie auch den Vorgang des Messens beschreiben können.

Hier trat nun historisch ein Problem auf, das als „Messproblem der Quantenmechanik" die Gemüter erhitzte. Bei einer Messung tritt ein mikroskopisches Quantenobjekt über eine Sonde mit einem makroskopischen Messgerät in Wechselwirkung (Abb. 3.22). Die Wechselwirkung muss den Zustand des Messgerätes (z. B. die Zeigerstellung) so verändern, dass man an ihm die gewünschte Information über das Objekt ablesen kann. Das ist die Mindestanforderung an eine sinnvolle Messung.

Die Situation ist äquivalent zu Schrödingers Katzenparadoxon. Wie in Abb. 3.19 wird der Zustand des mikroskopischen Quantenobjekts durch einen Verstärkungsprozess mit dem eines makroskopischen Objekts (dem Messgerät) verschränkt. Bezeichnet man die Zustände des mikroskopischen Objekts mit $|+\rangle$ und $|-\rangle$ und die Messgerät-Zustände mit den „Zeigerstellungen" mit $|M_+\rangle$ und $|M_-\rangle$, so befindet sich das System aus Objekt und Messgerät nach der Wechselwirkung im Überlagerungszustand:

$$|\psi\rangle = \alpha\,|+\rangle\,|M_+\rangle + \beta\,|-\rangle\,|M_-\rangle\,. \tag{3.103}$$

Wie es sein muss, sind gemessenes Objekt und Messgerät korreliert: Jedem der Werte + oder – entspricht die dazugehörige Zeigerstellung des Messapparates. In diesem Sinn hat unser Experiment das gewünschte Ziel erreicht.

Von einer Messung erwartet man, dass man anschließend am Zustand des Apparates ablesen kann, welches Resultat sie ergeben hat: Der „Zeiger" muss auf + oder – stehen. Das ist im Zustand (3.103) aber nicht der Fall. Wie im Fall von Schrödingers Katze ist das Messgerät am Ende nicht in einem Zustand $|M_+\rangle$ oder $|M_-\rangle$ mit einer definierten Zeigerstellung, sondern in einem Überlagerungszustand aus beiden. Operational ließe sich die Überlagerung durch Interferenz zwischen den beiden Komponenten des Zustands (3.103) nachweisen – auch wenn es nicht leicht vorstellbar ist, wie ein solches Interferenzexperiment tatsächlich durchzuführen wäre.

Dekohärenz beim Messprozess

Wie im Fall von Schrödingers Katze wird das Problem durch das Einbeziehen der Umgebung gelöst. Die modellhafte Beschreibung durch den Zustand (3.103) ist zu stark idealisiert und führt dadurch zu den beschriebenen Problemen. Eine realistischere Beschreibung des Messprozesses schließt die Umgebung und den Prozess der Dekohärenz mit ein. Analog zu Gl. (3.88) lautet der Zustand des Systems unter Einschluss der Umgebung:

$$|\psi\rangle = \alpha\,|+\rangle\,|M_+\rangle\,|U_+\rangle + \beta\,|-\rangle\,|M_-\rangle\,|U_-\rangle\,, \tag{3.104}$$

und nach Abspuren über die unkontrollierten Umgebungsfreiheitsgrade ergibt sich wie in Gl. (3.102) unter der Annahme von $\langle U_+|U_-\rangle \approx 0$ die reduzierte Dichtematrix:

$$\rho_{\text{red}} = |\alpha|^2\,|+,M_+\rangle\,\langle+,M_+| + |\beta|^2\,|-,M_-\rangle\,\langle-,M_-| = \begin{pmatrix} |\alpha|^2 & 0 \\ 0 & |\beta|^2 \end{pmatrix}. \tag{3.105}$$

Ihre Außerdiagonalelemente sind null; die Interferenzfähigkeit wird durch die Dekohärenz zerstört. Die reduzierte Dichtematrix (3.105) beschreibt ein statistisches Gemisch, ein Ensemble von „effektiv klassischen" Messgeräten, die sich in „Entweder-Oder-Zuständen" mit definierter Zeigerstellung + oder – befinden.

Zustandsreduktion

Was ist der Zustand des gemessenen Objekts *nach* der Messung? Diese Frage lässt sich so pauschal nicht beantworten. Ein Photon wird zum Beispiel beim Nachweis vom Detektor absorbiert. Es wird durch die Messung zerstört. Anders ein Heliumatom im Doppelspaltexperiment von S. 43. Auch wenn es vor der Messung über den gesamten Nachweisbereich delokalisiert ist, wird es bei der Messung an einem bestimmten Ort gefunden. Es landet an einer bestimmten Stelle auf der Detektor-Goldfolie. Dort ist es dann auch weiterhin nachweisbar. Eine zweite Ortsmessung führt zum gleichen Ergebnis wie die erste.

Diese spezielle Art von Messung, bei der eine zweite Messung das Ergebnis der ersten Messung bestätigt, kommt recht häufig vor. Sie wird im Formalismus wie folgt beschrieben: Wir nehmen das Ergebnis der ersten Messung zur Kenntnis und erlangen dadurch neue Information. Mit dieser neuen Information bringen wir unsere Beschreibung des Systems auf den neuesten Stand. Wir schreiben dem System eine neue Dichtematrix zu, in der nur noch der gemessene Wert berücksichtigt wird. Sie „kollabiert" also auf einen einzigen Eintrag. Das ist im Grunde der gleiche Vorgang wie beim Anheben eines Würfelbechers, wenn man das Ergebnis zur Kenntnis nimmt. Es ist ein Vorgang, der nicht in der Wirklichkeit stattfindet, sondern allein unsere Beschreibung der Wirklichkeit betrifft.

Meistens gibt man den Vorgang weniger ausführlich wieder und sagt: Wenn bei einer Messung der Observablen A der Messwert a_i gefunden wurde, dann befindet sich das System nach der Messung in dem zugehörigen Eigenzustand $|a_i\rangle$. Dieser Prozess wird als *Zustandsreduktion* oder *Kollaps der Wellenfunktion* bezeichnet. Hat man sich einmal Rechenschaft über die dahinterliegenden Annahmen und Vorgänge abgelegt, ist das in vielen Fällen eine zutreffende Kurzbeschreibung.

Die obenstehende Beschreibung der Zustandsreduktion setzt voraus, dass der Zustandsvektor bzw. die Dichtematrix theoretische Gebilde sind, die die Wirklichkeit beschreiben, aber selbst keine physikalische Realität besitzen. Die Zustandsreduktion wird dann aufgefasst als „Update" unserer Beschreibung des Systems, sobald wir neue Information darüber erlangen. Ein erkenntnistheoretisches Problem tritt in dieser Interpretation nicht auf.

Häufig wird jedoch die Meinung vertreten, dass dem Zustandsvektor eine unabhängige physikalische Realität zukomme, dass er also „dort draußen" tatsächlich existiere. Dann muss die Zustandsreduktion rätselhaft erscheinen. Wie kann es sein, dass nach einer Messung nur eine Komponente des Zustands übrig bleibt und alle anderen verschwinden? Ein kausaler Mechanismus dafür lässt sich nicht angeben, und das Messproblem bleibt als ein ernsthaftes Problem der Quantenmechanik bestehen. Der radikalste Ausweg aus diesem Dilemma ist Everetts „Viele-Welten-Theorie", die in der populärwissenschaftlichen Literatur gerne aufgegriffen wird. Die Spekulation um die „verschwindenden" Zustandskomponenten ist der Frage verwandt, wohin denn nach einem Aktiencrash das ganze schöne Geld verschwunden ist. Sie macht nur unter der Annahme Sinn, dass es dieses Geld vorher tatsächlich gegeben hat und ist dann sehr schwer zu beantworten.

Für die praktische Anwendung ist die oben beschriebene statistische Interpretation unter Einbeziehung der Dekohärenz am zweckmäßigsten. Sie vermeidet erkenntnistheoretische Probleme, die ohnehin keine experimentellen oder praktischen Auswirkungen haben (noch nie ist ein Experiment daran gescheitert, dass man den quantenmechanischen Messprozess nicht verstanden hätte). Die Argumente für die statistische Interpretation der Quantenphysik werden von Englert in seinem Aufsatz „*On quantum theory*" [32] auf den Punkt gebracht.

Wir fassen abschließend noch einmal zusammen, was sich insgesamt über Messungen in der Quantenmechanik aussagen lässt:

Regeln der quantenmechanischen Messung:
1. Die möglichen Messwerte sind die Eigenwerte der gemessenen Observablen.
2. Einzelne Messergebnisse lassen sich im Allgemeinen nicht vorhersagen. Bei oftmaliger Wiederholung der Messung an einem Ensemble von identisch präparierten Quantenobjekten sind Wahrscheinlichkeitsaussagen möglich. Die Wahrscheinlichkeiten lassen sich mit der bornschen Wahrscheinlichkeitsformel (3.13) ermitteln.
3. Bei einer bestimmten Klasse von Messungen befindet sich das System nach der Messung in dem Eigenzustand der gemessenen Observablen, der zum gefundenen Messwert gehört.

3.13 Die bellsche Ungleichung

Die von John Bell im Jahr 1964 gefundene Ungleichung ist auf Anhieb nicht leicht zu verstehen. Das liegt an ihrem erklärungsbedürftigen erkenntnistheoretischen Status. Sie gilt als eine der wichtigsten Aussagen über die Quantenmechanik – obwohl die Quantenmechanik darin nicht die geringste Rolle spielt. Die bellsche Ungleichung ist eine Aussage über *klassische Alternativtheorien* zur Quantenmechanik. Der Hintergrund für ihre Formulierung lag in dem verbreiteten Unbehagen am probabilistischen Charakter der Quantenmechanik, an der Abkehr vom klassischen Determinismus. Prägnant wurde dieses Unbehagen im Jahr 1926 von Albert Einstein in einem Brief an Max Born formuliert [33]:

> Die Quantenmechanik ist sehr achtunggebietend. Aber eine innere Stimme sagt mir, daß das noch nicht der wahre Jakob ist. Die Theorie liefert viel, aber dem Geheimnis des Alten bringt sie uns kaum näher. Jedenfalls bin ich überzeugt, daß der nicht würfelt.

Einstein spricht hier die Möglichkeit an, dass bestimmte „merkwürdige" Merkmale der Quantenmechanik (probabilistischer Charakter, Nichtbesitzen von Eigenschaften) vielleicht gar nicht die Natur selbst widerspiegeln, sondern nur auf einen Mangel der Theorie hinweisen. Es bestand die Hoffnung auf eine vollständigere Alternativtheorie mit „verborgenen Variablen", die von der Quantenmechanik nicht erfasst werden, und die alle Messergebnisse bereits im Voraus festlegen – insbesondere auch für diejenigen Variablen wie Ort und Impuls oder die Polarisationskomponenten von Licht, denen nach der Quantenmechanik nicht gleichzeitig feste Werte zukommen können.

Bell betrachtet diese erhofften „lokal-realistischen Alternativtheorien" zur Quantenmechanik (von denen mit der bohmschen Mechanik damals bereits eine formuliert war). Er untersucht jedoch nicht eine spezielle dieser Alternativtheorien. Die bellsche

Ungleichung ist eine Aussage über *alle* lokal-realistischen Alternativtheorien, die gewisse Anforderungen erfüllen. Dass etwas Derartiges überhaupt möglich ist, ist ganz bemerkenswert, und es hat lange gedauert, bis die Tragweite der bellschen Ungleichung allgemein rezipiert wurde. In der Entstehungszeit erschien sie jedenfalls nicht besonders beeindruckend. Reinhold Bertlmann, ein enger Weggefährte von John Bell, erinnert sich [34]:

> At CERN, John was a kind of oracle for particle physics, consulted by many colleagues who wanted to get his approval for their ideas. Of course, I had heard that he was also a leading figure in quantum mechanics – specifically, in quantum foundations. But nobody, either at CERN or anywhere else, could actually explain his foundational work to me. The standard answer was, „He discovered some relation whose consequence was that quantum mechanics turned out all right. But we knew that anyway, so don't worry."

Lokal-realistische Alternativtheorien zur Quantenmechanik
Die bellsche Ungleichung benötigt nur sehr wenige und plausibel erscheinende Annahmen über die betrachteten Alternativtheorien zur Quantenmechanik. Sie sollen zwei Anforderungen erfüllen (von denen die Bezeichnung „lokal-realistisch" herrührt):
1. *Realismus:* Quantensysteme werden vollständig durch eine Liste von Parametern (verborgene Variablen) beschrieben, die schon zum Zeitpunkt der Präparation bestimmt sind und die Ergebnisse aller Messungen an Observablen des Systems im Voraus festlegen. Kurz ausgedrückt: Alle Observablen haben bereits vor der Messung feste Werte.
2. *Lokalität:* Wenn das System aus zwei räumlich getrennten Teilsystemen A und B besteht, dann sollen die Ergebnisse von Messungen in A nicht davon abhängen, welche Observablen in B gemessen werden.

Zur Herleitung der bellschen Ungleichung beschreiben wir die einfachste mögliche Situation (Abb. 3.23): Zwei Quantenobjekte 1 und 2, die gemeinsam präpariert werden, danach aber nicht mehr wechselwirken, werden zu zwei räumlich getrennten Beobachtern Alice und Bob mit Messgeräten A und B ausgesandt. Die Messgeräte können wahlweise eine von zwei Observablen α und β (auf Alices Seite) bzw. γ und δ (auf Bobs Seite) messen. Welche der beiden Observablen gemessen wird, kann von Alice und Bob unabhängig voneinander und für jedes einzelne Quantenobjekt von Neuem entschieden werden (angedeutet durch die beiden Schalterstellungen in Abb. 3.23). Der Einfachheit halber nehmen wir an, dass die Observablen nur zwei mögliche Messwerte haben und skalieren sie auf ±1. Relevante Aussagen ergeben sich, wenn für die beiden Observablen eines Beobachters in der Quantenmechanik eine Unbestimmtheitsrelation gilt, wenn sie also komplementär sind (in den Experimenten, die wir später diskutieren wollen, sind es verschiedene Orientierungen von polarisierenden Strahlteilern). Im folgenden Argument wird allerdings auf die Quantenmechanik an

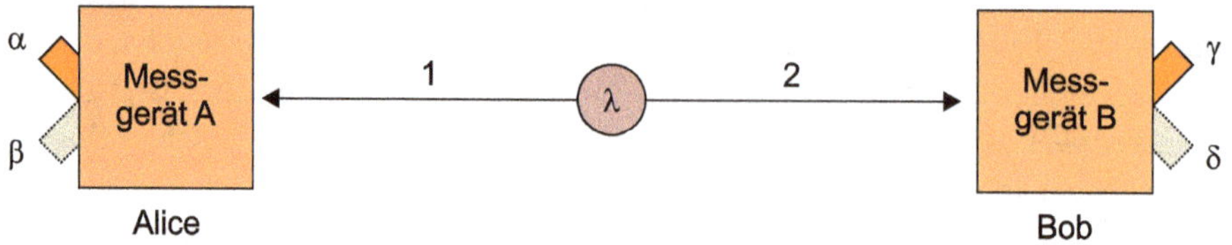

Abb. 3.23: Schematische Darstellung eines Experiments zur Überprüfung der bellschen Ungleichung. Zwei Quantenobjekte werden aus einer gemeinsamen Quelle zu den räumlich getrennten Messgeräten A und B ausgesandt, an denen unabhängig voneinander eingestellt werden kann, welche der beiden möglichen Observablen gemessen wird.

keiner Stelle Bezug genommen; wir haben schon erwähnt, dass die bellsche Ungleichung eine Aussage über mögliche lokal-realistische Alternativtheorien mit verborgenen Parametern ist.

Formulierung der bellschen Ungleichung

Die Eigenschaften des in Abb. 3.23 ausgesandten Paares werden durch einen wie auch immer gearteten Satz von verborgenen Parametern λ beschrieben, der alle zukünftigen Messergebnisse deterministisch bereits im Voraus festlegt. Alle betrachteten Observablen haben also auch unabhängig von einer Messung feste Werte; es sind gewöhnliche Zahlen, die wir in der Rechnung mit A_α, A_β, B_γ und B_δ bezeichnen. Die Notation $A_\alpha = +1$ drückt aus, dass Alice die Variable α gemessen und den Wert $+1$ gefunden hat; während $B_\delta = -1$ bedeutet, dass Bob die Variable δ gemessen hat und sich der Wert -1 ergeben hat. Wir betrachten nun den Ausdruck:

$$A_\alpha \cdot (B_\gamma + B_\delta) + A_\beta \cdot (B_\gamma - B_\delta). \tag{3.106}$$

Da alle auftretenden Variablen nur die Werte $+1$ oder -1 annehmen können, kann bei jeder Messung entweder gelten: $(B_\gamma + B_\delta) = 0$, dann ist $(B_\gamma - B_\delta) = \pm 2$; oder $(B_\gamma - B_\delta) = 0$, dann ist $(B_\gamma + B_\delta) = \pm 2$. In jedem Fall ist der Ausdruck in Gl. (3.106) gleich ± 2, sein Betrag also ≤ 2. Das gilt immer noch, wenn man ausmultipliziert und den Erwartungswert über viele Messungen bildet. Auf diese Weise ergibt sich die *Bell-CHSH-Ungleichung*:

$$|\langle A_\alpha B_\gamma \rangle + \langle A_\alpha B_\delta \rangle + \langle A_\beta B_\gamma \rangle - \langle A_\beta B_\delta \rangle| \leq 2. \tag{3.107}$$

Diese Variante der bellschen Ungleichung geht auf Clauser, Horne, Shimony und Holt (CHSH) zurück [35]. Sie gilt für alle Zufallsvariablen A_α, A_β, B_γ, B_δ, die die Werte ± 1 annehmen können und eine durch die Parameter λ bestimmte gemeinsame Wahrscheinlichkeitsverteilung haben.

Zur Überprüfung der bellschen Ungleichung wurden seit den 1980er Jahren erfolgreich Experimente durchgeführt, hauptsächlich mit den Polarisationsfreiheitsgraden verschränkter Photonen (Physik-Nobelpreis 2022 für Alain Aspect und John Clauser). Die Experimente, die heutzutage mit höchster Präzision und unter Vermeidung verschiedener „Schlupflöcher" durchgeführt werden können, zeigen, dass experimentell bestimmte Zustände präpariert werden können, für die Gl. (3.107) *nicht* erfüllt ist. In der Natur gilt die Bell-CHSH-Ungleichung also *nicht* für alle Messungen; sie ist experimentell widerlegt. Mindestens eine der Annahmen, die zu ihrer Herleitung verwendet wurde, muss also falsch sein. Will man im Einklang mit dem Experiment bleiben, sieht man sich also gezwungen, entweder die Forderung der Lokalität fallen zu lassen oder diejenige der klassischen realistischen Beschreibung.

Das Verständnis der Bell-CHSH-Ungleichung wird auch dadurch erschwert, dass man nur mit Mühe erkennen kann, welche der Annahmen, die zu Gl. (3.107) geführt haben, überhaupt falsch sein kann. Alles scheint auf einfachste Weise aus elementarer Mathematik und purer Logik zu folgen. Der Punkt ist subtil: Es ist die Annahme, dass die Observablen A_α und A_β bzw. B_γ und B_δ gleichzeitig feste Zahlenwerte haben können, dass sie also gemeinsam in einer Gleichung als Zahlenwerte auftreten können (wie in Gl. (3.106)). In der Quantenmechanik ist die Zahlenwertgleichung Gl. (3.106) mathematisch überhaupt nicht formulierbar. Erst der Erwartungswert des Produkts von Operatoren in Gl. (3.107) ist wohldefiniert und kann mit dem Experiment verglichen werden. Im Experiment wird die Vorhersage der Quantenmechanik (die wir noch besprechen werden) glänzend bestätigt.

Bedeutung der bellschen Ungleichung

Von den beiden oben angeführten Annahmen ist in der Quantenmechanik die erste aufgegeben: die klassische realistische Beschreibung, in der alle Variablenwerte festliegen, unabhängig davon, ob sie gemessen werden oder nicht. Gemäß der Quantenmechanik kann man den Quantenobjekten die betreffende Eigenschaft noch nicht einmal zuordnen, und noch weniger liegen Messwerte im Voraus fest. Nicht durchgeführte Messungen haben in der Quantenmechanik kein Ergebnis.

Die Alternative wäre die Aufgabe der Lokalität (diese Möglichkeit ist beispielsweise in der bohmschen Mechanik realisiert). Allerdings ist die Lokalität eine zentrale Forderung von Einsteins Relativitätstheorie: Kausale Einflüsse dürfen sich nicht schneller als mit Lichtgeschwindigkeit ausbreiten. Den meisten erscheint die Vereinbarkeit mit der Relativitätstheorie zu wichtig, um diesen Weg zu gehen.

Die experimentell festgestellte Verletzung der bellschen Ungleichung führt somit zusammen mit der Ablehnung expliziter Nichtlokalität zur Aufgabe des klassischen Determinismus. Sie liefert damit auch die Begründung für Grundregel 1 (statistisches Verhalten): Wenn es keine verborgenen Variablen gibt, die das Ergebnis einer Messung im Voraus festlegen, dann ist das Resultat tatsächlich zufällig. Das Ergebnis von Messungen ist somit nicht vorherbestimmt; es gibt *objektiven Zufall* in der Natur, der nicht auf subjektiver Unkenntnis beruht, sondern den Phänomenen inhärent ist.

⚡ Wie ist die oft zitierte Redeweise von der *„Nichtlokalität der Quantenmechanik"* mit dem oben Gesagten vereinbar? Es ist ja gerade die Lokalität, die nicht aufgegeben werden soll.

Hier liegt wieder ein subtiler Punkt: Nichtlokal im Sinne des zweiten Kriteriums von S. 101 ist nicht die Quantenmechanik, sondern diejenigen klassischen Alternativtheorien, die in der Lage sind, die experimentellen Ergebnisse erfolgreich zu beschreiben (wie etwa die bohmsche Mechanik).

In diesem Sinn ist die Quantenmechanik lokal, denn sie erfüllt das genannte Kriterium: Auf keine Weise lassen sich experimentelle Ergebnisse oder Wahrscheinlichkeiten bei Alice durch irgendetwas beeinflussen, das Bob tut. Er kann also durch Auswahl der gemessenen Variable (Schalterstellung 1 oder 2 in Abb. 3.23) keine Botschaften zu Alice „morsen". Die dennoch „gefühlte" Nichtlokalität der Quantenmechanik liegt darin begründet, dass die verschränkten Zustände, die in den Experimenten genutzt werden, über ein Raumgebiet ausgedehnt sind, das beide Beobachter enthält. Die Zustände sind nicht lokalisiert, und an ihnen durchgeführte Messungen zeigen starke Korrelationen. Alle „mechanistischen" Modelle, mit denen wir versuchen, uns die Korrelationen anschaulich plausibel zu machen, gehören zur Klasse der Theorien mit verborgenen Parametern und sind daher nichtlokal oder falsch (und meistens beides).

ℹ **Ergänzung: Das Kochen-Specker-Theorem**

Das *Kochen-Specker-Theorem* [36] ist logisch unabhängig von der bellschen Ungleichung, zielt aber in die gleiche Richtung. Anders als die bellsche Ungleichung (die Paare von Quantenobjekten voraussetzt) ist es bereits auf einzelne Quantenobjekte anwendbar. Es beschäftigt sich ebenfalls mit dem Problem der verborgenen Parameter und der Frage, ob *nichtkontextuelle* Zuschreibungen von Werten zu Observablen möglich sind. Das bedeutet: Kann man einem Objekt Eigenschaften unabhängig davon zuschreiben, welche anderen Eigenschaften sonst noch gemessen werden?

Wir betrachten Messungen an zwei Observablen X und Y eines Quantenobjekts. Die beiden Messungen sollen verträglich sein. Das ist der Fall, wenn sie ohne Störung des Ergebnisses in beliebiger Reihenfolge nacheinander oder gleichzeitig durchgeführt werden können. Ob zwei Messungen verträglich sind, ist experimentell überprüfbar. In der Quantenmechanik ist das der Fall, wenn $[X, Y] = 0$, wenn also die Observablen kommutieren.

Das Kochen-Specker-Theorem bezieht sich auf drei Observablen A, X, Y. Es soll gelten: $[A, X] = [A, Y] = 0$ und $[X, Y] \neq 0$. Die Observable A ist also sowohl mit X als auch mit Y verträglich, aber X nicht mit Y. Das Kochen-Specker-Theorem besagt nun (durch explizite Angabe eines Gegenbeispiels), dass es im Allgemeinen nicht möglich ist, der Observablen A einen Wert zuzuweisen, der davon unabhängig ist, ob sie zusammen mit X oder mit Y gemessen wird. Das ist insbesondere deshalb erstaunlich, weil X und Y mit A verträglich sind. Es ist deshalb möglich, sie erst dann zu messen, wenn die Messung von A längst stattgefunden hat. Es ist nicht vorstellbar, wie ein solches Szenario realisierbar ist, wenn A ein „Element der Realität" repräsentiert, das eine Existenz unabhängig von einer spezifischen Messsituation hat.

In Bezug auf mögliche Alternativtheorien zur Quantenmechanik formuliert besagt das Kochen-Specker-Theorem: Alle Theorien, in denen der Observablen A ein Wert zugewiesen wird, unabhängig davon ob sie zusammen mit X oder mit Y gemessen wird, führen zu anderen Vorhersagen als die Quantenmechanik und stehen damit im Widerspruch zum Experiment

3.14 Verschränkung

Der Begriff der *Verschränkung*, der 1935 von Schrödinger im gleichen Aufsatz geprägt wurde, in dem er auch sein Katzenparadoxon vorstellte, bezeichnet einen der wichtigsten und charakteristischsten Unterschiede zwischen klassischer und Quantenphysik. Er tritt im Zusammenhang mit Quantensystemen auf, die aus zwei oder mehr Teilsystemen zusammengesetzt sind. Das können das zerfallende Atom und die Katze aus Abb. 3.19 sein oder die beiden Quantenobjekte, die im Zusammenhang mit der bellschen Ungleichung in Abb. 3.23 zu Alice und Bob ausgesandt werden.

Allgemein sind zwei Quantenobjekte 1 und 2 *unverschränkt* oder *separierbar*, wenn sich ihr Zustandsvektor als Produkt der beiden Einzelzustände schreiben lässt:

$$|\psi\rangle = |\psi_1\rangle \otimes |\psi_2\rangle \,, \tag{3.108}$$

wobei sich $|\psi_1\rangle$ nur auf Quantenobjekt 1 bezieht und $|\psi_2\rangle$ nur auf Quantenobjekt 2. Ist das nicht der Fall ist, dann sind sie *verschränkt*. Sie können dann nicht mehr als einzelne Objekte beschrieben werden, sondern bilden ein System, dessen Gesamtzustand sich nicht in Einzelzustände faktorisieren lässt.

> Zwei Quantenobjekte sind verschränkt, wenn sich die der Gesamtzustand des Systems nicht in ein Produkt der Einzelzustände zerlegen lässt.

Beispielaufgabe: Wir betrachten ein System aus zwei Qubits. Zeigen Sie, dass der Zustand

$$|\Psi^-\rangle = \frac{1}{\sqrt{2}}(|+-\rangle - |-+\rangle) \tag{3.109}$$

verschränkt ist.

Lösung: Einzelzustände von Qubits haben im allgemeinen Fall die Gestalt von Überlagerungszuständen:

$$|\psi_1\rangle = a\,|+\rangle + b\,|-\rangle \quad \text{und} \quad |\psi_2\rangle = c\,|+\rangle + d\,|-\rangle \,. \tag{3.110}$$

Der allgemeine Produktzustand ist das Tensorprodukt dieser beiden Zustände:

$$\begin{aligned}
|\psi_1\rangle \otimes |\psi_2\rangle &= (a\,|+\rangle + b\,|-\rangle) \otimes (c\,|+\rangle + d\,|-\rangle) \\
&= ac\,|++\rangle + ad\,|+-\rangle + bc\,|-+\rangle + bd\,|--\rangle \,. \tag{3.111}
\end{aligned}$$

Jeder unverschränkte Zustand des Gesamtsystems muss sich in dieser Form schreiben lassen. Wenn das nicht möglich ist, dann ist das System verschränkt. Durch Koeffizientenvergleich mit Gl. (3.109) erhalten wir die vier folgenden Bedingungen:

$$ac \overset{!}{=} 0, \quad ad \overset{!}{=} \frac{1}{\sqrt{2}}, \quad bc \overset{!}{=} -\frac{1}{\sqrt{2}}, \quad bd \overset{!}{=} 0. \tag{3.112}$$

Aus der ersten Bedingung folgt, dass mindestens einer der Faktoren a und c Null sein muss. Für $a = 0$ ist aber die zweite Bedingung nicht mehr erfüllbar, und $c = 0$ steht analog im Widerspruch zur dritten Bedingung. Es existieren also keine Koeffizienten a, b, c, d, die alle vier Bedingungen erfüllen. Eine Faktorisierung ist nicht möglich; der Zustand (3.109) ist verschränkt.

Kennzeichen verschränkter Zustände

Verschränkte Zustände sind uns schon bei der Diskussion des Messproblems und des Katzenparadoxons begegnet (Gl. (3.88) und (3.103)). Die dortige Argumentation zeigt: Verschränkte Zustände sind in der Quantenmechanik nichts Ungewöhnliches. Sie entstehen immer, wenn zwei Quantenobjekte wechselwirken, sofern die Wechselwirkung von ihrem internen Zustand (oder anderen lokalen Freiheitsgraden) abhängt. Insofern sind verschränkte Zustände allgegenwärtig.

Wenn Verschränkung in der Quantenmechanik gar nichts Ungewöhnliches ist: Warum hat es dann so lange gedauert, sie zweifelsfrei nachzuweisen? Dies gelang erst in den 1980er Jahren in den Experimenten von Aspect et al. [37] zur bellschen Ungleichung. Die Antwort auf diese Frage wurde schon bei der Diskussion von Schrödingers Katzenparadoxon angedeutet: Experimentell schwierig ist nicht die Erzeugung von Verschränkung, sondern die *kontrollierte* Erzeugung von Verschränkung und vor allem auch ihr Nachweis.

ℹ **Erzeugung verschränkter Photonenpaare**

Für Photonen ist heutzutage die kontrollierte Erzeugung von verschränkten Polarisationszuständen mit relativ geringem Aufwand durch *spontaneous parametric down-conversion* (parametrische Fluoreszenz) in BBO-Kristallen möglich (vgl. S. 17). Das Prinzip zur Erzeugung polarisationsverschränkter Photonenpaare wurde 1995 durch Kwiat et. al. vorgestellt [38]. Bei der parametrischen Fluoreszenz wird in einem nichtlinearen Kristall ein einfallendes Photon in zwei austretende Photonen umgewandelt. Aufgrund der Energieerhaltung haben sie jeweils die halbe Energie des Ausgangsphotons, also die doppelte Wellenlänge.

Im Experiment wird ein Pumplaser (z. B. ein Hochenergie-Diodenlaser mit einer Wellenlänge von 405 nm, also im ultravioletten Bereich) auf den BBO-Kristall fokussiert. Mit sehr geringer Wahrscheinlichkeit entstehen zwei Photonen mit einer Wellenlänge von 810 nm, die wegen der Impulserhaltung auf einem Emissionskegel ausgesandt werden (jeweils im gleichen Winkel zur optischen Achse und in einer Ebene mit dem Pumplaser).

Zur Erzeugung von verschränkten Photonenpaaren werden zwei identische BBO-Kristalle verwendet, deren Anisotropie-Achsen senkrecht zueinander ausgerichtet sind. Je nach Ausrichtung können nun beispielsweise vertikal polarisierte Photonen, die auf diesen Doppelkristall treffen, nur im ersten Kristall und nur in horizontal polarisierte Photonenpaare umgewandelt werden. Umgekehrt ist dann bei horizontal polarisiertem Licht ausschließlich die Umwandlung im zweiten Kristall in vertikal polarisierte Paare möglich. Falls aber Licht mit linearer Polarisation unter einem Winkel von 45° zu den beiden Anisotropie-Achsen der Kristalle eingestrahlt wird, so ist die Umwandlung in beiden Kristallen möglich, mit entsprechender Polarisation. Es ergibt sich ein Überlagerungszustand der beiden Möglichkeiten:

$$|\Phi\rangle = \frac{1}{\sqrt{2}}\left(|HH\rangle + e^{i\phi}|VV\rangle\right). \tag{3.113}$$

Die relative Phase ϕ hängt u. a. von der Dicke der Kristalle ab und kann etwa durch die relative Phase zwischen der horizontalen und vertikalen Komponente des Pumplasers kontrolliert werden. Alternativ wird mithilfe weiterer optischer Komponenten eine Überlagerung der Emissionskegel der beiden BBO-Kristalle erreicht. Die Photonenpaare beider Arten, also die horizontal polarisierten und die vertikal polarisierten, werden damit ununterscheidbar hinsichtlich des BBO-Kristalls, in dem sie entstanden sind. So können die beiden maximal verschränkten Bell-Zustände

$$|\Phi^\pm\rangle = \frac{1}{\sqrt{2}}(|HH\rangle \pm |VV\rangle) \tag{3.114}$$

erzeugt werden. Über weitere optische, doppelbrechende Komponenten lassen sich auch die anderen beiden Bell-Zustände

$$|\Psi^\pm\rangle = \frac{1}{\sqrt{2}}(|HV\rangle \pm |VH\rangle) \tag{3.115}$$

erzeugen. Die so erzeugten Photonenpaare sind nicht nur bezüglich ihrer Polarisation verschränkt, sondern auch bezüglich Energie und Impuls.

Der Nachweis der Verschränkung geschieht durch die Auswertung von Korrelationen. Alice und Bob führen im experimentellen Schema von Abb. 3.23 ihre jeweiligen Messungen aus und vergleichen anschließend ihre Ergebnisse. Verschränkung zeigt sich im Auftreten von *Korrelationen*, die stärker sind, als es eine klassische Beschreibung erlauben würde. Der Nachweis dieser starken Korrelationen erfolgt durch die Verletzung der bellschen Ungleichung (oder einer Variante davon). Das ist – neben der Nichtexistenz von verborgenen Variablen und der Existenz von objektivem Zufall – eine weitere Lesart der bellschen Ungleichung.

Korrelationen sind das experimentelle Kennzeichen von Verschränkung.

Beispiele für Korrelationen in verschränkten Zuständen sind schon an Gl. (3.88) und (3.103) ablesbar: Zur toten Katze gehört das zerfallene Atom, und zum Objektzustand $|+\rangle$ gehört die Zeigerstellung M_+ des Messgeräts. Für sich alleine genommen sind derartige Korrelationen aber noch nicht aussagekräftig, denn sie treten auch in der klassischen Physik auf. Wenn zum Beispiel Alice einen Beutel mit einer roten und einer blauen Kugel hat und Bob zieht ohne hinzusehen eine Kugel, dann gibt es eine Korrelation zwischen der Farbe der Kugel in Bobs Hand und in Alices Beutel, ohne dass das in irgendeiner Weise bemerkenswert wäre.

Quantenmechanisch relevante Korrelationen treten dann auf, wenn *zwei* Observablen betrachtet werden, die in der Quantenmechanik komplementär sind, denen man also nicht gleichzeitig feste Werte zuschreiben kann. Der experimentell häufig eingesetzte Zustand (3.109) – er wird als *Singulett-Zustand* bezeichnet – zeigt die Korrelationen bei komplementären Observablen besonders deutlich.

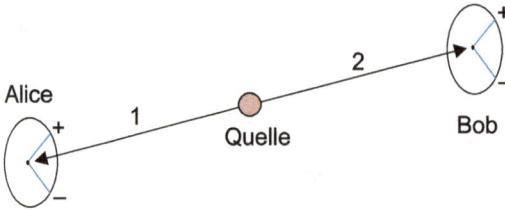

Abb. 3.24: Schema zur Messung von Polarisations-Korrelationen.

Korrelationen beim Singulett-Zustand

Wir betrachten den Singulett-Zustand aus Gl. (3.109)

$$|\Psi^-\rangle = \frac{1}{\sqrt{2}}(|+-\rangle - |-+\rangle). \tag{3.116}$$

Er kann mit einer Vielzahl von Zwei-Zustands-Systemen physikalisch realisiert werden, zum Beispiel mit den +/--Polarisationszuständen von Licht. Wenn Alice und Bob wie in Abb. 3.24 die Polarisation ihres Photons beide in der +/--Basis messen, lassen sich die (Anti-)Korrelationen unmittelbar an Gl. (3.116) ablesen: Immer wenn Alice den Wert + findet, ergibt sich bei Bob der Wert − und umgekehrt. Niemals finden beide den gleichen Wert. Mit der bornschen Wahrscheinlichkeitsformel formaler ausgedrückt ergibt sich:

$$P(+-) = \left|\langle + - |\Psi^-\rangle\right|^2 = \frac{1}{2}; \quad P(-+) = \left|\langle - + |\Psi^-\rangle\right|^2 = \frac{1}{2}, \tag{3.117}$$

sowie $P(++) = P(--) = 0$. Wie zuvor beschrieben sind diese Korrelationen für sich allein genommen noch nicht weiter bemerkenswert. Brisant wird es erst, wenn wir ein zweites Observablenpaar hinzunehmen und zum Beispiel Messungen in der H/V-Basis durchführen. Die dann auftretenden Korrelationen lassen sich am einfachsten ablesen, wenn wir den Zustand (3.116) in die H/V-Basis transformieren. Es zeigt sich, dass er in dieser Basis die *gleiche* Gestalt hat:

$$|\Psi^-\rangle = \frac{1}{\sqrt{2}}(|HV\rangle - |VH\rangle). \tag{3.118}$$

Bei H/V-Messungen treten also die gleichen Antikorrelationen zwischen den Ergebnissen von Alice und Bob wie bei +/--Messungen. Vor dem Hintergrund, dass wir auf S. 79 gesehen haben, dass H/V-Polarisation und +/--Polarisation nicht gleichzeitig streuungsfrei präparierbar sind, weil für sie eine Unbestimmtheitsrelation gilt und dass diesen Eigenschaften deshalb nicht gleichzeitig feste Werte zugewiesen werden können, erscheint dieses Ergebnis höchst verwunderlich.

Das ist aber noch nicht alles. Wie wir in der folgenden Beispielaufgabe zeigen, hat der Singulett-Zustand in *allen* orthogonalen Polarisationsbasen die gleiche Gestalt. Das bedeutet: Auf welche Basis sich Alice und Bob auch geeinigt haben, sie werden immer die gleiche vollständige Antikorrelation in ihren Ergebnissen finden. Mit dieser Eigenschaft verletzt der Singulett-Zustand die bellsche Ungleichung. Viele Experimente zur Verletzung der bellschen Ungleichung basieren auf einem derartigen experimentellen Schema.

Beispielaufgabe: Zeigen Sie, dass der Singulett-Zustand invariant unter einer allgemeinen unitären Transformation der Basis ist.

Lösung: Wir schreiben die unitäre Transformation, die den Wechsel zur neuen Basis $|\gamma^+\rangle$, $|\gamma^-\rangle$ mathematisch beschreibt, ganz allgemein in der Form:

$$|\gamma^+\rangle = a\,|+\rangle + b\,|-\rangle\,, \quad |\gamma^-\rangle = -b^*\,|+\rangle + a^*\,|-\rangle\,, \tag{3.119}$$

mit komplexen Koeffizienten a und b, für die $|a|^2 + |b|^2 = 1$ gilt. Ein spezieller Fall sind die Drehungen mit $a = \cos\gamma$ und $b = \sin\gamma$ (vgl. Gl. (3.64); das dort auftretende unterschiedliche Vorzeichen bedeutet nur eine irrelevante globale Phase in einem der Zustände). In umgekehrter Richtung lauten die Transformationsgleichungen:

$$|+\rangle = a^*\,|\gamma^+\rangle - b\,|\gamma^-\rangle\,, \quad |-\rangle = b^*\,|\gamma^+\rangle + a\,|\gamma^-\rangle\,. \tag{3.120}$$

Diese Ausdrücke setzen wir nun in die Definitionsgleichung (3.116) des Singulett-Zustands ein, die in ausführlicherer Schreibweise lautet:

$$|\Psi^-\rangle = \frac{1}{\sqrt{2}}[|+\rangle_1|-\rangle_2 - |-\rangle_1|+\rangle_2]\,. \tag{3.121}$$

Es ergibt sich:

$$|\Psi^-\rangle = \frac{1}{\sqrt{2}}\Big[\big(a^*|\gamma^+\rangle_1 - b|\gamma^-\rangle_1\big)\big(b^*|\gamma^+\rangle_2 + a|\gamma^-\rangle_2\big)$$
$$- \big(b^*|\gamma^+\rangle_1 + a|\gamma^-\rangle\big)\big(a^*|\gamma^+\rangle_2 - b|\gamma^-\rangle_2\big)\Big]\,. \tag{3.122}$$

Nach Ausmultiplizieren und Ausnutzen von $|a|^2 + |b|^2 = 1$ ergibt sich:

$$|\Psi^-\rangle = \frac{1}{\sqrt{2}}\big[|\gamma^+\rangle_1|\gamma^-\rangle_2 - |\gamma^-\rangle_1|\gamma^+\rangle_2\big]\,. \tag{3.123}$$

Auch in der neuen Basis hat der Singulett-Zustand die gleiche Gestalt. Er ist somit invariant gegenüber der Basistransformation (3.119); er lautet in jeder Basis gleich. Physikalisch bedeutet das die vollständige Antikorrelation von Alices und Bobs Messergebnis im Experiment aus Abb. 3.22, unabhängig davon, in welcher Winkelstellung sie messen (solange sie nur für beide gleich ist).

Wenn Alice und Bob ihre Messgeräte nicht auf die gleichen Winkel einstellen, sondern mit unterschiedlichen Winkelstellungen messen, erhalten sie weniger starke Korrelationen. Die Wahrscheinlichkeiten lassen sich mit der bornschen Wahrscheinlichkeitsformel und den Transformationsgleichungen (3.119) berechnen:

$$P(+,\gamma^+) = \frac{1}{2}|b|^2\,, \quad P(+,\gamma^-) = \frac{1}{2}|a|^2\,, \quad P(-,\gamma^+) = \frac{1}{2}|a|^2\,, \quad P(-,\gamma^-) = \frac{1}{2}|b|^2\,.$$

Maximal verschränkte Zustände

Alice und Bob erhalten die oben dargelegten perfekten Korrelationen nur dann, wenn sie ihre Messungen in der gleichen Basis durchführen und anschließend ihre Ergebnisse vergleichen. Zum Vergleich müssen sie sich treffen oder physikalische Signale senden. Beides geht höchstens mit Lichtgeschwindigkeit, die relativistische Kausalität ist also trotz der quantenmechanischen Korrelationen gewahrt. Durch Messen kann man in der Quantenmechanik generell keine Information von einem Ort zum anderen übertragen. Beim Singulett-Zustand äußert sich das darin, dass Alice und Bob komplett zufällige Resultate erhalten, wenn sie einzeln ihre Messungen durchführen, ohne sie zu vergleichen – unabhängig davon, in welcher Basis sie messen. Mathematisch äußert sich das darin, dass die reduzierte Dichtematrix, die sich beim Abspuren über eines der Teilsysteme ergibt, proportional zur Einheitsmatrix ist. Zustände, für die das der Fall ist heißen *maximal verschränkt*.

Beispielaufgabe: Berechnen Sie für den Singulett-Zustand die reduzierte Dichtematrix, die sich für Alice ergibt, wenn man über Bobs Teilsystem abspurt.

Lösung: Die Beschreibung eines Teilsystems durch die reduzierte Dichtematrix haben wir auf S. 95 kennengelernt. Um die reduzierte Dichtematrix für Alice zu erhalten, bilden wir die Dichtematrix des Singulett-Zustands $\rho = |\Psi^-\rangle\langle\Psi^-|$, also:

$$\rho = \frac{1}{2}[|+\rangle_1|-\rangle_2 - |-\rangle_1|+\rangle_2][\langle+|_1\langle-|_2 - \langle-|_1\langle+|_2],\tag{3.124}$$

und spuren über Bobs Teilsystem (mit dem Index 2) ab:

$$\rho_{red} = \text{Tr}_2\big(|\Psi^-\rangle\langle\Psi^-|\big)$$
$$= \sum_{i=\pm}\frac{1}{2}\langle i|_2[|+\rangle_1|-\rangle_2 - |-\rangle_1|+\rangle_2][\langle+|_1\langle-|_2 - \langle-|_1\langle+|_2]|i\rangle_2.\tag{3.125}$$

Nur zwei der vier beim Ausmultiplizieren entstehenden Terme sind von null verschieden, und es ergibt sich:

$$\rho_{red} = \frac{1}{2}[\underbrace{\langle+|+\rangle}_{=1}{}_2|-\rangle_1\langle-|_1\underbrace{\langle+|+\rangle}_{=1}{}_2 + \underbrace{\langle-|-\rangle}_{=1}{}_2|+\rangle_1\langle+|_1\underbrace{\langle-|-\rangle}_{=1}{}_2]$$
$$= \frac{1}{2}[|-\rangle\langle-|_1 + |+\rangle\langle+|_1] = \frac{1}{2}\begin{pmatrix}1 & 0\\0 & 1\end{pmatrix}.\tag{3.126}$$

Die reduzierte Dichtematrix für Alice ist also diagonal, und die Wahrscheinlichkeiten für den Messwert + oder – liegen jeweils bei $\frac{1}{2}$. Das gilt nicht nur in der +/--Basis, sondern auch in jeder anderen. Bei ihren lokalen Messungen erhält Alice also völlig zufällige Resultate, aus denen sie keinerlei Information entnehmen kann. Das gilt unabhängig davon, was Bob tut (welche Einstellungen er zum Beispiel an seinem Messgerät vornimmt). Alice kann die Korrelationen, die im Zustand $|\Psi^-\rangle$ enthalten sind, durch lokale Messungen nicht entdecken. Das geht erst im Nachhinein durch Vergleich mit Bobs Ergebnissen.

Für lokale Messungen bei Alice ist die Beschreibung durch die reduzierte Dichtematrix ebenso angemessen wie durch den reinen Zustand $|\Psi^-\rangle$. Alle Wahrscheinlichkeiten für Alices lokale Messungen werden jeweils korrekt beschrieben. Das ist ein Beispiel dafür, dass Zustandsvektor oder Dichtematrix keine eindeutigen Eigenschaften des Quantensystems selbst sind. Sie sind unsere Beschreibungen des Quantensystems. Verschiedene Beobachter können, je nach ihrer Information über das System, verschiedene zutreffende Beschreibungen davon haben [32].

Der Zustand $|\Psi^-\rangle$ ist einer von vier Zuständen, die gemeinsam die sogenannte *Bell-Basis* aufspannen:

Bell-Basis: Die vier Zustände der Bell-Basis bilden ein vollständiges orthonormales System zur Beschreibung von Zwei-Qubit-Zuständen:

$$|\Phi^+\rangle = \frac{1}{\sqrt{2}}(|++\rangle + |--\rangle), \quad |\Phi^-\rangle = \frac{1}{\sqrt{2}}(|++\rangle - |--\rangle),$$

$$|\Psi^+\rangle = \frac{1}{\sqrt{2}}(|+-\rangle + |-+\rangle), \quad |\Psi^-\rangle = \frac{1}{\sqrt{2}}(|+-\rangle - |-+\rangle). \tag{3.127}$$

Alle vier Zustände der Bell-Basis sind maximal verschränkt. Allerdings ist nur der Singulett-Zustand invariant unter der allgemeinen unitären Transformation (3.119). Für den Zustand $|\Phi^+\rangle$ ist das der Fall, wenn a und b reell sind, also insbesondere bei Drehungen von Polarisationsmessgeräten. Neben der Standardbasis für zwei Qubits, $|00\rangle$, $|01\rangle$, $|10\rangle$ und $|11\rangle$, ist die Bell-Basis eine der am häufigsten genutzten Basen zur Beschreibung von Zwei-Qubit-Zuständen.

Verschränkungsentropie

Neben den maximal verschränkten Zuständen, wie etwa der Bell-Basis, gibt es auch schwächer verschränkte Zustände. Mit Hilfe der reduzierten Dichtematrix lässt sich für reine Zustände ein Maß für den Grad der Verschränkung definieren, die *Verschränkungsentropie*:

$$S(\rho_{\text{red}}) = -\text{Tr}_1(\rho_{\text{red}} \log_2(\rho_{\text{red}})). \tag{3.128}$$

Dabei ist ρ_{red} die über das Teilsystem 2 abgespurte Dichtematrix. Schreibt man den Ausdruck in einer Basis, in der ρ_{red} diagonal ist, ergibt sich:

$$S(\rho_{\text{red}}) = -\sum_i \lambda_i \log_2(\lambda_i), \tag{3.129}$$

wobei die λ_i die Eigenwerte in dieser Basis sind. Der Ausdruck (3.129) hat die gleiche Gestalt wie die *Shannon-Entropie* aus der klassischen Informationstheorie. Die Verschränkungsentropie hat den Wert null für nicht verschränkte (separierbare) Zustände, während sie für die maximal verschränkten Zustände (3.127) den Wert 1 hat:

$$S(\rho_{\text{red}}) = S\left(\frac{1}{2}\mathbb{1}\right) = -\frac{1}{2}\log_2\frac{1}{2} - \frac{1}{2}\log_2\frac{1}{2} = 1. \tag{3.130}$$

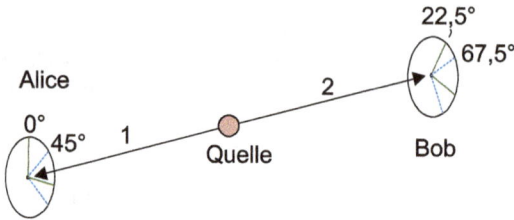

Abb. 3.25: Winkeleinstellungen zur Überprüfung der Bell-CHSH-Ungleichung.

Für schwächer verschränkte reine Zustände liegt der Wert der Verschränkungsentropie zwischen 0 und 1. Für gemischte Zustände ist es schwieriger, geeignete Verschränkungsmaße zu finden; es gibt hier verschiedene Ansätze.

Verletzung der bellschen Ungleichung mit dem Singulett-Zustand

In Abschnitt 3.13 wurde die Bell-CHSH-Ungleichung (3.107) formuliert und behauptet, dass es quantenmechanische Zustände gibt, mit denen sie sich verletzen lässt. Der Singulett-Zustand $|\Psi^-\rangle$ ist einer dieser Zustände.

Um die Verletzung der Bell-CHSH-Ungleichung zu demonstrieren, müssen wir Korrelationen der Form $\langle A_\alpha B_\gamma \rangle$ berechnen. Zur Verdeutlichung der mathematischen Struktur schreiben wir den Term ausführlicher:

$$\langle \Psi^- | A_\alpha \otimes B_\gamma | \Psi^- \rangle. \tag{3.131}$$

A_α ist ein Operator, der nur auf die Zustände in Teilsystem 1 (Alice) wirkt; der Operator B_γ wirkt nur auf die Zustände in Teilsystem 2 (Bob). Sie beschreiben dort verschiedene Einstellungen der jeweiligen Messgeräte, z. B. Polarisationsmessungen unter den Winkeln α bei Alice und γ bei Bob (Abb. 3.25). Der Term (3.131) beschreibt den Erwartungswert im Zustand $|\Psi^-\rangle$. Bei perfekter Korrelation sollte sich +1 ergeben, bei perfekter Antikorrelation –1, und im unkorrelierten Fall 0.

Beispielaufgabe: Berechnen Sie den Erwartungswert (3.131) für den Singulett-Zustand $|\Psi^-\rangle$.

Lösung: Wir nutzen zur Berechnung die Symmetrie des Singulett-Zustands aus. Da er in jeder Messbasis die gleiche Gestalt hat, kann eine gemeinsame Rotation der beiden Polarisationsmessgeräte in Abb. 3.25 um den gleichen Winkel keinen Einfluss auf die Messergebnisse haben. Das Ergebnis kann folglich nur von der Winkeldifferenz $\gamma - \alpha$ abhängen. Zur Vereinfachung der Rechnung richten wir daher Alices Messgerät in +/−-Richtung aus; γ ist der Winkel zu dieser Richtung. Wir setzen $|\Psi^-\rangle$ in Gl. (3.131) ein und multiplizieren die Terme aus:

$$\langle A_\alpha B_\gamma \rangle = \frac{1}{2}[\langle +|A_\alpha|+\rangle_1 \langle -|B_\gamma|-\rangle_2 - \langle -|A_\alpha|+\rangle_1 \langle +|B_\gamma|-\rangle_2$$
$$- \langle +|A_\alpha|-\rangle_1 \langle -|B_\gamma|+\rangle_2 + \langle -|A_\alpha|-\rangle_1 \langle +|B_\gamma|+\rangle_2]. \tag{3.132}$$

Weil Alices Messgerät in $+/-$-Richtung ausgerichtet ist, sind $|+\rangle_1$ und $|-\rangle_1$ Eigenzustände von A_α mit Eigenwerten $+1$ und -1. Wenn wir dies ausnutzen, verschwinden der zweite und dritte Term, und es bleibt:

$$\langle A_\alpha B_\gamma \rangle = \frac{1}{2}[\langle -|B_\gamma|-\rangle_2 - \langle +|B_\gamma|+\rangle_2]. \tag{3.133}$$

Wir setzen die Transformationsformeln (3.120) mit $a = \cos\gamma$ und $b = \sin\gamma$ ein und nutzen aus, dass dies die Eigenzustände von B_γ sind. Es ergibt sich:

$$\langle A_\alpha B_\gamma \rangle = \frac{1}{2}\left[\left(|b|^2 - |a|^2\right) - \left(|a|^2 - |b|^2\right)\right] = \sin^2\gamma - \cos^2\gamma. \tag{3.134}$$

Mit der mathematischen Identität $\sin^2\gamma - \cos^2\gamma = -\cos(2\gamma)$, und weil γ für die Winkeldifferenz $\gamma - \alpha$ zwischen Bobs und Alices Messgeräten steht, ist das Ergebnis:

$$\langle A_\alpha B_\gamma \rangle = -\cos\big(2(\gamma - \alpha)\big). \tag{3.135}$$

Bei einer Winkeldifferenz von $0°$ ergibt sich, wie für den Singulett-Zustand erwartet, perfekte Antikorrelation; bei einer Winkeldifferenz von $90°$ vertauschen sich bei einem der Beobachter die Rollen der $+$- und $-$-Ausgänge, und durch diese „Umbenennung" ergibt sich eine perfekte Korrelation.

Mit dem Ergebnis (3.135) können wir nun die Verletzung der Bell-CHSH-Ungleichung

$$\left|\langle A_\alpha B_\gamma \rangle + \langle A_\alpha B_\delta \rangle + \langle A_\beta B_\gamma \rangle - \langle A_\beta B_\delta \rangle\right| \leq 2 \tag{3.136}$$

überprüfen. Für die auftretenden Korrelationsfunktionen benutzen wir Gl. (3.135) und ersetzen α und γ gegebenenfalls durch andere Winkel. Es zeigt sich, dass die Ungleichung nicht für alle Winkelstellungen verletzt wird. Die maximale Verletzung ergibt sich, wenn die Winkeleinstellungen den folgenden Bedingungen gehorchen: $(\gamma - \beta) = (\alpha - \gamma) = (\delta - \alpha) = 22{,}5°$ und $(\delta - \beta) = 67.5°$. Das ist zum Beispiel für die folgenden Winkel erfüllt:

$$\text{bei Alice:} \quad \alpha = 45°, \quad \beta = 0°,$$
$$\text{bei Bob:} \quad \gamma = 22{,}5°, \quad \delta = 67{,}5°.$$

Damit ergibt sich:

$$\left|\langle A_\alpha B_\gamma \rangle + \langle A_\alpha B_\delta \rangle + \langle A_\beta B_\gamma \rangle - \langle A_\beta B_\delta \rangle\right| = 3\cos(45°) - \cos(135°) = 2\sqrt{2}.$$

Mit $2\sqrt{2} \approx 2{,}83$ ist die Bell-CHSH-Ungleichung für den Singulett-Zustand klar verletzt. Experimentell bestätigt sich die Vorhersage der Quantenmechanik hervorragend; heutzutage ist die Verletzung der Bell-CHSH-Ungleichung um viele Standardabweichung ein Routineexperiment, das zur Justage experimenteller Anordnungen gehört.

4 Quantensensoren

Von allen Bereichen der Quantentechnologien ist die *Quantensensorik* heutzutage am weitesten in Bezug auf die Anwendungsreife vorangeschritten. Insbesondere die in Abschnitt 1.3 bereits diskutierten Atomuhren werden schon seit langer Zeit technisch genutzt – von hochpräziser Zeitmessung bis zu gravimetrischen Messungen. Die *Metrologie*, die Wissenschaft des Messens, ist ein wichtiges Anwendungsfeld der Quantensensorik – beispielsweise bei der Definition der SI-Einheiten.

Ein beträchtlicher Teil der Quantensensorik basiert auf Effekten in einzelnen Atomen, Ionen, Molekülen oder Festkörpern, die heutzutage so genau kontrollierbar sind, dass sie die Messung einer Vielzahl von äußeren Einflüssen erlauben. Die präzise Kontrolle der Systeme erlaubt es, die Logik des Messens gewissermaßen umzukehren: Während unkontrollierbare Umgebungsgrößen wie Magnetfeld oder Druck, die die Zustände des Systems beeinflussen, normalerweise Rauschquellen sind, die es zu unterdrücken gilt, ist die Kontrolle einzelner Quantensysteme inzwischen so weit fortgeschritten, dass sie als Sensor für diese einstmals störenden Umgebungsgrößen dienen können. Die Einsatzmöglichkeiten von Atomuhren wurden bereits in Abschnitt 1.3 diskutiert. Als zweites Quantensystem mit weiten Anwendungsmöglichkeiten als Sensor wollen wir die NV-Zentren, spezielle Störstellen in Diamantkristallen, diskutieren.

4.1 Messen mit NV-Zentren

In natürlichen Kristallen tritt eine Vielzahl von verschiedenartigen Defekten auf, d. h. Abweichungen von der Regelmäßigkeit der Kristallstruktur. Einige von ihnen bilden lokalisierte Strukturen, in denen Elektronen wie in einem künstlichen Atom gebunden werden können. Diese künstlichen Atome mit ihren wohldefinierten quantisierten Energieniveaus lassen sich als Sensoren nutzen, indem man sie mit Licht und Mikrowellen anregt und das Fluoreszenzlicht nachweist. Das funktioniert in Luft und bei Zimmertemperatur; Vakuum und Kryogenik sind also nicht erforderlich – ein großer Vorteil gegenüber anderen Systemen.

NV-Zentren in Diamant

Als besonders vorteilhaft haben sich *NV-Zentren* in Diamant erwiesen [39]. Ein Diamantkristall ist eine regelmäßige Anordnung von Kohlenstoffatomen. Über 500 verschiedene Kristalldefekte sind bekannt, zum Beispiel einzelne Fremdatome, die die regelmäßige Struktur stören oder Fehlstellen. Ein NV-Zentrum besteht aus einem Stickstoffatom (N für Nitrogen) und einer Fehlstelle (V für Vacancy) im Kristallgitter, die gemeinsam als quantenmechanisches System aufgefasst werden können. Das wird deutlich, wenn man die Elektronenstruktur des Defekts betrachtet. Die Gitterstruktur für ein NV-Zentrum ist in Abb. 4.1 schematisch dargestellt.

https://doi.org/10.1515/9783110717211-004

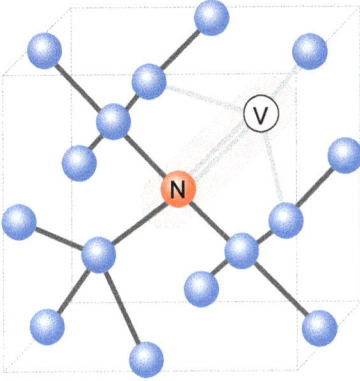

Abb. 4.1: Gitterstruktur eines NV-Zentrum in Diamant mit Stickstoffatom (N) und Vakanz (V).

Ein Kohlenstoffatom hat vier Valenzelektronen, die im Diamantkristall mit den Elektronen von vier weiteren Kohlenstoffatomen zu Elektronenpaarbindungen koppeln. So entsteht eine besonders stabile Gitterstruktur. Stickstoffatome haben dagegen fünf Valenzelektronen. Drei davon gehen in einem NV-Zentrum Elektronenpaarbindungen mit den umgebenden Kohlenstoffatomen ein. An der Fehlstelle sind somit ein Elektronenpaar vom Stickstoffatom und drei Elektronen von den umliegenden Kohlenstoffatomen vorhanden, zusammen also fünf Elektronen. Der Defekt ist insgesamt ungeladen und wird deshalb auch NV^0-Zentrum genannt. Um ein manipulierbares Quantensystem zu erhalten, wird ein weiteres Elektron benötigt, das zum Beispiel von anderen Verunreinigungen aus der Umgebung stammen kann. Diese Art von Defekt ist für den Einsatz als Sensor relevant und wird NV^--Zentrum oder auch einfach nur NV-Zentrum genannt.

Herstellung von NV-Zentren   ℹ

Synthetischer Diamant kann im Wesentlichen auf zwei Weisen produziert werden: entweder durch hohen Druck und hohe Temperatur (HPHT für *High Pressure High Temperature*) oder durch chemische Gasphasenabscheidung (CVD für *Chemical Vapor Deposition*). Auch synthetischer Diamant enthält bereits Verunreinigungen durch Stickstoff und damit auch NV-Zentren. Höhere Konzentrationen von NV-Zentren werden durch Beschuss mit hochenergetischen Elektronen oder Ionen und anschließendem Annealing bei Temperaturen von über 800 °C erzielt. Die Abstände der Zentren sind danach immer noch so groß, dass sie einzeln untersucht werden können.

NV-Zentren als Magnetfeldsensoren

Als lokalisierte Struktur bildet das NV-Zentrum diskrete Energieniveaus aus. Die für den Einsatz als Quantensensor relevanten Niveaus sind in Abb. 4.2 dargestellt. Der Übergang zwischen den Spin-Triplet-Zuständen $|g\rangle$ und $|e\rangle$ liegt im optischen Bereich und kann mit Lasern angeregt werden (typischerweise mit einem Diodenlaser bei 532 nm); das emittierte Fluoreszenzlicht wird optisch nachgewiesen. Die Nutzung von

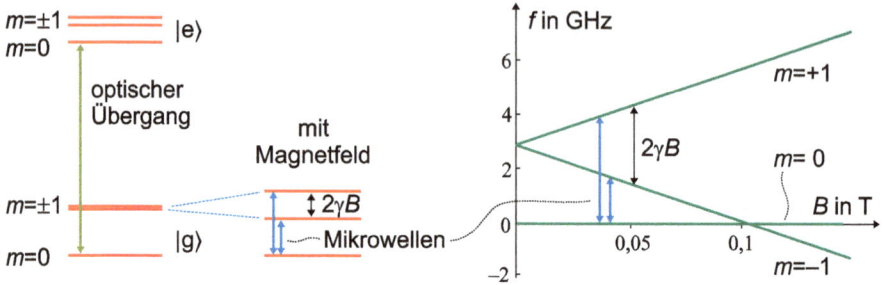

Abb. 4.2: Links: Relevante Energieniveaus beim Einsatz von NV-Zentren als Magnetfeldsensor (nicht maßstäblich); rechts: Aufspaltung der Übergänge in Abhängigkeit vom Magnetfeld.

NV-Zentren als Magnetfeldsensoren basiert auf der Verschiebung von Energieniveaus im Magnetfeld, dem auf S. 33 besprochenen *Zeeman-Effekt*.

Die Unterniveaus des Grundzustands $|g\rangle$ sind für die Messung entscheidend. Ohne Magnetfeld liegt die Aufspaltung zwischen den Zuständen mit $m = 0$ und $m = \pm 1$ bei 2,87 GHz. Mit zunehmendem Magnetfeld spalten sich die Energien der Zustände mit $m = \pm 1$ durch den Zeeman-Effekt linear auf (rechts in Abb. 4.2). Die entsprechenden Übergänge liegen im Bereich weniger GHz und können durch Einstrahlung von Mikrowellen angeregt werden.

Bei der als *Optically detected magnetic resonance* (ODMR) bezeichneten Methode wird das NV-Zentrum sowohl optisch als auch mit Mikrowellen angeregt. Helles Fluoreszenzlicht aus der optischen Anregung wird beobachtet, wenn das Laserlicht resonant mit dem in Abb. 4.2 grün eingezeichneten optischen Übergang ist. Gleichzeitig induzieren die Mikrowellen die durch blaue Pfeile markierten Übergänge. Die Mikrowellenfrequenz wird bei der Methode kontinuierlich verändert, um durch das Auffinden der Resonanz die Übergangsfrequenzen zwischen den Zuständen mit $m = 0$ und $m = \pm 1$ zu ermitteln. Die Resonanz im Mikrowellenübergang wird durch ein Nachlassen der optischen Fluoreszenz angezeigt, weil das Laserlicht Übergänge aus den Zuständen mit $m = \pm 1$ zwar anregen kann, die Abregung aber mit hoher Wahrscheinlichkeit ohne die Emission sichtbaren Lichts geschieht (sie führt über nicht eingezeichnete Zwischenzustände).

Zur Messung des Magnetfelds werden die Mikrowellenfrequenzen durchlaufen und die Fluoreszenzrate registriert. Aufgrund der beiden Resonanzen zwischen $m = 0$ und $m = +1$ bzw. $m = -1$ ergeben sich zwei Minima in der Fluoreszenzrate, deren Abstand durch $\Delta f = 2\gamma B_\parallel$ mit $\gamma = 28$ MHz/mT gegeben ist (Abb. 4.3). $B_\parallel$ ist die Komponente des Magnetfelds in Richtung der Achse des NV-Zentrums (in Abb. 4.1 rosa eingezeichnet). Durch die Messung des Abstands der beiden Minima lässt sich somit auf die Stärke dieser Magnetfeldkomponente schließen. Auf diese Weise lässt sich das NV-Zentrum als Magnetfeldsensor einsetzen.

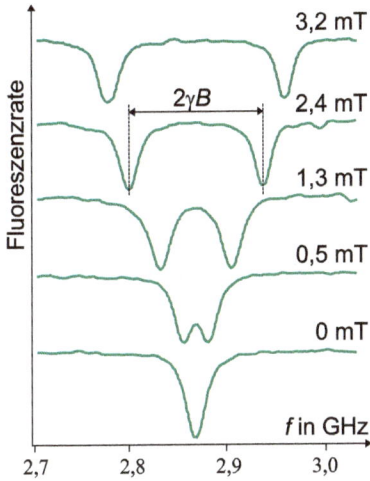

Abb. 4.3: Der Abstand der Minima im Fluoreszenzspektrum erlaubt die Messung des Magnetfelds (Daten: QZabre).

Auch andere Größen wie elektrische Felder, Temperatur oder Druck können zur Aufspaltung der Energieniveaus führen. Auf diese Weise können NV-Zentren zur Messung zahlreicher weiterer Größen eingesetzt werden [40].

NV-Zentren als Qubits

Neben dem Einsatz als Sensoren sind NV-Zentren auch ein Ansatz für die physikalische Realisierung von Qubits, also als eine Quantencomputing-Hardware. Die Grundzustands-Niveaus aus Abb. 4.2 mit $m = 0$ und $m = -1$ werden als Realisierung der Qubit-Zustände $|0\rangle$ und $|1\rangle$ verwendet und können durch ihre unterschiedlichen optischen Eigenschaften – wie bei der Nutzung als Sensor – ausgelesen werden. Qubit-Operationen (Gatter) können dann etwa durch Mikrowellenpulse realisiert werden, die kontrollierte Übergänge zwischen den Niveaus induzieren. So konnte beispielsweise eine einfache Variante des Grover-Algorithmus (Abschnitt 6.3) mit einem NV-Zentrum realisiert werden [41]. Ein Vorteil von NV-Zentren ist eine lange Kohärenzzeit, weil sie im Diamant-Kristall hervorragend gegen äußere Einflüsse (und damit Dekohärenz) abgeschirmt sind. Ein Nachteil für den Einsatz als Qubits ist, dass ihre Herstellungstechnik sich kaum zur Skalierung zu höheren Qubit-Anzahlen eignet.

4.2 Wechselwirkungsfreie Quantenmessung

Neben den Quantensensor-Technologien, die sich, wie Atomuhren oder NV-Sensoren, durch immer weitere Steigerung der Genauigkeit und immer bessere Kontrolle der Systeme kontinuierlich aus den traditionellen Anwendungen der Quantenphysik entwickelt haben, gibt es Ansätze zu Messverfahren, die sich der quantenphysikalischen Prinzipien auf neuartige Weise bedienen. Erhebliches Aufsehen erregte 1993 ein Gedankenexperiment von Elitzur und Vaidman [42], das unter dem Schlagwort „wech-

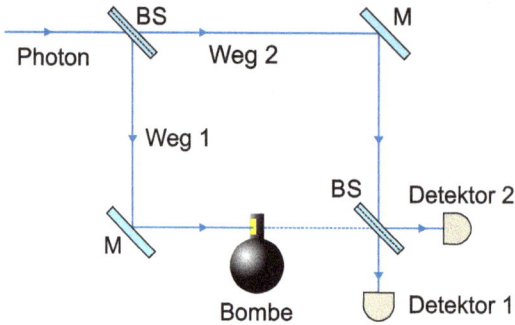

Abb. 4.4: Aufbau des Quanten-Bomben-Tests: Mach-Zehnder-Interferometer aus zwei Strahlteilern (BS), zwei Spiegeln (M) und zwei Detektoren (D_1 und D_2), in das eine empfindliche Bombe eingebracht ist.

selwirkungsfreie Quantenmessung" bekannt wurde. Hier wird unter bestimmten Umständen ein Objekt detektiert, ohne dass jemals eine physikalische Wechselwirkung mit ihm stattgefunden hat. Das scheint unseren Grundvorstellungen von einer Messung zu widersprechen, die normalerweise ohne eine Wechselwirkung zwischen Objekt und Messsonde nicht stattfinden kann.

Der Quanten-Bomben-Test – ein Gedankenexperiment

Elitzur und Vaidman verpackten ihr Messschema in ein instruktives, aber nicht sehr realistisches Gedankenexperiment, das unter dem Namen *Quanten-Bomben-Test* bekannt geworden ist. Es befasst sich mit dem Testen von hypothetischen Bomben, deren Zünder schon durch ein einziges Photon ausgelöst wird. Im Gedankenexperiment sollen funktionsfähige Bomben mit Zünder von solchen ohne Zünder unterschieden werden, und zwar ohne dass die Bombe explodiert. Klassisch scheint das Problem unlösbar: Die bei einer Messung nötige Wechselwirkung mit mindestens einem Photon würde die zu untersuchende Bombe zur Explosion bringen.

Der in dem Gedankenexperiment betrachtete Versuchsaufbau ist ein Mach-Zehnder-Interferometer mit einzelnen Photonen (Abb. 4.4; vgl. S. 57). In den einen Arm des Interferometers wird die Bombe eingebracht. Wenn sie einen Zünder hat, ragt dieser in den Weg der Photonen. Eine Bombe ohne Zünder beeinflusst die Photonen nicht. Die Bombe selbst ist ein rein klassisches Objekt (dessen Details für das Gedankenexperiments irrelevant sind). Entscheidend ist nur, dass sie durch die Absorption schon eines einzigen Photons zum Zünden gebracht wird.

Vor dem Einsetzen der Bombe werden die Weglängen im Interferometer so justiert, dass konstruktive Interferenz an Detektor D_1 auftritt und destruktive Interferenz an Detektor D_2. In der idealisierten Betrachtung, in der wir von effizienten und nicht-rauschenden Detektoren ausgehen, werden also ohne die Bombe alle Photonen in Detektor D_1 nachgewiesen. Detektor D_2 spricht niemals an.

Nun wird die zu untersuchenden Bombe in das Interferometer eingeführt. Jedes Photon, das den Zünder erreicht, wird absorbiert. Die Bombe explodiert, wenn das passiert. Es können drei Fälle auftreten, die mit unserer Diskussion der Grundregeln am Beispiel des Mach-Zehnder-Interferometers in Abschnitt 3.3 eng verknüpft sind:

1. Das Photon wird vom Zünder der Bombe absorbiert, die Bombe explodiert. Das passiert in der Hälfte der Fälle (ebenso wie Detektor 1 in Abb. 3.8 in der Hälfte der Fälle anspricht). In diesem Fall ist nichts gewonnen. Der Versuch muss mit einer neuen Bombe wiederholt werden.

2. Das Photon wird nicht absorbiert und muss somit den Arm passiert haben, in dem sich die Bombe *nicht* befindet, also Weg 2. Am zweiten Strahlteiler kann es nun transmittiert und in Detektor D_1 nachgewiesen ...

3. ...oder reflektiert und in Detektor D_2 nachgewiesen werden. Beides passiert mit einer Wahrscheinlichkeit von 25 %.

Im letzten Fall, also in 25 % der Versuchsdurchgänge, können wir aus dem Ansprechen von Detektor D_2 folgern, dass sich eine Bombe mit Zünder im Strahlengang befindet – ohne dass sie explodiert ist. Die Interferenz zwischen den beiden Wegen wurde durch die Anwesenheit der Bombe verändert: Durch die Unterbrechung von Weg 1 werden am zweiten Strahlteiler nicht mehr zwei mögliche Wege zusammengeführt, und es tritt keine destruktive Interferenz an Detektor D_2 auf. Anhand des Nicht-Auftretens von destruktiver Interferenz können wir auf die Anwesenheit der Bombe schließen. Dabei wurde im gesamten Versuch nur ein einziges Photon verwendet, und das wurde im Detektor nachgewiesen. Es bleibt kein Photon, das mit dem Zünder wechselgewirkt haben könnte. Daher kommt die Bezeichnung *wechselwirkungsfreie Quantenmessung*.

Was bei diesem Messschema vom Grundsatz her stattfindet, ist die Gewinnung von Welcher-Weg-Information durch Absorption oder eben Nicht-Absorption eines Photons. Wenn der Zünder der Bombe das Photon nicht absorbiert, können wir sicher sein, dass es den anderen Weg genommen hat – ohne direkte Wechselwirkung mit dem Zünder. Das Messprinzip beruht also im Grunde auf der die Veränderung des Interferenzmusters durch Welcher-Weg-Information (Grundregel 4; vgl. S. 51).

Längst nicht alle Photonen werden bei Vorhandensein eines Zünders tatsächlich in Detektor D_2 nachgewiesen. Ebenso wahrscheinlich erfolgt der Nachweis in Detektor D_1 (Fall 2). Dann können wir nicht sagen, ob eine Bombe vorhanden ist oder nicht. Die Messung muss wiederholt werden, bis einer der anderen beiden Fälle eintritt.

Beispielaufgabe: Bestimmen Sie die Wahrscheinlichkeit, mit der eine Bombe mit Zünder identifiziert werden kann.

Lösung: Hinter dem ersten Strahlteiler besteht jeweils eine Wahrscheinlichkeit von $\frac{1}{2}$ für den Nachweis des Photons in dem entsprechenden Arm, also auch für die Explosion der Bombe (Fall 1). Für die andere Hälfte der Photonen ergibt sich am zweiten Strahlteiler die gleiche Situation wieder, so dass die Nachweiswahrscheinlichkeit für beide Detektoren jeweils bei $\frac{1}{2} \cdot \frac{1}{2} = \frac{1}{4}$ liegt (Fälle 2 und 3). Da Fall 2 zur Wiederholung der Messung führt, tragen nur die anderen beiden Fälle zu dem Gesamtergebnis bei. Für den erfolgreichen Nachweis einer Bombe mit Zünder ergibt sich also die Wahrscheinlichkeit:

$$\frac{P(\text{Fall 3})}{P(\text{Fall 1}) + P(\text{Fall 3})} = \frac{\frac{1}{4}}{\frac{1}{2} + \frac{1}{4}} = \frac{1}{3}. \tag{4.1}$$

ℹ️ Erhöhen der Erfolgswahrscheinlichkeit

Bei einer Erfolgswahrscheinlichkeit von $\frac{1}{3}$ ist es doppelt so wahrscheinlich, dass die Bombe bei der Messung explodiert, als dass sie als funktionsfähig identifiziert wird. Um dieses Verhältnis zu verbessern, kann statt eines 50:50-Strahlteilers ein unsymmetrischer Strahlteiler verwendet werden, der die Nachweiswahrscheinlichkeit eines Photons in dem Arm mit der Bombe deutlich verringert. Dadurch sinkt die Wahrscheinlichkeit für Fall 1, während sich die Wahrscheinlichkeit für die Fälle 2 und 3 erhöht. Bei der Messung zünden also weniger Bomben; die Erfolgswahrscheinlichkeit kann so von $\frac{1}{3}$ bis auf zu ungefähr $\frac{1}{2}$ erhöht werden [42]. Mit elaborierteren Schemata ist eine weitere Erhöhung der Nachweiswahrscheinlichkeit bis auf nahezu 1 möglich [43].

4.3 Quantum Imaging

Durch das Prinzip der wechselwirkungsfreien Quantenmessung wurde die Entwicklung verschiedener bildgebender Verfahren inspiriert, die unter dem Namen *Quantum Imaging* zusammengefasst werden [44, 45]. Dabei benutzt man Paare von verschränkten Photonen, von denen eines mit dem Objekt wechselwirkt, aber nur das andere ortsaufgelöst von einer Kamera detektiert wird. So kann ein Objekt abgebildet werden, ohne dass die ortsaufgelöst detektierten Photonen direkt mit ihm wechselwirken. Dadurch lassen sich zum Beispiel Wellenlängenbereiche, für die keine effizienten Detektoren zur Verfügung stehen, für neuartige bildgebende Verfahren erschließen.

Quantum Ghost Imaging: Abbildung mit korrelierten Photonen

Für das *Quantum Ghost Imaging* werden die räumlichen und zeitlichen Korrelationen eines verschränkten Photonenpaares ausgenutzt (Abb. 4.5). Die beiden Photonen gehen von dem nichtlinearen Kristall aus, in dem sie erzeugt werden. Eines davon wechselwirkt mit dem Objekt. Wenn es nicht absorbiert wird, wird es – je nach experimenteller Konfiguration – reflektiert oder transmittiert und dann von einem nicht-ortsauflösenden Detektor nachgewiesen (in Abb. 4.5 oben). Die englische Bezeichnung „Bucket-Detektor" beschreibt seine Funktion: Wie ein Eimer sammelt er nur die binäre Information, ob ein Photon vom Objekt kommt oder nicht. Eine Abbildung entsteht dabei nicht.

Auch im unteren Arm entsteht keine Abbildung des Objekts. Zwar werden die Photonen dort mit einer ortsauflösende Kamera abgebildet. Da sie aber niemals mit dem Objekt in Berührung gekommen sind, entsteht in der Kamera auch kein Bild des

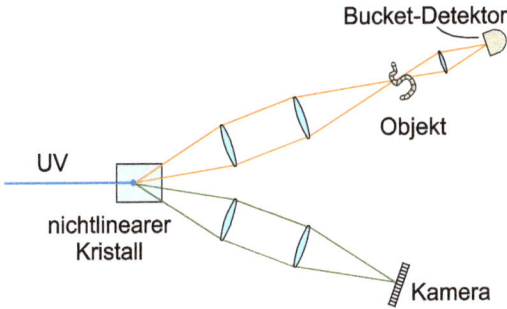

Abb. 4.5: Prinzip des Quantum Ghost Imaging mit korrelierten Photonen.

Objekts. Es wird einfach die Lichtquelle abgebildet, also das räumliche Profil der Paarerzeugungsprozesse im nichtlinearen Kristall.

Ein Bild des Objekts entsteht erst dann, wenn man die Korrelationen zwischen den Photonen ausnutzt. Dazu geht man wie folgt vor: Die Position eines Photons, das an der ortsauflösenden Kamera eintrifft, wird nur dann festgehalten, wenn gleichzeitig am Bucket-Detektor ein Photon registriert wird, das vom Objekt kommt. Die Photonen, die im Bucket-Detektor landen, beleuchten gewissermaßen das Objekt, und die Ortsinformation des entsprechend korrelierten Partnerphotons wird von der Kamera aufgezeichnet. Durch koinzidente Detektion lässt sich auf diese Weise die Abbildung konstruieren [46].

Quantum Ghost Imaging mit unterschiedlichen Wellenlängen
Eine mögliche Anwendung des Quantum Ghost Imaging liegt in der effizienten Bildgebung im Infrarotbereich. Üblicherweise setzt man zur Abbildung in diesem Bereich Wärmebildkameras ein, bei denen der Nachweis der Infrarotstrahlung auf Arrays von Mikrobolometern beruht – thermische Sensoren, die auf Erwärmung beruhen. Dieses Funktionsprinzip bringt eine geringe räumliche Auflösung und ein niedriges Signal-Rausch-Verhältnis mit sich.

In der Verbesserung des Abbildungsverhaltens im Infrarotbereich liegt ein möglicher Anwendungsbereich des Quantum Ghost Imaging. Dazu nutzt man eine Variante, in der für die beiden Aufgaben (Wechselwirkung mit dem Objekt und ortsaufgelöster Nachweis) Photonen aus unterschiedlichen Wellenlängenbereichen genutzt werden können. Bei der Photonenpaarerzeugung wird ein Infrarotphoton mit einem optischen Photon korreliert. Das infrarote Photon wechselwirkt mit dem Objekt und liefert dessen Transmissions- oder Reflexionseigenschaften im infraroten Wellenlängenbereich. Für die ortsaufgelöste Detektion wird das sichtbare Photon verwendet, weil hier effiziente Einzelphotonen-Detektorarrays zur Verfügung stehen. Auf diese Weise können Abbildungen mit einzelnen Photonen im Infrarotbereich realisiert werden [47].

Mit dieser Methode können zum Beispiel Objekte und Strukturen abgebildet werden, die für sichtbares Lichts undurchsichtig (vollständige Absorption) oder unsichtbar (vollständige Transmission) sind. Ein weiterer Vorteil der Methode ist die sehr niedriger Beleuchtungsintensität, der das Objekt ausgesetzt ist. Das kann für die mikroskopische Abbildung lebender Zellen oder Kleinstlebewesen von Vorteil sein.

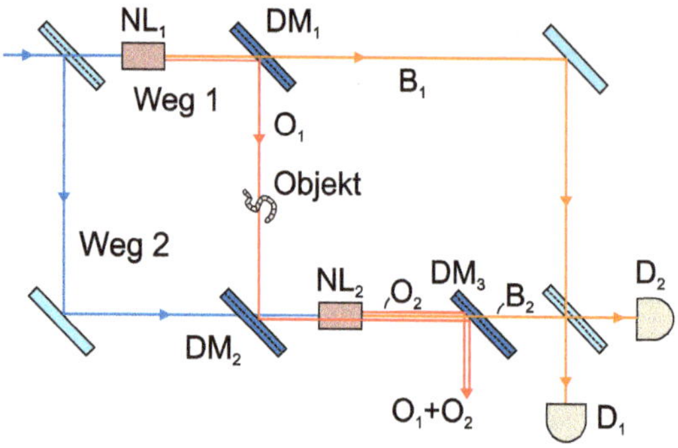

Abb. 4.6: Schema des Quantum Imaging mit nichtdetektierten Photonen.

⚡ Das Quantum Ghost Imaging beruht in der oben beschrieben Form allein auf räumlichen und zeitlichen Korrelationen zwischen zwei Photonen. Genuine Quanteneffekte spielen keine zentrale Rolle. Vergleichbare, vom Quantum Ghost Imaging inspirierte Verfahren konnten deshalb auch mit klassischem Licht realisiert werden [48].

Quantum Imaging mit nichtdetektierten Photonen

Beim Quantum Ghost Imaging werden die Photonen aus dem Objekt-Weg nach wie vor detektiert (im Bucket-Detektor). Neuere Ansätze ermöglichen die Abbildung, ohne dass die mit dem abzubildenden Objekt interagierenden Photonen gemessen werden [49]. Ziel dabei ist es, die verwendbaren Wellenlängen auf Bereiche zu erweitern, in denen keine Einzelphotonendetektoren zur Verfügung stehen.

Ausgangspunkt zum Verständnis des in Abb. 4.6 gezeigten Aufbaus ist der Quanten-Bomben-Test aus Abschnitt 4.2. Von der Grundstruktur her handelt es sich um ein Mach-Zehnder-Interferometer, das so justiert ist, dass aufgrund von destruktiver Interferenz nur an einem der beiden Detektoren Photonen nachgewiesen werden. Interferenz kann nur auftreten, wenn die beiden Wege im Interferometer ununterscheidbar sind (Grundregel 4). Sind die Wege unterscheidbar, so werden in beiden Detektoren Photonen nachgewiesen. Dies wird zur Abbildung des Objekts ausgenutzt: Anhand des Nicht-Auftretens von Interferenz lässt sich auf das Vorhandensein des Objekts zurückschließen.

Statt des „klassischen" Mach-Zehnder-Interferometers wird ein nichtlinearer Interferometeraufbau verwendet, bei dem durch parametrische Fluoreszenz (spontaneous parametric down-conversion) an zwei verschiedenen Stellen Photonenpaare erzeugt werden (in den nichtlinearen Kristallen NL_1 und NL_2). Jeweils ein Photon des ersten Paares wird mit dem entsprechenden Photon des anderen Paares überlagert, so dass es zu Interferenz kommen kann. Konkret besteht das Experiment aus den folgenden Schritten:

1. Der Pump-Laserstrahl wird auf zwei Wege aufgesplittet, Weg 1 und Weg 2.
2. In Weg 1 werden in einem nichtlinearen Kristall NL_1 räumlich verschränkte Photonenpaare erzeugt, die unterschiedliche Wellenlängen aufweisen (in Abb. 4.6 orange und rot gezeichnet).
3. Die Photonenpaare werden separiert in Photonen für die Bildgebung (B_1) und Photonen, die mit dem Objekt interagieren (O_1). Das geschieht mit einem dichroitischen Spiegel (DM_1), der selektiv nur eine Farbe (rot) reflektiert und die andere (orange) hindurchlässt.
4. In Weg 2 werden in einem identischen nichtlinearen Kristall ebenfalls verschränkte Photonenpaare erzeugt und mit dem dichroitischen Spiegel (DM_2) in gleicher Weise separiert (B_2 und O_2).
5. Die Bildgebungs-Photonen aus den beiden Wegen (B_1 und B_2) werden am zweiten Strahlteiler so überlagert, dass sie ununterscheidbar werden.
6. Ebenso werden auch die beiden Objekt-Photonen (O_1 und O_2) am dritten dichroitischen Spiegel (DM_3) überlagert, so dass auch sie – sofern in dem Weg von O_1 kein Objekt eingebracht ist – ebenfalls ununterscheidbar sind.
7. In diesem Szenario (ohne Objekt), tritt nun Interferenz an den Bildgebungs-Photonen auf, diese wird als Nullsignal an Detektor D_2 nachgewiesen.
8. Die anderen beiden Photonen (O_1 und O_2) interferieren ebenfalls, werden jedoch nicht nachgewiesen.
9. Falls sich ein Objekt im Weg von O_1 befindet, werden die beiden Wege O_1 und O_2 unterscheidbar. Es tritt keine Interferenz auf – auch für die Bildgebungs-Photonen B_1 und B_2. An Detektor D_2 tritt nun keine destruktive Interferenz auf; es werden Photonen nachgewiesen.

Mit diesem Verfahren kann aus dem Nicht-Auftreten von Interferenz bei den Bildgebungs-Photonen auf das Vorhandensein eines Objektes geschlossen werden. Dabei haben die Bildgebungs-Photonen nie mit dem Objekt interagiert, und die Photonen, die mit dem Objekt interagiert haben, werden nicht gemessen. Es hat den Vorzug, dass bei den Photonen der verschränkten Paare unterschiedliche Wellenlängen verwendet werden können. Für die Bildgebungs-Photonen kann eine gut detektierbare Wellenlänge eingesetzt werden. Da die Objekt-Photonen nicht detektiert werden, ist es nicht notwendig, dass dafür Einzelphotonendetektoren zur Verfügung stehen. Gegenüber den vorher beschriebenen Verfahren lassen sich hierdurch neue Wellenlängenbereiche erschließen.

4.4 Interferometrie am Quantenlimit

Standard Quantum Limit

Wenn man mit interferometrischen Methoden misst, geht es um den Nachweis einer Phasendifferenz zwischen den beiden Armen. Das kann dadurch geschehen, dass das Interferometer – wie bei der Diskussion des Quanten-Bomben-Tests – im Ausgangszustand so justiert wird, dass die Intensität an einem der Ausgänge gerade null ist. Bringt man nun ein Objekt ein, dass aufgrund seines Brechungsindex die Phase in einem der Arme ändert, zeigt sich das in einer von null verschiedenen Intensität an diesem Ausgang. Der Betrag der Phasenverschiebung wird durch die Intensität des austretenden Lichts angezeigt.

Aufgrund des probabilistischen Charakters der Quantenphysik fluktuiert die Intensität am Ausgang des Interferometers allerdings. Die dort austretenden Photonen treffen am Detektor nicht als gleichmäßiger Strom ein, sondern fluktuierend. Diese Fluktuationen in der Photonenzahl werden als *Schrotrauschen* (shot noise) bezeichnet. Das Schrotrauschen skaliert mit $\frac{1}{\sqrt{N}}$, wobei N die mittlere Anzahl der eintreffenden Photonen ist. Diese Rauschgrenze, die die Genauigkeit der Messung begrenzt, wird als *Standard Quantum Limit* (SQL) bezeichnet.

ℹ️ Schrotrauschen tritt immer dann auf, wenn Energie in diskreten „Paketen" übertragen wird, deren Eintreffen durch einen Zufallsprozess bestimmt wird – historisch zuerst untersucht bei Elektronen in einer Vakuumröhre. Solche Zufallsprozesse werden mathematisch durch Poisson-Verteilungen beschrieben, deren Standardabweichung mit $\frac{1}{\sqrt{N}}$ skaliert, wenn N der Mittelwert ist. Zur Reduzierung des relativen Fehlers kann die Messung N Mal wiederholt werden oder die Intensität auf das N-fache erhöht werden. Damit lässt sich der Fehler proportional zu $\frac{1}{\sqrt{N}}$ reduzieren. Das ist das Standard Quantum Limit, das für den Fall von Photonen auf die diskrete Natur der Lichtquanten zurückgeht.

NOON-Zustände

Die Quantenmechanik erlaubt jedoch eine höhere Genauigkeit. Dazu betrachtet man nicht N unabhängige Einzelereignisse, sondern erhöht die Intensität durch ein einziges Ereignis mit N-facher Intensität. Das ist die Idee hinter den *NOON-Zuständen* (geschrieben mit Nullen und gesprochen wie englisch „*noon*"). Sie werden allgemein durch den Ausdruck

$$\frac{1}{\sqrt{2}}(|N,0\rangle + |0,N\rangle) \tag{4.2}$$

beschrieben [50]. Zur Erzeugung von NOON-Zuständen muss man erreichen, dass nach dem Strahlteiler genau 0 Photonen im einen Arm des Interferometers sind und genau N im anderen Arm – oder, im anderen Zustand der Überlagerung, genau umgekehrt. Ein solcher Zustand hat zwei Vorteile für die Interferometrie:
1. Er sammelt auf seinem Weg durch das Interferometer die N-fache Phasendifferenz auf. Dadurch wird die Empfindlichkeit des Interferometers erhöht.
2. Bei einem Nachweisereignis werden am Detektor nicht N einzelne Photonen mit jeweils einer gewissen Wahrscheinlichkeit nachgewiesen, sondern entweder N Photonen als Ganzes oder gar keines. Durch diese „alles-oder-nichts"-Charakteristik der NOON-Zustände skalieren die Fluktuationen mit $\frac{1}{N}$. Das bedeutet eine Verbesserung der Messgenauigkeit um $\frac{1}{\sqrt{N}}$ gegenüber dem Standard Quantum Limit.

Mit dieser Abhängigkeit der Messgenauigkeit von N ist die Grenze dessen erreicht, was innerhalb der Quantenmechanik möglich ist: Die Skalierung der Messgenauigkeit mit $\frac{1}{N}$ wird als *Heisenberg Limit* bezeichnet [51].

Hong-Ou-Mandel-Effekt

Zur Erzeugung eines NOON-States für $N = 2$ kann der *Hong-Ou-Mandel (HOM) Effekt* genutzt werden: Hong-Ou-Mandel-Interferenz tritt beispielsweise dann auf, wenn zwei ununterscheidbare Photonen von zwei Richtungen auf einen Strahlteiler gesandt und dort überlagert werden. Sie interferieren am Strahlteiler so miteinander, dass sie dahinter in einem gemeinsamen, verschränkten Zustand sind:

$$\frac{i}{\sqrt{2}}(|2,0\rangle + |0,2\rangle). \tag{4.3}$$

Bei einer Messung werden sie stets beide im selben Arm des Interferometers nachgewiesen; der Fall, dass jeweils ein Photon in dem einem, das andere Photon in dem anderen Arm nachgewiesen wird, tritt nicht auf.

NOON-Zustände sind verschränkte Zustände. Sie sind fragil und anfällig gegen Dekohärenz. Ihre Erzeugung und Handhabung in Experimenten wird für $N > 2$ schwierig. In Experimenten konnten bisher NOON-Zustände mit bis zu $N = 5$ demonstriert werden.

4.5 Quantenlogik-Spektroskopie

Die Präzisionsspektroskopie an Atomen und Ionen, die einzeln in Fallen festgehalten und gekühlt werden, ist seit langem ein etablierter und sehr erfolgreicher Bereich der Metrologie. Eine hohe spektroskopische Auflösung wird durch *Laserkühlung* erreicht. Das in der Falle gefangene Atom oder Ion durchläuft hierbei Zyklen von gezielten An- und Abregungen interner Energieniveaus. Die Laserfrequenz wird dabei so gewählt, dass dem Ion bei jedem Zyklus Energie entzogen wird. Das geschieht auf Kosten seiner thermischen Bewegungsenergie – das Ion wird abgebremst und seine thermische Bewegung im Fallenpotential immer langsamer. Dadurch kann das in der Falle gefangene Ion bis in den Mikrokelvin-Bereich abgekühlt werden. Für die Spektroskopie ist das ein wesentlicher Vorteil, denn dadurch werden die durch die Eigenbewegung des Ions verursachten Doppler-Verschiebungen der Frequenz reduziert, die die erreichbare Genauigkeit spektroskopischer Messungen ansonsten einschränken. Damit das Verfahren funktioniert, sind bei den verwendeten Ionen eine Anzahl von Voraussetzungen erforderlich:

(a) ein geeigneter Spektroskopieübergang, also ein schmaler Übergang mit langer Lebensdauer des angeregten Zustands,

(b) ein schneller Übergang für die Kühlsequenz bei der Laserkühlung,

(c) eine gute Präparierbarkeit des Anfangszustands,

(d) effiziente Zustandsdetektion.

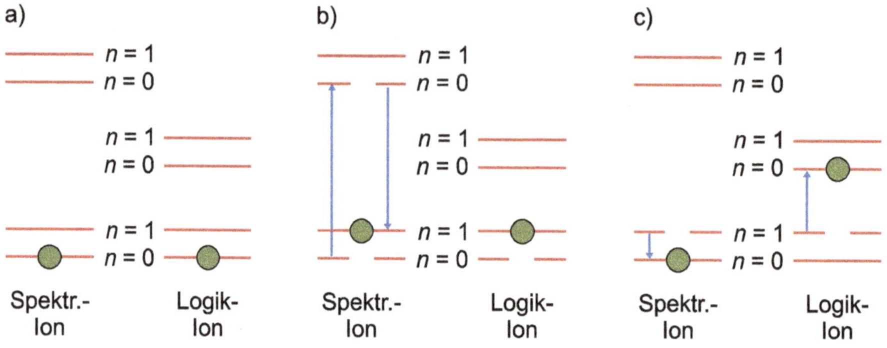

Abb. 4.7: Ablauf der Quantenlogik-Spektroskopie.

Längst nicht alle Atom- und Ionensorten erfüllen diese Anforderungen. Um den Anwendungsbereich auf weitere Spezies zu erweitern, wurde mit der *Quantenlogik-Spektroskopie* ein Verfahren entwickelt, bei dem Methoden, die ursprünglich zur Realisierung von Quantengattern eingesetzt wurden, für spektroskopische Zwecke nutzbar gemacht werden [52].

Das zu untersuchende Ion muss dabei nur noch die erste der vier Anforderungen erfüllen. Zusätzlich zu diesem Ion (dem *Spektroskopie-Ion*) wird noch ein zweites Ion eingesetzt (das *Logik-Ion*), ein gut manipulierbares Ion, das die drei anderen Anforderungen erfüllt. Die Grundidee der Quantenlogik-Spektroskopie besteht darin, Information über den internen Zustand des Spektroskopie-Ions auf das Logik-Ion zu übertragen und sie aus diesem leichter handhabbaren System auszulesen [53, 54]. Auch die Kühlung des Spektroskopie-Ions erfolgt über das Logik-Ion.

Als wichtiger Mechanismus zur Übertragung des Zustands von einem auf das andere Ion werden die gemeinsamen Schwingungsfreiheitsgrade der beiden Ionen eingesetzt. Die beiden Ionen sitzen im gemeinsamen Fallenpotential und stoßen sich aufgrund ihrer Ladung gegenseitig ab. Es lassen sich Schwingungen um den Gleichgewichtszustand (in dem die Ionen einige Mikrometer voneinander entfernt sind) anregen. Diese Schwingungen sind nach der Quantenmechanik quantisiert, sie haben diskrete Energiewerte. Um das System aus dem Grundzustand mit minimaler Schwingungsenergie in den ersten angeregten Zustand zu bringen, ist ein genau definierter Energiebetrag nötig. Das wird bei der Quantenlogik-Spektroskopie ausgenutzt.

Ablauf der Quantenlogik-Spektroskopie

Die Diagramme in Abb. 4.7 zeigen die am Ablauf beteiligten Zustände der Ionen. Die Zustände des Spektroskopie-Ions sind in den Teilabbildungen jeweils links gezeigt, die des Logik-Ions rechts. Zusätzlich zu den internen Energieniveaus gibt es die schon angesprochenen Schwingungsfreiheitsgrade. Der Grundzustand und der erste angeregte Zustand, die bei dem Schema eine Rolle spielen, sind in Abb. 4.7 mit $n = 0$ und $n = 1$ gekennzeichnet. Die Schwingungszustände sind beiden Ionen gemeinsam zugeordnet. Sie müssen daher zwangsläufig immer beide im selben Zustand sein, also beide in $n = 0$ oder beide in $n = 1$. Das ist physikalisch unmittelbar einsichtig, lässt sich jedoch in den Diagrammen, wo die Energieniveaus für jedes Ion einzeln gezeichnet werden, nur schlecht darstellen. Der Ablauf der Quantenlogik-Spektroskopie geschieht in den folgenden Schritten:

(a) Durch Laserkühlung werden beide Ionen in den Grundzustand gebracht, sowohl bezüglich der internen Energieniveaus als auch der Schwingungsfreiheitsgrade (Abb. 4.7(a)).

(b) Der zu spektroskopierende Übergang beim Spektroskopie-Ion wird durch einen Laserpuls angeregt, ohne dass Schwingungen angeregt werden (Abb. 4.7(b)). Die Ionen bleiben im Schwingungs-Grundzustand $n = 0$. Der zweite Puls führt das Spektroskopie-Ion wieder in den internen Grundzustand zurück. Seine Frequenz ist etwas kleiner als diejenige des ersten Pulses, so dass das Spektroskopie-Ion nicht in den Ausgangszustand zurückkehren kann. Der Übergang ist aber möglich, wenn dabei der $n = 1$-Zustand der Schwingungsfreiheitsgrade angeregt wird. Das betrifft automatisch beide Ionen, d. h. auch das Logik-Ion ist nun in einem Zustand mit $n = 1$.

(c) Mit einem dritten Puls wird das Logik-Ion in den angeregten internen Zustand gebracht, wobei die gemeinsame Schwingung wieder in den Grundzustand $n = 0$ gebracht wird (Abb. 4.7(c)). Nun kann das Auslesen erfolgen.

Die beschriebene Sequenz läuft in dieser Form ab, falls die Anregung des Spektroskopie-Ions erfolgreich war. Wenn das nicht der Fall war, weil zum Beispiel der erste Laserpuls die Resonanzfrequenz des Spektroskopie-Ions nicht getroffen hat, bleibt das System im Ausgangszustand. Im ersten Fall ist das Logik-Ion im angeregten internen Zustand, im zweiten Fall im Grundzustand. Der interne Zustand des Logik-Ions zeigt also an, ob die Anregung des Spektroskopie-Ions erfolgreich war. Das Logik-Ion ist so gewählt, dass sein Zustand (durch Anregung in einen nicht eingezeichneten dritten internen Zustand) leicht nachweisbar ist. Die Stärke der Fluoreszenz des Logik-Ions gibt somit Auskunft über die Energieniveaus des Spektroskopie-Ions.

Die Quantenlogik-Spektroskopie ist speziell für optische Atomuhren interessant, weil mit dieser Technik auch Ionen verwendbar sind, die vorteilhafte spektroskopische Eigenschaften haben, aber keine für die Laserkühlung und Detektion geeigneten Übergänge besitzen. Ein Beispiel ist das Al^+-Ion, dessen relevanter Übergang gegenüber äußeren Störungen (elektrische und magnetische Felder, thermische Strahlung) besonders unempfindlich ist und eine extrem schmale Linienbreite von nur 8 mHz hat. Eine Al^+-Quantenlogik-Uhr konnte zuerst am NIST in Boulder realisiert werden [55]. Es konnte eine Ganggenauigkeit von weniger als 10^{-18} erreicht werden. Das entspricht einer Abweichung von einer Sekunde in 30 Milliarden Jahren.

5 Quanteninformation und -kommunikation

5.1 Unmögliche Maschinen

Weite Bereiche der Quantentechnologien, wie etwa die Quantenkommunikation und das Quantencomputing, beruhen auf der Verarbeitung und Übertragung von Information. Die Vorteile, die sie dabei gegenüber ihren klassischen Gegenstücken haben, gehen auf die besondere Natur der *Quanteninformation* zurück – der Information, die in den Zuständen einzelner Quantensysteme gespeichert und übertragen werden kann. Wir wollen im Folgenden zeigen, dass die Quanteninformation tatsächlich etwas Neues ist, das nicht ohne Weiteres durch die Konzepte der klassischen Informationstheorie beschrieben werden kann und nicht durch Informationsträger realisiert, die auf der klassischen Physik beruhen.

Der nichtklassische Charakter der Quanteninformation wurde am eindrücklichsten von Werner [56, 57] demonstriert, der eine Hierarchie von „unmöglichen Maschinen" entworfen hat, die zeigen, wie klassisch plausible Annahmen über Quanteninformation zu unannehmbaren Konsequenzen führen. Die Maschinen sind so beschaffen, dass man die jeweils „schwächeren" Maschinen bauen kann, wenn man im Besitz einer „stärkeren" ist. Es stellt sich heraus, dass man schon mit der schwächsten Maschine von allen, dem Korrelationstelefon, die relativistische Kausalität verletzen kann. Möchte man das nicht akzeptieren, sind damit auch alle stärkeren Maschinen ausgeschlossen.

Klassische Übersetzung

Alle die im folgenden beschriebenen Maschinen gibt es in der Realität nicht. Aber kontrafaktisch kann man sie sich leicht vorstellen und überlegen, was aus ihrer Existenz folgen würde. Die erste Maschine wäre – wenn es sie denn gäbe – die stärkste von allen, obwohl sich ihre Beschreibung am harmlosesten anhört. Sie ist symbolisch in Abb. 5.1 (oben) dargestellt. Sie erhält als Input ein Quantensystem und kann daraus mit einer einzigen Messung die vollständige Information über dessen Zustand entnehmen (über den vorher weiter nichts bekannt ist). Dieser Vorgang hört sich harmlos an, weil er in der klassischen Informationstheorie als selbstverständlich angesehen wird. In der Quantenphysik ist das nicht so. Der Zustand eines Quantensystems lässt sich generell nicht mit einer einzigen Messung bestimmen, er kann nur aus den Ergebnissen vieler Messungen rekonstruiert werden. Ein einfaches Beispiel ist die auf S. 79 beschriebene Polarisationsmessung: Bei einer einzelnen Messung erhält man ein einzelnes Ergebnis, zum Beispiel einen Detektorklick am +-Ausgang (vgl. Grundregel 3). Mehr Information über den Zustand der einlaufenden Photonen erhält man erst aus der Statistik vieler Messungen.

Mit „vollständiger Information über den Zustand" ist gemeint, dass damit die in Abb. 5.1 (unten) dargestellte Maschine zur klassischen Teleportation möglich wird. Ein

https://doi.org/10.1515/9783110717211-005

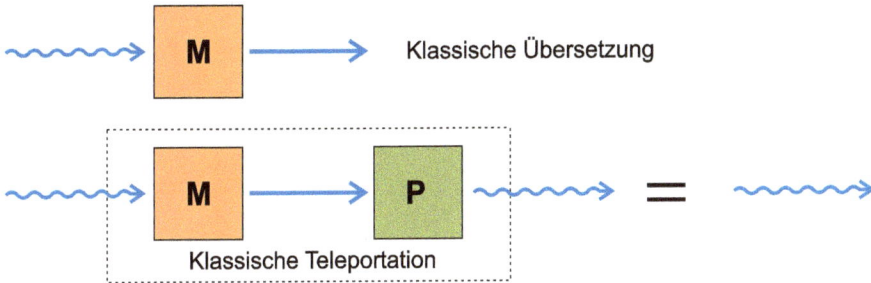

Abb. 5.1: Klassische Übersetzung (oben): Mit einer einzigen Messung M wird die vollständige Information über den Zustand eines beliebigen Quantensystem gewonnen. Das ermöglicht (über die Präparation P) die klassische Teleportation (unten). Gewellte Pfeile stellen Quantensysteme dar; geradlinige Pfeile stehen für klassische Information.

Präparationsapparat P soll mit dieser (klassischen) Information in der Lage sein, ein Quantensystem zu präparieren, das bei beliebigen Messungen vom ursprünglichen Quantensystem ununterscheidbar ist. In der Quantenphysik ist dazu die Kenntnis des Zustandsvektors bzw. der entsprechenden Dichtematrix erforderlich.

Quantum State Tomography: Generell ist die Zustandsrekonstruktion in der Quantenmechanik ein schwieriges Problem. Bei der *Quantum State Tomography* wird durch zahlreiche Messungen an einem Ensemble von identisch präparierten Quantenobjekten deren Zustand rekonstruiert. Dazu muss in einer Vielzahl von Messbasen gemessen werden. Der Name des Verfahrens kommt von der Ähnlichkeit zur medizinischen Tomographie, wo der Patient aus vielen verschiedenen Richtungen durchleuchtet wird, um aus den Ergebnissen das Körperinnere am Computer zu rekonstruieren.

Quantenkopierer

Der Quantenkopierer ist ein Gerät, das als Input ein einzelnes Quantensystem in einem beliebigen Zustand erhält und davon eine perfekte Kopie anfertigt (Abb. 5.2), die bei beliebigen Messungen nicht vom Original zu unterscheiden ist. Der rechte Teil von Abb. 5.2 zeigt, dass man mit einer Maschine zur klassischen Übersetzung einen Quantenkopierer konstruieren kann. Weil klassische Information beliebig vervielfältigt werden kann, reicht es aus, die bei der klassischen Übersetzung gewonnene Information an zwei Präparierapparate zu senden, um eine perfekte Kopie des ursprünglichen Quantensystems anzufertigen. Auch beliebig viele Kopien sind auf diese Weise möglich.

No-Cloning-Theorem

Die Aussage „*A single quantum cannot be cloned*" ist der Inhalt des No-Cloning-Theorems von Wooters und Zurek [58]. Es wurde erst 1982, also sehr spät in der Geschichte der Quantenphysik, explizit formuliert. Heute bildet es die Grundlage der Quantenkommunikation und insbesondere der Quantenkryptographie, wo es die Abhörsicherheit der quantenkryptographischen Verfahren garantiert. Das

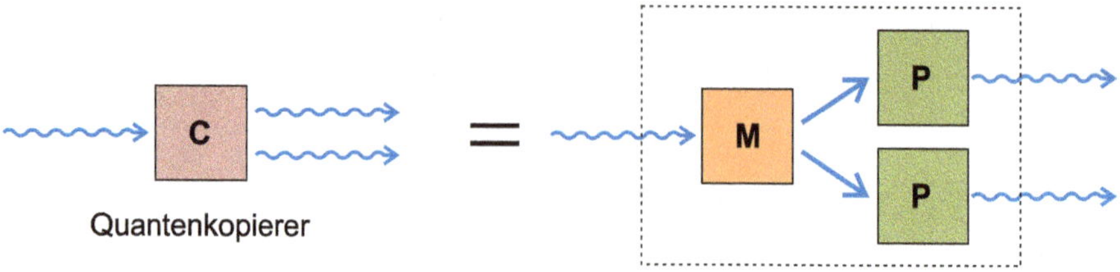

Abb. 5.2: Ein Quantenkopierer (links) erhält als Input ein einzelnes Quantensystem und fertigt eine perfekte Kopie davon an. Wenn die klassische Übersetzung möglich ist, kann damit ein Quantenkopierer gebaut werden (rechts).

No-Cloning-Theorem sagt aus, dass im Rahmen der Quantenmechanik kein Quantenkopierer möglich ist, dass es also nicht möglich ist, ein Quantensystem in einem unbekannten Zustand perfekt zu kopieren.

Der Beweis dieser Aussage ist nicht schwierig. Der Einfachheit halber betrachten wir abstrakte Qubit-Zustände. Ein Quantenkopierer würde den Zustand $|\psi\rangle$ eines Qubits auf ein zweites Qubit kopieren, das vorher im Zustand $|a\rangle$ war. Er würde also die folgende Zeitentwicklung bewirken:

$$|\psi\rangle_1 |a\rangle_2 \longrightarrow |\psi\rangle_1 |\psi\rangle_2. \tag{5.1}$$

Das müsste insbesondere für die Qubit-Basiszustände $|0\rangle$ und $|1\rangle$ gelten:

$$|0\rangle_1 |a\rangle_2 \longrightarrow |0\rangle_1 |0\rangle_2, \quad |1\rangle_1 |a\rangle_2 \longrightarrow |1\rangle_1 |1\rangle_2. \tag{5.2}$$

Da in der Quantenmechanik das Superpositionsprinzip gilt, ist damit bereits die Zeitentwicklung eines beliebigen Überlagerungzustands festgelegt:

$$|\psi\rangle_1 |a\rangle_2 = [\alpha |0\rangle_1 + \beta |1\rangle_1] |a\rangle_2 \longrightarrow \alpha |0\rangle_1 |0\rangle_2 + \beta |1\rangle_1 |1\rangle_2. \tag{5.3}$$

Das ist nicht der gewünschte Endzustand $|\psi\rangle_1 |\psi\rangle_2$. Das Superpositionsprinzip verhindert also das perfekte Kopieren eines beliebigen Quantenzustandes.

Störungsfreie Messung

Ein Apparat zur störungsfreien Messung misst an einem Quantensystem in einem beliebigen Zustand eine Observable B, ohne diesen Zustand dabei zu stören (Abb. 5.3). Er widerspricht damit der auf S. 82 angesprochenen Formulierung der heisenbergschen Unbestimmtheitsrelation „keine Messung ohne Störung". Wie in Abb. 5.3 (rechts) gezeigt, lässt sich eine solche Messung durchführen, wenn man im Besitz eines Quantenkopierers ist. Man kopiert das Quantensystem und führt die Messung an der Kopie durch. Das ursprüngliche Quantensystem wird dadurch nicht gestört.

Gemeinsame Messung

Eine weitere der auf S. 82 angesprochenen Formulierungen der Unbestimmtheitsrelation besagt, dass zwei komplementäre Observablen B_1 und B_2 nicht gemeinsam ge-

Störungsfreie Messung

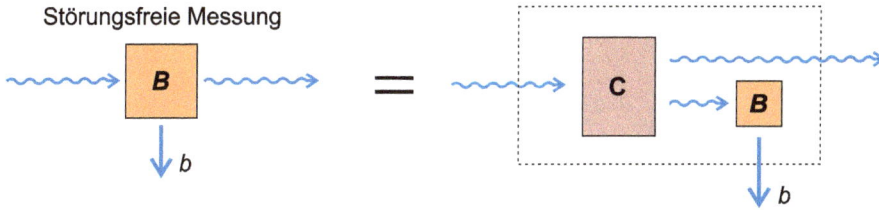

Abb. 5.3: Eine störungsfreie Messung misst eine Observable B an einem Quantensystem und lässt dabei dessen Zustand unverändert (links). Sie kann mit Hilfe eines Quantenkopierers durchgeführt werden (rechts).

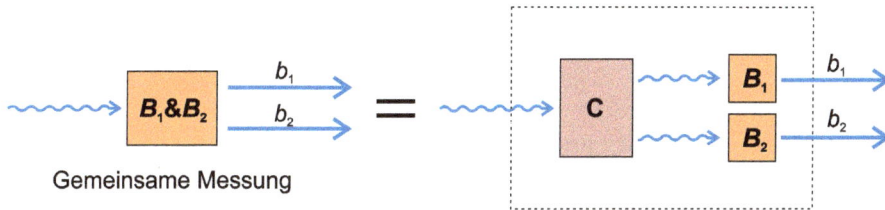

Gemeinsame Messung

Abb. 5.4: Eine gemeinsame Messung zweier Observablen lässt sich mit Hilfe eines Quantenkopierers durchführen.

messen werden können, ohne dass sich die Messungen gegenseitig stören. Das bedeutet: Bei oftmaliger Wiederholung unterscheiden sich die gewonnenen Wahrscheinlichkeitsverteilungen für die gemeinsame Messung von den einzeln gemessenen Verteilungen. Ein Beispiel für komplementäre Observablen sind die Polarisationskomponenten von Licht in der H/V-Basis und in der +/--Basis, zwischen denen eine Unbestimmtheitsrelation besteht.

Ein hypothetischer Apparat zur gemeinsamen Messung von B_1 und B_2 (in Abb. 5.4 mit $B_1\&B_2$ bezeichnet) ist genau dazu in der Lage. Er liefert bei jeder Messung zwei Messwerte b_1 und b_2, und zwar so, dass bei oftmaliger Wiederholung alle Wahrscheinlichkeiten und statistischen Verteilungen die gleichen sind wie bei den einzeln durchgeführten Messungen von B_1 und B_2.

Wie man in Abb. 5.4 (rechts) erkennt, lässt sich ein Apparat zur gemeinsamen Messung mit Hilfe eines Quantenkopierers konstruieren. Man kopiert dazu das ursprüngliche Quantensystem und führt an den beiden identischen Quantensystemen mit konventionellen Messgeräten die Messungen von B_1 und B_2 einzeln durch.

Korrelationstelefon

Das Korrelationstelefon (auch als Bell-Telefon bezeichnet) ist eine Maschine, die es erlaubt, durch Messungen zu kommunizieren. In der Quantenmechanik geht das prinzipiell nicht, aber wie wir sehen werden, ließe sich ein entsprechendes Schema realisieren, wenn man einem Apparat zur gemeinsamen Messung besäße. Gäbe es ein

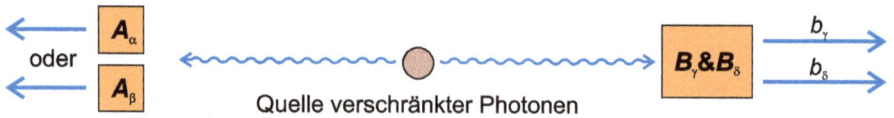

Abb. 5.5: Mit einem Apparat zur gemeinsamen Messung und verschränkten Photonen ließe sich ein Korrelationstelefon konstruieren.

solches Gerät, wäre damit die instantane, also überlichtschnelle, Übermittlung von Botschaften möglich. Eine solche Möglichkeit stünde in scharfem Kontrast zur speziellen Relativitätstheorie und würde Kausalitätsprobleme aufwerfen.

In dem Schema, das mit Hilfe eines Apparats zur gemeinsamen Messung möglich wäre, würde das Senden einer Nachricht wie folgt ablaufen (Abb. 5.5): Alice und Bob teilen sich eine Abfolge von verschränkten Photonenpaaren. Alice will eine binäre Botschaft (die aus Nullen und Einsen besteht) an Bob verschicken. Sie geht dazu folgendermaßen vor: Wenn sie eine 0 senden will, wählt sie das erste Messgerät und misst die Observable A_α. Will sie dagegen eine 1 senden, wählt sie das zweite Messgerät und misst A_β. Bob besitzt ein Gerät zur gemeinsamen Messung der Observablen B_γ und B_δ. Er entschlüsselt die Botschaft wie folgt:

– Wenn die beiden Messwerte b_γ und b_δ gleich sind (also entweder beide gleich +1 oder beide gleich –1), dann interpretiert er das als 0.
– Sind die beiden Messwerte unterschiedlich, dann interpretiert er das als 1.

Im folgenden Kasten wird gezeigt, dass mit diesem Verfahren tatsächlich Nachrichten gesendet werden könnten, wenn auch nur im statistischen Mittel.

ℹ Funktionsweise des Korrelationstelefons

Ein Gerät zur gemeinsamen Messung zweier komplementärer Variablen existiert nach der Quantenmechanik nicht. Deshalb wird es vom Formalismus der Quantenphysik auch nicht beschrieben. Die Ergebnisse müssen also indirekt erschlossen werden; sie lassen sich mit einer geschickten Rechnung auf die Korrelationsfunktionen zurückführen, die wir bereits in Abschnitt 3.14 im Zusammenhang mit der Bell-CHSH-Ungleichung betrachtet haben [56].

Wir betrachten zunächst den Fall, dass Alice eine 0 senden will und die Observable A_α misst. Die Wahrscheinlichkeit, dass Bobs zwei Messwerte b_γ und b_δ übereinstimmen, dass er also das Signal korrekt interpretiert, ist die Summe der Wahrscheinlichkeit, dass sie beide gleich +1 sind und der Wahrscheinlichkeit, dass sie beide gleich –1 sind, und dies wiederum über Alices mögliche Messergebnisse a_α summiert:

$$\sum_{a_\alpha} \left[p(a_\alpha, b_\gamma = +1, b_\delta = +1) + p(a_\alpha, b_\gamma = -1, b_\delta = -1) \right]. \tag{5.4}$$

Dieser Ausdruck lässt sich formal so schreiben:

$$\sum_{a_\alpha, b_\gamma, b_\delta} \left| \frac{b_\gamma + b_\delta}{2} \right| \cdot |a_\alpha| \cdot p(a_\alpha, b_\gamma, b_\delta), \tag{5.5}$$

wobei nun über alle Variablen summiert wird. Der erste Term sorgt für die Bedingung $b_\gamma = b_\delta$, während $|a_\alpha|$ immer 1 ist und sich später als nützlich erweisen wird.

Falls Alice eine 1 senden will, misst sie die Observable A_β. Bob interpretiert das Signal korrekt, wenn seine beiden Messwerte b_γ und b_δ unterschiedlich sind. Die Wahrscheinlichkeit dafür lässt sich ganz analog wie im ersten Fall schreiben:

$$\sum_{a_\beta, b_\gamma, b_\delta} \left| \frac{b_\gamma - b_\delta}{2} \right| \cdot |a_\beta| \cdot p(a_\beta, b_\gamma, b_\delta). \tag{5.6}$$

Wir nehmen nun an, dass Nullen und Einsen im Signal von Alice gleich häufig vorkommen. Die Gesamtwahrscheinlichkeit p_{ok}, dass das von Alice gesendete Signal bei Bob korrekt ankommt, ist die gewichtete Summe der beiden Terme:

$$p_{ok} = \frac{1}{2} \sum_{a_\alpha, b_\gamma, b_\delta} |a_\alpha| \cdot \left| \frac{b_\gamma + b_\delta}{2} \right| \cdot p(a_\alpha, b_\gamma, b_\delta) + \frac{1}{2} \sum_{a_\beta, b_\gamma, b_\delta} |a_\beta| \cdot \left| \frac{b_\gamma - b_\delta}{2} \right| \cdot p(a_\beta, b_\gamma, b_\delta).$$

Weil immer $|a| \geq a$ gilt, kann man schreiben:

$$p_{ok} \geq \frac{1}{4} \sum_{a_\alpha, b_\gamma, b_\delta} a_\alpha \cdot (b_\gamma + b_\delta) \cdot p(a_\alpha, b_\gamma, b_\delta) + \frac{1}{4} \sum_{a_\beta, b_\gamma, b_\delta} a_\beta \cdot (b_\gamma - b_\delta) \cdot p_2(a_\beta, b_\gamma, b_\delta).$$

$$= \frac{1}{4} \sum_{a_\alpha, b_\gamma} a_\alpha b_\gamma \cdot p(a_\alpha, b_\gamma) + \frac{1}{4} \sum_{a_\alpha, b_\delta} a_\alpha b_\delta \cdot p(a_\alpha, b_\delta)$$

$$+ \frac{1}{4} \sum_{a_\beta, b_\gamma} a_\beta b_\gamma \cdot p(a_\beta, b_\gamma) - \frac{1}{4} \sum_{a_\beta, b_\delta} a_\beta b_\delta \cdot p(a_\beta, b_\delta).$$

Die Terme in der letzten Gleichung entsprechen gerade der klassischen Definition der Korrelationsfunktion zwischen den beiden auftretenden Variablen (über die jeweils dritte wurde absummiert):

$$p_{ok} \geq \frac{1}{4} \left[\langle A_\alpha B_\gamma \rangle + \langle A_\alpha B_\delta \rangle + \langle A_\beta B_\gamma \rangle - \langle A_\beta B_\delta \rangle \right]. \tag{5.7}$$

Das ist die Bedingung dafür, dass Alice durch Wahl des Messgeräts Signale an Bob senden kann, sofern dieser in der Lage ist, eine gemeinsame Messung von B_γ und B_δ durchzuführen. Wir stellen fest, dass der Ausdruck in Klammern gerade der Kombination von Korrelationsfunktionen entspricht, die in der Bell-CHSH-Ungleichung Gl. (3.136) auftritt.

Die Wahrscheinlichkeit p_{ok} ist genau dann größer als die Ratewahrscheinlichkeit $\frac{1}{2}$, wenn der Ausdruck in Klammern größer als 2 ist – wenn also die Bell-CHSH-Ungleichung verletzt ist. Das ist ein bemerkenswertes Ergebnis. Um ein Korrelationstelefon zu betreiben, sind zwei Voraussetzungen nötig: die Möglichkeit der gemeinsamen Messung komplementärer Observablen und die Verletzung der Bell-CHSH-Ungleichung. Somit würde das Korrelationstelefon weder in einer rein klassischen Welt noch im Rahmen der Quantenmechanik funktionieren. In der rein klassischen Welt ist die Bell-CHSH-Ungleichung nicht verletzt, in der Quantenmechanik ist die gemeinsame Messung nicht möglich. Überlichtschnelle Kommunikation ist damit in beiden Fällen ausgeschlossen, wenn auch aus unterschiedlichen Gründen.

Quanteninformation und die Hierarchie der unmöglichen Maschinen

Die Abfolge der in diesem Abschnitt vorgestellten unmöglichen Maschinen ist so angelegt, dass sich jede nachfolgende Maschine aus den vorhergehenden konstruieren lässt. Sie bilden also eine Hierarchie – von der klassischen Übersetzung über den Quantenkopierer, der störungsfreien und der gemeinsamen Messung bis zum Korrelationstelefon. Die Maschine zur klassischen Übersetzung ist dabei die stärkste, weil sich aus ihr alle anderen konstruieren lassen. Die schwächste von allen Maschinen, die aus allen anderen konstruiert werden kann, ist das Korrelationstelefon – sie aber hätte, wenn sie realisierbar wäre, drastische Auswirkungen.

Möchte man die relativistische Kausalität nicht aufgeben (die das Senden von Signalen schneller als mit Lichtgeschwindigkeit ausschließt), dann kann es das Korrelationstelefon nicht geben, und damit auch keine der stärkeren Maschinen. Das ist keine zusätzliche Bedingung an die Quantenmechanik. Wie wir zum Beispiel beim Quantenkopierer gesehen haben, ist er quantenmechanisch ohnehin durch das No-Cloning-Theorem ausgeschlossen. Die Hierarchie der unmöglichen Maschinen hat eine andere Funktion: Sie illustriert den neuartigen Charakter der Quanteninformation und zeigt uns, dass es sich bei klassischer Information und Quanteninformation um unterschiedliche Konzepte handelt.

5.2 Quantenkryptographie

Die verschlüsselte Übertragung von Daten ist im digitalen Zeitalter wichtiger als jemals zuvor. Jede Webseite wird heute verschlüsselt übertragen, erkennbar am Kürzel „https" in der Web-Adresse (s = secure). Klickt man auf das Schlosssymbol in der Adresszeile, erhält man ausführlichere Informationen über die *Verschlüsselung* und die Datensicherheit bei der Übertragung. Nicht nur im Online-Handel, sondern in allen Bereichen von Wirtschaft und Gesellschaft ist die verschlüsselte Übertragung von Daten heutzutage relevant. Das gilt insbesondere für die kritische Infrastruktur, bei vielen Anwendungen in der Industrie, im Finanzsektor, bei medizinischen Daten und im militärischen Bereich. Auch die Verschlüsselung von Daten in Cloudspeichern ist ein wichtiges Einsatzgebet für Verschlüsselungsverfahren.

In der *Kryptographie* spielen die Quantentechnologien eine zweifache Rolle: Auf der einen Seite haben Quantencomputer das Potential, einige derzeit verbreitete Verschlüsselungsverfahren zu brechen. Auf der anderen Seite stellen sie mit der Quantenkryptographie neuartige quantenbasierte Verfahren zur potentiell abhörsicheren Kommunikation bereit. Wir stellen zunächst die Bedrohung der derzeit verwendeten kryptographischen Verfahren durch Quantenalgorithmen dar, bevor wir in den folgenden Abschnitten auf die Quantenkryptographie eingehen.

Verschlüsselte Datenübertragung und ihre Bedrohung durch Quantencomputer
Heutzutage wird zur verschlüsselten Kommunikation am häufigsten das *RSA-Verfahren* genutzt. Es beruht auf der Tatsache, dass kein klassischer Algorithmus bekannt ist, mit dem sich große Zahlen auf effiziente Weise faktorisieren lassen. Die von klassischen Algorithmen benötigte Rechenzeit skaliert exponentiell mit der Stellenzahl der zu faktorisierenden Zahlen. Die Sicherheit des RSA-Algorithmus beruht auf der faktischen Unmöglichkeit, hinreichend große Zahlen in akzeptabler Zeit zu faktorisieren (mehr dazu in Abschnitt 6.6).

Im Jahr 1994 wurde der *Shor-Algorithmus* vorgestellt, der die Faktorisierung großer Zahlen in polynomialer Zeit ermöglichen würde, falls es gelingt, ihn auf einem Quantencomputer zu implementieren (Abschnitt 6.6). Damit würde dem RSA-Verfahren die Grundlage entzogen. Akteure, die sich im Besitz eines leistungsfähigen Quantencomputers befänden, könnten die mit dem RSA-Verfahren verschlüsselte Kommunikation dechiffrieren und mitlesen. Mit der Aussicht auf funktionsfähige Quantencomputer in naher oder mittlerer Zukunft wächst die Besorgnis um die Sicherheit konventionell verschlüsselter Daten. Das betrifft auch bereits derzeit gesendete oder in der Cloud gespeicherte sensible Daten, die heute schon abgefangen, aber erst zu gegebener Zeit entschlüsselt werden („harvest today, decrypt tomorrow").

Wäre nur eines der klassischen Verschlüsselungsverfahren von der Bedrohung durch Quantencomputer betroffen, könnte man leicht auf andere Verfahren ausweichen. Schon das ebenfalls verbreitete *AES-Verfahren* beruht nicht auf der Faktorisierung großer Zahlen. Seine Dechiffrierung kann allerdings auf die Lösung eines Systems polynomialer Gleichungen zurückgeführt werden. Hier hat ein anderer Quantenalgorithmus, der *HHL-Algorithmus* (Abschnitt 6.8) das Potential zur effizienten Lösung – wenngleich hier viele Details noch ungeklärt sind. Auch der *Grover-Algorithmus* zur Suche in ungeordneten Datenbanken (Abschnitt 6.3) kann Algorithmen wie das Zahlkörpersieb beschleunigen (anders als der Shor-Algorithmus jedoch nicht exponentiell). Insgesamt sind von der Bedrohung durch Quantencomputer eine ganze Anzahl klassischer Verschlüsselungsverfahren betroffen, insbesondere die *Public-Key-Kryptographieverfahren* (RSA, Diffie-Hellman, ElGamal, ECIES, DSA, ECC), wobei das gesamte Ausmaß der Herausforderung durch Quantenalgorithmen noch nicht abschließend abzusehen ist [20].

Ein möglicher Ausweg aus dieser Lage ist die Weiterentwicklung der klassischen Kryptographie. In der *Post-Quantenkryptographie* werden neue klassische Verschlüsselungsverfahren gesucht, die auch gegen Entschlüsselungsangriffe von Quantencomputern sicher sind. Im Post-Quantum Cryptography Standardization Process des US-amerikanischen Standardisierungsinstituts NIST werden seit 2017 entsprechende Algorithmen in einem mehrstufigen Verfahren auf ihre Verwundbarkeit geprüft. In die vierte Runde (2022) haben es nur ein Algorithmus zur Public-Key-Verschlüsselung und drei Algorithmen für digitale Signaturen geschafft.

Abb. 5.6: Chiffrierscheibe mit gegenläufig angeordneten Alphabeten in der Einstellung A → N.

Kryptographische Schlüssel und One-Time Pads

Der zweite Weg zur abhörsicheren Übertragung von Daten ist die *Quantenkryptographie*. Hier macht man sich die fragile Natur der Quanteninformation zunutze, um übermittelte Nachrichten vor Abhörern zu schützen. Bei den gängigsten Quantenkryptographie-Verfahren werden nicht die Botschaften selbst übermittelt, sondern es werden kryptographische Schlüssel erzeugt, mit deren Hilfe die zu übertragende Nachricht sicher verschlüsselt wird. Danach kann sie auf einem klassischen und potentiell unsicheren Kanal übertragen werden.

Für den Hintergrund dieses Konzepts müssen wir zu einem der ältesten Verschlüsselungsverfahren zurückgehen, das bereits von Julius Caesar zur geheimen Kommunikation eingesetzt wurde. Bei diesem Verfahren werden alle Buchstaben um eine Anzahl von Positionen im Alphabet verschoben, etwa A → D, B → E und C → F. Am einfachsten geht das mit einer Chiffrierscheibe wie in Abb. 5.6. Das *Caesar-Verfahren* ist jedoch alles andere als sicher: In jeder Sprache kommen einige Buchstaben häufiger vor als andere (in der deutschen Sprache sind es E, N, I, S). Daher kann man in längeren Texten eine Häufigkeitsanalyse durchführen, die einen Ansatz zur Entschlüsselung liefert. Alle Verschlüsselungsverfahren, die einem Buchstaben des Klartextes immer denselben Buchstaben im verschlüsselten Text zuordnen, können durch Häufigkeitsanalyse gebrochen werden.

Ein beweisbar sicheres Verschlüsselungsverfahren ist die Nutzung eines *Einmalschlüssels* (*One-Time Pad*). Das ist eine zufällige Zeichenfolge, die mindestens ebenso lang ist wie der zu verschlüsselnde Text und nur einmal verwendet wird. Abbildung 5.7 erläutert das Verfahren. Der Einmalschlüssel ist die zufällige Zeichenkette „HPZVME". Sowohl Alice als auch Bob müssen im Besitz des Schlüssels sein.

Jeder Buchstabe der zu übermittelnden Botschaft „GEHEIM" wird von Alice mit einer anderen Stellung der Chiffrierscheibe verschlüsselt, die durch den Einmalschlüssel vorgegeben wird: der erste Buchstabe mit der Stellung A → H, der zweite mit A → P usw. Die so erzeugte codierte Nachricht „BLSRFS" kann über ein öffentliches Medium

Alice

GEHEIM
HPZVME
BLSRFS

BLSRFS

übertragene codierte
Nachricht

BLSRSF
HPZVME
GEHEIM

Bob

HPZVME Schlüssel

Schlüssel HPZVME

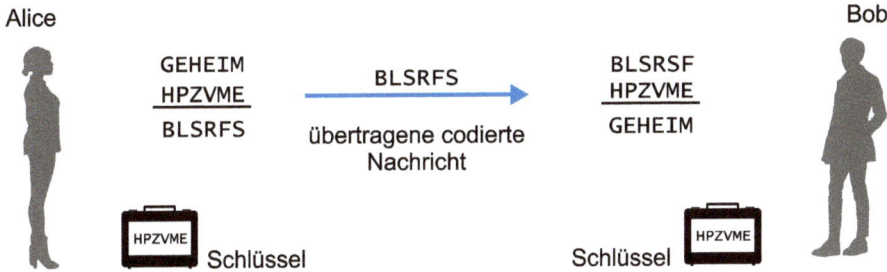

Abb. 5.7: Verschlüsselung einer Nachricht mit einem One-Time Pad.

(z. B. Telefon, Funk oder Internet) verbreitet werden, denn sie hat für einen Abhörer ohne den Schlüssel keinen Wert. Nur der Empfänger Bob kann mit Hilfe des Schlüssels und einer Chiffrierscheibe den umgekehrten Vorgang wie Alice durchführen und die Nachricht entschlüsseln. In der Realität werden natürlich nicht direkt die Buchstaben des Alphabets verschlüsselt, sondern ihre binäre Darstellung. Weil zur Ver- und Entschlüsselung der gleiche Schlüssel verwendet wird, spricht man von einem *symmetrischen Verfahren*.

Die Verschlüsselung mit einem One-Time Pad ist informationstheoretisch beweisbar sicher, sofern der Schlüssel zufällig erzeugt wird, geheim gehalten wird, niemals wiederverwendet wird und mindestens so lang ist wie die Klartextnachricht. Das Problem ist die Schlüsselverteilung. Alice und Bob können den Schlüssel physisch austauschen (etwa in Form von Festplatten, die mit Zufallscodes gefüllt sind). In der Realität ist das wenig praktikabel; es muss eine andere Lösung gefunden werden. Durch die Benutzung von One-Time Pads ist das Problem der abhörsicheren Kommunikation somit auf ein anderes, aber einfacheres Problem reduziert worden: die sichere Schlüsselverteilung. Das ist die Aufgabe, mit der sich die Quantenkryptographie beschäftigt.

Schlüsselverteilung mit polarisierten Photonen

Das älteste und immer noch paradigmatische Verfahren zur quantenbasierten Schlüsselverteilung wurde von Bennett und Brassard 1984 entwickelt und wird deshalb als *BB84-Protokoll* bezeichnet [59]. Es benutzt die Polarisationsfreiheitsgrade von einzelnen Photonen zur Kodierung von Information. In der H/V-Basis (vgl. S. 73) könnte zum Beispiel eine Null mit „horizontal polarisiert" (H) und eine Eins mit „vertikal polarisiert" (V) codiert werden. Wenn Alice in der Lage ist, einzelne Photonen mit definierter Polarisation zu erzeugen und Bob einen Einzelphotonendetektor und einen polarisierenden Strahlteiler hat, mit denen er die Polarisation in der H/V-Basis messen kann, können Alice und Bob auf diese Weise Information übertragen.

Das Verfahren ist aber nicht sicher. Eine Abhörerin Eve (von „*eavesdropper*") könnte die gesendeten Photonen abfangen, ihre Polarisation messen und ein neu-

Alice   Bob

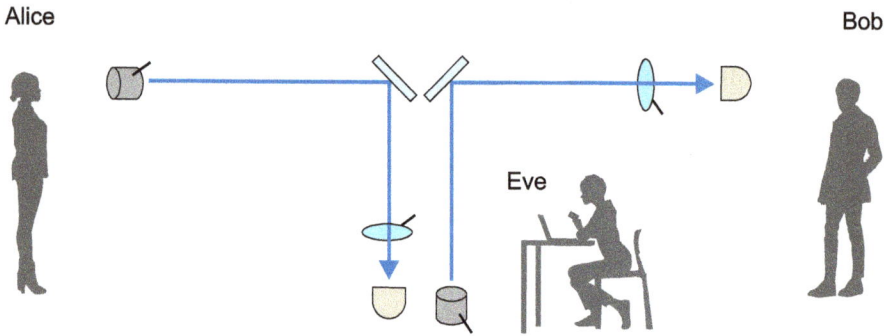

Abb. 5.8: Die Abhörerin Eve fängt Photonen ab und sendet sie neu. Wenn nur eine Basis benutzt wird, kann sie von Alice und Bob nicht entdeckt werden.

es Photon mit der gleichen Polarisation zu Bob senden (Intercept-resend-Angriff; Abb. 5.8). Wenn Eve in der gleichen Basis wie Alice und Bob misst und sendet, deutet nichts in Bobs Messergebnissen auf ihre Anwesenheit hin.

Deshalb müssen Alice und Bob mehrere Basen verwenden, zum Beispiel zusätzlich zur H/V-Basis noch die +/−-Basis, in der die Achsen des polarisierenden Strahlteilers um 45° gedreht sind. Zwischen den beiden Messgrößen besteht eine Unbestimmtheitsrelation; sie sind nicht gleichzeitig streuungsfrei präparierbar (vgl. S. 79). Ein Polarisationszustand, der in der H/V-Basis einen festen Wert hat, liefert bei Messungen in der +/−-Basis völlig zufällige Ergebnisse. Alice und Bob nutzen die Unbestimmtheitsrelation aus, um ihre Nachricht für Eve unzugänglich zu machen.

> In der Quantenkryptographie geht es um die sichere Verteilung von kryptographischen Schlüsseln zwischen zwei Parteien (Alice und Bob).

Das BB84-Verfahren

Beim BB84-Protokoll wählen sowohl Alice als auch Bob ihre Basen für die Präparation bzw. Messung bei jedem Durchgang zufällig. Das geschieht für jedes Photon einzeln und unabhängig voneinander – ohne vorherige Absprache. Sie müssen sich dann im Nachhinein über die jeweils verwendeten Basen austauschen. Das BB84-Protokoll umfasst die folgenden Schritte (Abb. 5.9):

1. Alice ist im Besitz einer ausreichend langen Folge von binären Zufallszahlen, die sie an Bob übermitteln will – daraus wird später der kryptographische Schlüssel erzeugt.
2. Sie entscheidet zufällig, ob sie für die Übermittlung eines Bits die H/V- oder die +/−-Basis wählt. Sie notiert die Basis und sendet ein entsprechend polarisiertes Photon (gemäß der Codierung für 0 und 1 in der gewählten Basis) zu Bob.
3. Bob entscheidet zufällig, in welcher Basis er das ankommende Photon analysiert (H/V oder +/−). Er notiert das Messergebnis und die verwendete Basis.

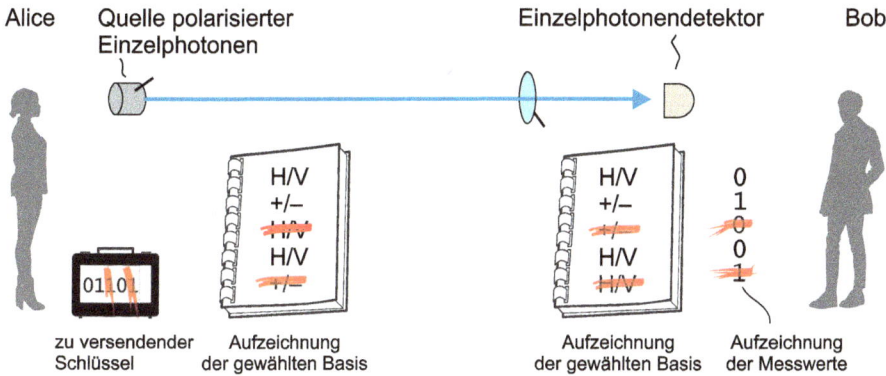

Abb. 5.9: Prinzip des BB84-Verfahrens. Bob und Alice wählen bei jedem Photon zwischen H/V-Basis und +/--Basis. Zusätzlich muss noch eine klassische Kommunikation stattfinden.

4. Wenn etwas mehr als doppelt so viele Photonen gesendet sind, wie der Schlüssel umfassen soll, müssen Alice und Bob in Kontakt treten und ihre Aufzeichnungen über die gewählte Basis austauschen. Das kann über eine unsichere Leitung (z. B. Telefon oder Internet) erfolgen; das Abhören dieser Information ist unschädlich.

5. Alice und Bob streichen alle Bits, bei denen sie unterschiedliche Basen verwendet haben (in Abb. 5.9 das dritte und das fünfte Bit). Es sind etwa 50 % der Fälle. Die restlichen Bits, bei denen sie die gleiche Basis benutzt haben, wurden von Bob korrekt rekonstruiert. Diese Bits (in Abb. 5.9 „010") sind nun sowohl bei Alice als auch bei Bob vorhanden und können als Schlüssel für das One-Time-Pad-Verfahren genutzt werden.

Das Protokoll bringt es mit sich, dass etwa 50 % der übermittelten Bits im Nachhinein wieder gestrichen werden müssen. Das ist nicht weiter tragisch, denn es soll ja keine Botschaft, sondern nur ein kryptographischer Schlüssel aus Zufallsbits übertragen werden. Eine Zufallsfolge, aus der man wahllos die Hälfte aller Bits streicht, bleibt eine Zufallsfolge und kann ihren Zweck als One-Time Pad erfüllen.

Entdeckung von Abhörern

Mit dem BB84-Protokoll kann nun Eves Angriff aus Abb. 5.8 aufgedeckt werden. Denn sie hat keine andere Möglichkeit, als die Messbasis für jedes Photon zu raten. Damit stimmt sie in der Hälfte der Fälle mit der Basis von Alice überein. Sie kann dann wie zuvor die gesendete Information entnehmen und ein identisch präpariertes Photon an Bob senden. Allerdings liegt sie in der anderen Hälfte der Fälle mit der Wahl der Messbasis falsch. Dann sendet sie ein in der falschen Basis präpariertes Photon an Bob; dieser erhält ein zufälliges Ergebnis. Die Wahrscheinlichkeit, dass es mit dem von Alice ursprünglich gesendeten Bit übereinstimmt, liegt bei $\frac{1}{2}$.

Über alle Fälle gemittelt treffen daher 25 % der von Alice gesendeten Bits bei Bob mit dem falschen Wert ein. Dadurch lässt sich die Anwesenheit von Eve aufdecken. Alice und Bob müssen einen Teil ihres Schlüssels opfern und eine gewisse Anzahl von übertragenen Bits öffentlich vergleichen. Liegt die Fehlerquote bei 25 % oder höher, wissen sie, dass sie abgehört werden und können sich entsprechend verhalten.

Grundlage für die Entdeckung von Eve ist in diesem Szenario die Unbestimmtheitsrelation in der Formulierung „keine Messung ohne Störung". Alle Versuche von Eve, Information aus dem von Alice gesendeten Signal zu entnehmen, stören das Signal, so dass Eve entlarvt werden kann. In einem anderen Angriffsszenario, das in der klassischen Physik denkbar wäre, „stiehlt" Eve das von Alice gesendete Photon, indem sie es kopiert. Wie das No-Cloning-Theorem (S. 129) zeigt, ist das Kopieren eines beliebigen Quantenzustands aber nicht möglich. So bleibt Eve auch in diesem Fall erfolglos.

Weitere Protokolle und praktische Umsetzung der Quantenkryptographie

Die einfachen Gedankenexperimente mit Alice, Bob und Eve dienen in der Hauptsache zur Veranschaulichung der Grundgedanken der Quantenkryptographie. Sie verdeutlichen, wie die grundlegenden Prinzipien der Quantenmechanik genutzt werden, um die abhörsichere Übertragung von Information zu ermöglichen.

Grundsätzlich unterscheidet man Protokolle, die auf der Unbestimmtheitsrelation beruhen (wie BB84), und solche, die auf Verschränkung beruhen. Der Prototyp der verschränkungsbasierten Protokolle, das E91-Protokoll, wurde von Ekert 1991 vorgeschlagen [60]. Statt einzelner Photonen nutzt es verschränkte Photonenpaare, die zwischen Alice und Bob verteilt werden. Ganz ähnlich wie im BB84-Protokoll führen sie ihre Messungen in verschiedenen Basen durch und tauschen sich hinterher öffentlich über die verwendeten Basen aus. Die Integrität ihrer Daten stellen sie durch die Verletzung der bellschen Ungleichung fest. Die Störung durch einen Abhörer würde dazu führen, dass eine Verletzung der bellschen Ungleichung nicht mehr nachgewiesen werden kann.

Für die praktische Umsetzung der Grundideen müssen die Protokolle verfeinert und an die Gegebenheiten angepasst werden [61]. Beispielsweise vertragen sich die angestrebten hohe Datenratenraten schlecht mit kontrollierten Einzelphotonenzuständen, bei denen sich mit Sicherheit genau ein einziges Photon im Puls befindet. Wesentlich einfacher lässt sich mit abgeschwächten Laserpulsen arbeiten, bei denen der Puls eine Überlagerung aus 0, 1, 2 oder mehreren Photonen enthält. Eines dieser Photonen könnte im Prinzip unentdeckt zum Abhören abgezweigt werden.

Das „Abzweigen" von Photonen ist Teil eines Szenarios namens *photon-number-splitting attack*, in dem Eve alle Ein-Photonen-Zustände blockiert und nur die zwei-Photonen-Zustände zu Bob durchlässt, von denen sie ein Photon behält und – nach Abwarten der öffentlichen Kommunikation zwischen Alice und Bob – „mitliest". Um dies zu verhindern, wurde die Idee der *decoy states* eingeführt [62].

Das BB84-Protokoll wird um zusätzliche „Köderpulse" erweitert, in denen Alice absichtlich Pulse mit erhöhter Photonenzahl sendet. Ist Eve am Werk, äußert sich das in einer im Vergleich niedrigeren Verlustrate für diese Pulse, die Alice und Bob durch öffentlichen Vergleich aufdecken können.

In der Praxis müssen kryptographische Verfahren auch gegen *Seitenkanalangriffe* gesichert werden. Darunter versteht man Angriffe, die sich nicht auf den Algorithmus, sondern auf das physische Gerät zu seiner Implementierung richten und daraus Information schöpfen. Der historisch erste Seitenkanalangriff auf ein Quantenkryptographie-Protokoll hätte gleich bei der ersten Implementierung des BB84-Protokolls [63] im Jahr 1991 geschehen können. In dem Experiment wurden Pockels-Zellen zur Einstellung der Polarisationsbasis für Alice und Bob verwendet. Ihre Treiberelektronik produzierte ein derart lautes Klacken, dass ein Abhörer tatsächlich durch *Hören* an die Information über die verwendete Basis gekommen wäre.

In realen Umgebungen sind Seitenkanalangriffe auf die verwendete Hardware ein tatsächliches Risiko. Unterschiedliche Ausführungszeiten, Energiebedarfe, optische Eigenschaften der Komponenten, aber auch Mängel der Implementierung sind mögliche Schwachstellen, die analysiert werden müssen, bevor quantenkryptographische Systeme als sicher gelten können [20].

Technische Herausforderungen treten auf dem Weg zur praktischen Umsetzung der Quantenkryptographie an vielen Stellen auf. Von wesentlicher Bedeutung ist die Art des Übertragungskanals (Glasfaser oder freier Raum). Glasfasern nutzt man bei Telekom-Frequenzen (1300 nm bzw. 1550 nm), wo eine ausgereifte Technologie zur Zustandsmanipulation zur Verfügung steht, aber die Einzelphotonendetektoren naturgemäß mehr rauschen und weniger effizient sind als bei kleineren Wellenlängen. Für die Übertragung im freien Raum, zum Beispiel zu Satelliten, nutzt man Frequenzen im nahen Infrarot (800–850 nm), weil hier die Atmosphäre besonders wenig absorbiert und es auch rauscharme Einzelphotonendetektoren gibt. Für die Kommunikation über größere Entfernungen muss man insbesondere mit dem Problem der Absorption in den Übertragungskanälen umgehen. In Glasfasern können Photonen im Mittel nur einige zehn Kilometer zurücklegen, bevor sie absorbiert werden. Um dieses Problem zu umgehen, sind *Quantenrepeater* notwendig, die es erlauben, einen Quantenzustand über größere Strecken zu übertragen (vgl. Abschnitt 5.4).

5.3 Quantenteleportation

Die *Quantenteleportation* ist eine zentrale Grundoperation in der Quantenkommunikation. Sie erlaubt es, den unbekannten Quantenzustand eines Qubits auf ein anderes zu übertragen. Dazu sind ein verschränktes Photonenpaar und ein klassischer Kommunikationskanal erforderlich. Das Konzept der Quantenteleportation wurde 1993 von Bennett et al. vorgestellt [7] und 1997 experimentell realisiert [9]. Anders als es der Name suggeriert, wird bei der Quantenteleportation kein physikalisches Objekt transportiert (es findet kein „Beamen" im Sinne der Science Fiction statt). Allein die

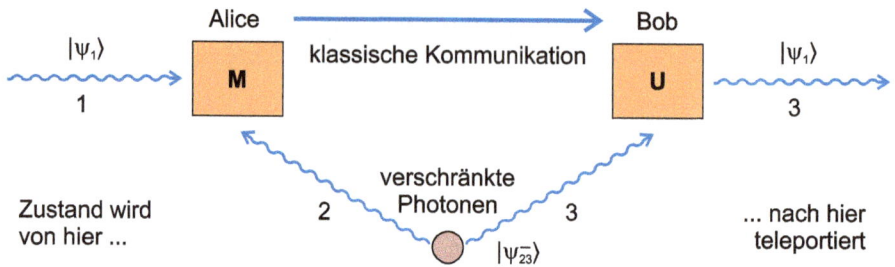

Abb. 5.10: Prinzip der Quantenteleportation.

quantenmechanische Zustandsinformation wird von einem Ort zum anderen, von Alice zu Bob, übertragen.

Die Grundsituation ist in Abb. 5.10 dargestellt. Sie ist eine Erweiterung der klassischen Teleportation aus Abb. 5.1. Alice hat ein Qubit im Zustand $|\psi_1\rangle$. Diesen Zustand möchte sie an Bob übermitteln. Sie kennt den Zustand ihres Qubits nicht, und wie wir in Abschnitt 5.1 gesehen haben, kann sie ihn durch eine Einzelmessung auch nicht herausfinden. Im Vergleich zu Abb. 5.1 haben Alice und Bob eine weitere gemeinsame Ressource: ein verschränktes Photonenpaar (Qubit 2 und 3), das sich im Singulett-Zustand $|\Psi^-\rangle$ aus Gl. (3.127) befindet. Diese zusätzliche Ressource macht es möglich, den Zustand $|\psi_1\rangle$ von Alice zu Bob zu übertragen. Es bedarf dazu einer Messung, einer klassischen Nachricht, die (z. B. per Telefon) von Alice an Bob gesandt wird und einer Operation von Bob. Das Ergebnis dieser Manipulationen ist, dass der Zustand $|\psi_1\rangle$ bei Alice zerstört wird und bei Bob auftaucht. Er wird auf Bobs Teil des verschränkten Paares (Qubit 3) übertragen. Diese Übertragung des Zustands von Qubit 1 auf Qubit 3 macht die Quantenteleportation aus.

In der folgenden Überlegung benötigen wir die Zustände der Bell-Basis aus Gl. (3.127), die wir noch einmal in der hier verwendeten Notation aufschreiben:

$$|\Phi^\pm\rangle = \frac{1}{\sqrt{2}}(|00\rangle \pm |11\rangle), \quad |\Psi^\pm\rangle = \frac{1}{\sqrt{2}}(|01\rangle \pm |10\rangle). \tag{5.8}$$

In umgekehrter Richtung lautet die Transformation:

$$\left.\begin{array}{c}|00\rangle\\|11\rangle\end{array}\right\} = \frac{1}{\sqrt{2}}\left(|\Phi^+\rangle \pm |\Phi^-\rangle\right), \quad \left.\begin{array}{c}|01\rangle\\|10\rangle\end{array}\right\} = \frac{1}{\sqrt{2}}\left(|\Psi^+\rangle \pm |\Psi^-\rangle\right). \tag{5.9}$$

Ablauf der Quantenteleportation

Im Detail verläuft die Teleportation in den folgenden Schritten:

1. *Anfangszustände:* Am Anfang hat Alice das Qubit 1, dessen Zustand sie nicht kennt und den wir allgemein schreiben:

$$|\psi_1\rangle = \alpha\,|0_1\rangle + \beta\,|1_1\rangle\,. \tag{5.10}$$

Ein Paar verschränkter Photonen (Qubit 2 und Qubit 3) im Singulett-Zustand

$$|\Psi_{23}^-\rangle = \frac{1}{\sqrt{2}}(|0_2 1_3\rangle - |1_2 0_3\rangle) \tag{5.11}$$

wird zwischen Alice und Bob geteilt. Der Gesamtzustand aller drei Qubits lautet:

$$
\begin{aligned}
|\psi_{123}\rangle &= |\psi_1\rangle\,|\Psi_{23}^-\rangle \\
&= \frac{1}{\sqrt{2}}[\alpha\,|0_1\rangle + \beta\,|1_1\rangle] \cdot \left[\frac{1}{\sqrt{2}}(|0_2 1_3\rangle - |1_2 0_3\rangle)\right] \\
&= \frac{1}{\sqrt{2}}[\alpha\,|0_1 0_2 1_3\rangle - \alpha\,|0_1 1_2 0_3\rangle + \beta\,|1_1 0_2 1_3\rangle - \beta\,|1_1 1_2 0_3\rangle].
\end{aligned}
\tag{5.12}
$$

2. *Bell-Messung bei Alice:* Alice führt nun eine *Bell-Messung* an ihren beiden Qubits 1 und 2 durch. Dabei wird *nicht* jedes Qubit einzeln gemessen, sondern die Messung wird an beiden Qubits gleichzeitig bezüglich der Bell-Basis (5.8) vorgenommen. Um die Auswirkungen dieser Messung zu verstehen, transformieren wir zunächst mit Hilfe von Gl. (5.9) die Zustände von Qubit 1 und 2 in Gl. (5.12) in die Bell-Basis:

$$
\begin{aligned}
|\psi_{123}\rangle = \frac{1}{2}[&|\Phi_{12}^+\rangle\,(-\beta\,|0_3\rangle + \alpha\,|1_3\rangle) + |\Phi_{12}^-\rangle\,(\beta\,|0_3\rangle + \alpha\,|1_3\rangle) \\
&+ |\Psi_{12}^+\rangle\,(-\alpha\,|0_3\rangle + \beta\,|1_3\rangle) + |\Psi_{12}^-\rangle\,(-\alpha\,|0_3\rangle - \beta\,|1_3\rangle)].
\end{aligned}
\tag{5.13}
$$

Diese Gleichung ist bisher nur das Ergebnis einer formalen Umformung. Physikalisch passiert Folgendes: Bei der Messung, die Alice an den Qubits 1 und 2 durchführt, wird eines der vier möglichen Ergebnisse realisiert (jeweils mit der Wahrscheinlichkeit $\frac{1}{4}$). Nach der Messung und der damit einhergehenden Zustandsreduktion befindet sich das bei Alice befindliche System (Qubits 1 und 2) in einem der Zustände $|\Psi_{12}^\pm\rangle$ oder $|\Phi_{12}^\pm\rangle$. Bobs Qubit 3 befindet sich entsprechend in einem der Überlagerungszustände aus $|0_3\rangle$ und $|1_3\rangle$, die in Gl. (5.13) in den runden Klammern stehen. In Tab. 5.1 sind in der linken Spalte die vier Fälle aufgetragen, die sich als Resultat von Alices Messung ergeben; in der rechten Spalte steht der zu jedem der Messergebnisse gehörende Zustand von Bobs Teilchen (in Vektornotation).

3. *Klassische Kommunikation:* An der rechten Spalte der Tabelle erkennen wir, dass Bob nur noch einen Schritt davon entfernt ist, den gewünschten Zustand $|\psi_1\rangle = \alpha\,|0\rangle + \beta\,|1\rangle$ für sein Qubit 3 zu realisieren. Abhängig vom Messergebnis bei Alice muss er nur noch eine einfache unitäre Transformation durchführen, die in der Tabelle angegeben ist. Das Problem: Er kennt Alices Messergebnis nicht. Alice muss ihn noch über das Ergebnis ihrer Bell-Messung informieren. Das kann über einen klassischen Kommunikationskanal geschehen.

4. *Unitäre Transformation bei Bob:* Auf der Basis dieser Information führt Bob die in der Tabelle angegebene unitäre Transformation an seinem Qubit aus. Qubit 3 befindet sich nun im Zustand $|\psi_1\rangle$; die Teleportation ist abgeschlossen.

Tab. 5.1: Vier Fälle bei der Bell-Messung.

Messergebnis bei Qubit 1 und 2 (Alice)	$\Rightarrow$ Zustand von Qubit 3 (Bob)
$|\Psi_{12}^-\rangle$	$-\begin{pmatrix}\alpha\\\beta\end{pmatrix} \equiv -|\psi_1\rangle$
$|\Psi_{12}^+\rangle$	$\begin{pmatrix}-\alpha\\\beta\end{pmatrix} = \begin{pmatrix}-1 & 0\\0 & 1\end{pmatrix}|\psi_1\rangle$
$|\Phi_{12}^-\rangle$	$\begin{pmatrix}\beta\\\alpha\end{pmatrix} = \begin{pmatrix}0 & 1\\1 & 0\end{pmatrix}|\psi_1\rangle$
$|\Phi_{12}^+\rangle$	$\begin{pmatrix}-\beta\\\alpha\end{pmatrix} = \begin{pmatrix}0 & -1\\1 & 0\end{pmatrix}|\psi_1\rangle$

i Obwohl der Zustand von Qubit 1 exakt auf Qubit 3 übertragen wird, widerspricht die Quantenteleportation nicht dem No-Cloning-Theorem. Durch Alices Messung wird sowohl die Verschränkung zwischen den Qubits 2 und 3 zerstört als auch der ursprüngliche Zustand von Qubit 1. Für Alice gibt es keine Möglichkeit, ihn wiederherzustellen.

Es wird auch keine Information schneller als mit Lichtgeschwindigkeit übertragen. Zur Teleportation ist stets eine klassische Kommunikation nötig. Ohne sie weiß Bob nicht, welche Transformation er an Qubit 3 durchführen muss, und die Teleportation funktioniert nicht. Dann werden auch keine Information schneller als mit Lichtgeschwindigkeit übertragen und es liegt kein Konflikt mit der Relativitätstheorie vor. Die *Informationsübertragungsgeschwindigkeit* ist weiterhin durch die klassische Kommunikation beschränkt.

Über Quantenteleportation ist eine *physikalisch abhörsichere Kommunikation* möglich. Nach der Verteilung des verschränkten Paares auf Alice und Bob wird der Zustand direkt von dem einen Qubit auf das andere übertragen, ohne eine Möglichkeit, ihn störungsfrei auszulesen. Die klassische Kommunikation kann offen erfolgen, denn das Ergebnis der Bell-Messung ist nutzlos, wenn man nicht im Besitz der Qubits ist.

i Eine Bell-Messung findet an zwei Photonen zugleich statt. Sie müssen dabei nicht als zwei einzelne Photonen, sondern als ein gemeinsamer Zwei-Photonen-Zustand nachgewiesen werden. Da sie aus verschiedenen Quellen stammen, sind damit hohe experimentelle Anforderungen an die zeitliche, räumliche und spektrale Ununterscheidbarkeit der beiden Photonen verbunden. Ein typischer Aufbau für eine Polarisations-Bell-Messung ist in Abb. 5.11 dargestellt. Die beiden Photonen, die im Strahlteiler zur Interferenz gebracht werden, treffen danach auf polarisierende Strahlteiler zur Messung der Polarisation. Es treten Interferenzeffekte auf, die charakteristisch für Interferenz mit zwei Photonen sind (*Hong-Ou-Mandel-Effekt*). Es stellt sich heraus, dass mit einem solchen Aufbau (mit linearen Komponenten und ohne weitere Freiheitsgrade) nur zwei der vier Bell-Zustände unterschieden werden können. Verschiedene Möglichkeiten wurden entwickelt, um trotzdem Bell-Messungen durchzuführen [61, 64], aber es bleibt eine der schwierigeren experimentellen Herausforderungen in der Quantenkommunikation.

5.4 Quantenrepeater und Quantennetzwerke

Die sichere Schlüsselverteilung durch Quantenkommunikation nutzt BB84-artige oder verschränkungsbasierte Protokolle. Für die technische Anwendung stellt sich

Abb. 5.11: Typisches Schema zur Durchführung einer Bell-Messung.

die wichtige Frage: Mit welcher Datenrate und über welche Entfernungen lassen sich die Protokolle realisieren? Um sie zu beantworten, muss man die Übertragungskanäle betrachten, über die die Photonen verbreitet werden. Überraschend große Entfernungen sind experimentell demonstriert worden: Mit Photonen in optischen Fasern wurde eine Schüsselübertragung über 420 km erreicht (mit einer Datenrate von 6,5 Bit/s) [65]; bei der Übertragung im freien Raum war mit dem chinesischen Micius-Satelliten die Verteilung von verschränkten Photonenpaaren über 1200 km möglich [66].

Die Entfernung, über die Information per Quantenkommunikation übertragen werden kann, hängt davon ab, über welche Distanzen sich quantenmechanische Zustände kohärent verbreiten lassen. Überraschenderweise muss diese Frage nicht für jede konkrete Implementation einzeln beantwortet werden, sondern es gibt eine grundsätzliche Obergrenze für die Übertragungsrate in rauschbehafteten Kanälen. Nach ihren Entdeckern wird sie als *PLOB-Grenze* bezeichnet [67]. Sie gibt die maximale Zahl der Bits an, die pro Benutzung des Kanals übertragen werden kann und hat eine einfache mathematische Gestalt:

$$C = -\log_2(1 - \eta), \tag{5.14}$$

mit $\eta = \eta_{\mathrm{d}} \cdot 10^{-\frac{\alpha x}{10}}$. Dabei ist η_{d} die Detektoreffizienz, x die Entfernung und α die Abschwächungsrate des Signals im verwendeten Medium. Abbildung 5.12 zeigt ei-

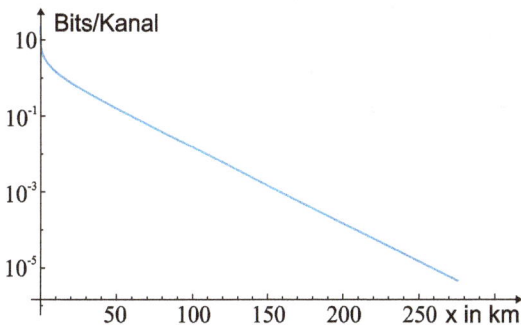

Abb. 5.12: PLOB-Grenze: Maximale Schlüsselübertragungsrate pro Kanal als Funktion der Entfernung x (Absorptionsrate 0,2 dB/km, Detektoreffizienz $\eta_{\mathrm{d}} = 1$).

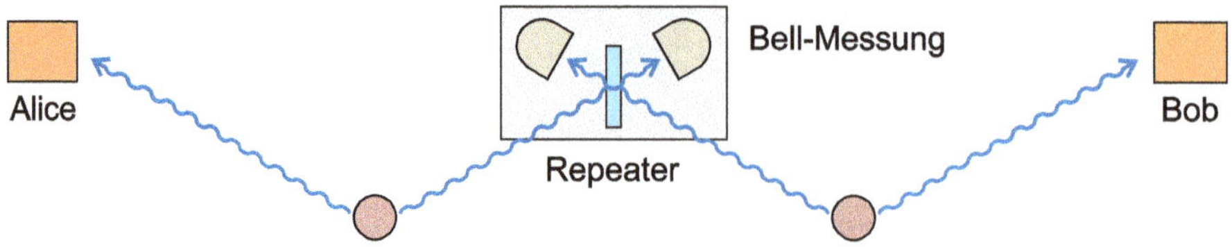

Abb. 5.13: Realisierung eines Quantenrepeaters durch Entanglement Swapping.

ne logarithmische Darstellung der maximalen Übertragungsrate als Funktion der Entfernung. Für a wurde der Wert von 0,2 dB/km zugrundegelegt, das ist die Abschwächungsrate in Glasfasern bei 1550 nm. Man erkennt, dass die Wahrscheinlichkeit der erfolgreichen Übertragung eines Bits exponentiell mit der Entfernung abnimmt. Größere Entfernungen als wenige Hundert Kilometer können auf diese Weise nicht überbrückt werden.

In der klassischen Kommunikation treten vergleichbare Probleme auf. Auch klassisches Licht wird in Glasfasern exponentiell abgeschwächt. Über lange Strecken wird das Signal in *Repeatern* immer wieder aufgefrischt (zum Beispiel mit erbium-dotierten Faserverstärkern, die auf einem ähnlichen Funktionsprinzip wie der Laser beruhen). In der Quantenkommunikation ist ein solches „Wiederauffrischen" nicht ohne Weiteres möglich. Das No-Cloning-Theorem verhindert das einfache Kopieren der Photonen. Ein Verstärkungsmechanismus für Quantenzustände muss daher auf andere Weise realisiert werden.

Entanglement Swapping und Quantenrepeater

Die Grundidee eines *Quantenrepeaters* [68] ist in Abb. 5.13 illustriert. Die Strecke zwischen Alice und Bob, die zu lang ist, um ein verschränktes Photonenpaar mit nennenswerter Effizienz zu teilen, wird in zwei halb so große Teilstücke zerlegt. Auf jedem der Teilstücke wird ein verschränktes Photonenpaar verteilt. Dort wo die beiden mittleren Photonen sich treffen, wird eine Bell-Messung durchgeführt. Wie bei der Quantenteleportation sind eine klassische Kommunikation und lokale Operationen nötig, um zu erreichen, dass anschließend die beiden *äußeren* Photonen verschränkt sind. Durch den Einsatz zweier verschränkter Photonenpaare kann somit die Verschränkung auf einen doppelt so großen Bereich wie vorher ausgedehnt werden. Dieser Prozess wird als *Entanglement Swapping* bezeichnet. Er ist prinzipiell auf beliebig viele Teilstücke erweiterbar, so dass die Verschränkung grundsätzlich über große Entfernungen übertragen werden kann.

So bestechend einfach das in Abb. 5.13 dargestellte Prinzip eines Quantenrepeaters auch aussieht – in der Praxis wird es auf diese Weise nicht funktionieren. Wir haben schon auf S. 144 gesehen, dass bei eine Bell-Messung die beiden am Strahlteiler eintreffenden Photonen ununterscheidbar sein müssen – insbesondere hinsichtlich der Gleichzeitigkeit des Eintreffens. Über längere Distanzen und mehrere Teilstücke

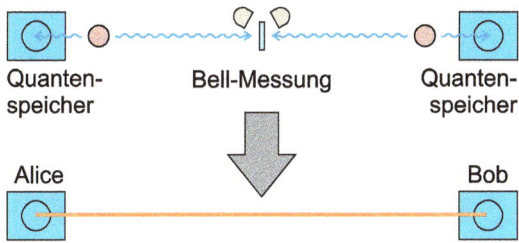

Abb. 5.14: Verschränkung zweier Quantenspeicher.

ist diese Anforderung praktisch nicht zu realisieren, zumal das Ganze auf probabilistischen Prozessen beruht. Es wird ein Zwischenspeicher für Verschränkung benötigt. Von den „fliegenden Qubits" – den Photonen, die benötigt werden, um weite Entfernungen zu überbrücken – muss sie auf stationäre Qubits übertragen werden, die die Verschränkung an Ort und Stelle für kurze Zeit (zumindest einige Millisekunden) speichern. Diese Idee steckt hinter dem Konzept der Quantenspeicher.

Quantenspeicher

In *Quantenspeichern* (*Quantum memories*) wird eines der Photonen eines verschränkten Photonenpaars von einem stationären Quantensystem aufgenommen, und zwar so, dass die Verschränkung erhalten bleibt. Das stationäre Quantensystem (in Abb. 5.14 durch einen Kreis symbolisiert) ist nun mit dem zweiten Photon verschränkt, das weiter verwendet werden soll. Hat man zwei solcher Aufbauten und bringt die beiden sich ausbreitenden Photonen in einer Bell-Messung zusammen, werden dadurch die beiden Quantenspeicher miteinander verschränkt (orange Linie in Abb. 5.14).

Das Ergebnis dieses Prozesses, der auch *Entanglement Distribution* heißt, sind zwei verschränkte Quantenspeicher, die eine beträchtliche Entfernung zueinander haben können, die aber immer noch durch die PLOB-Grenze limitiert ist. Um größere Entfernungen zu überbrücken, werden mehrere dieser Anordnungen kombiniert (Abb. 5.15 oben). Jeweils zwei Quantenspeicher werden in der beschriebenen Weise verschränkt. Nun wird eine Bell-Messung an zwei benachbarten Quantenspeichern durchgeführt (mittlere Zeile in Abb. 5.15). Sie führt in der zuvor beschriebenen Weise zum Entanglement Swapping und bewirkt dadurch, dass nun die äußeren Quantenspeicher miteinander verschränkt sind (Abb. 5.15 unten).

Auch wenn die experimentellen und technologischen Anforderungen bei der Konstruktion von Quantenspeichern hoch und teilweise bis heute ungelöst sind, wird ihre Nutzung als notwendig für die Realisierung von Quantenrepeatern angesehen. Der Vorteil gegenüber dem einfachen Schema in Abb. 5.13 liegt an den wesentlich geringeren Anforderungen in Bezug auf das Timing. Jeweils zwei Quantenspeicher können unabhängig von den anderen miteinander verschränkt werden, und erst dann werden die Bell-Messungen durchgeführt, die die Verschränkung über größere Distanzen ausdehnen.

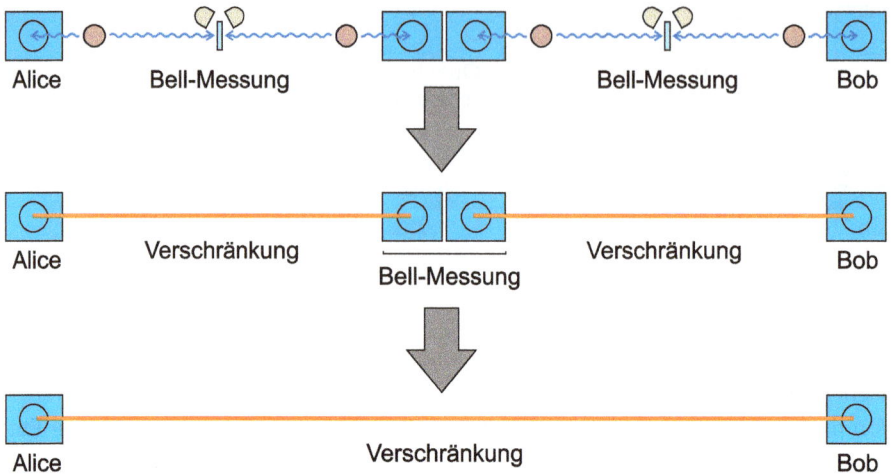

Abb. 5.15: Verschränkung zweier Quantenspeicher bei Alice und Bob.

Für die physikalische Realisierung von Quantenspeichern sind viele Möglichkeiten denkbar, und eine ganze Anzahl von Ansätzen werden experimentell untersucht. Es können zum Beispiel einzelne Atome oder Ionen in Fallen sein, kalte Quantengase, NV-Zentren in Diamant oder dotierte Festkörperkristalle. Mit gefangenen Rydberg-Atomen gelang es 2022, zwei Quantenspeicher gemäß dem Schema von Abb. 5.14 über eine 33 km lange Glasfaserverbindung zu verschränken [69].

Entanglement Purification

Bei den bisherigen Überlegungen zur Quantenteleportation und zu Quantenrepeatern sind wir von idealer Verschränkung ausgegangen, die zwischen den jeweiligen Partnern hergestellt werden kann. Das ist in der Realität normalerweise nicht der Fall. Die Präparation von Bell-Zuständen und die Durchführung von Bell-Messungen werden im Allgemeinen nicht perfekt gelingen, dazu kommen Rauschen und Verluste bei der Übertragung und Speicherung. Auch begrenzte Detektoreffizienzen tragen dazu bei, dass die Verschränkung der verschiedenen Komponenten nicht perfekt ist – mit anderen Worten: Es tritt Dekohärenz auf.

Das Konzept der *Entanglement Purification* soll hier Abhilfe schaffen. Wenn schon die Dekohärenz nicht verhindert werden kann, soll sie wenigstens in gewisser Weise rückgängig gemacht werden. Für ein Einzelsystem ist das nicht möglich, aber wenn man mehrere verschränkte Systeme zur Verfügung hat, die alle den gleichen Dekohärenzmechanismen unterliegen, kann man einige davon opfern, um für die verbleibenden einen besseren Grad an Verschränkung zu erreichen. Man destilliert gleichsam die Verschränkung aus vielen verrauschten Systemen und konzentriert sie in „purifizierter" Form auf wenige verbleibende (Abb. 5.16). Das geschieht durch Messungen an

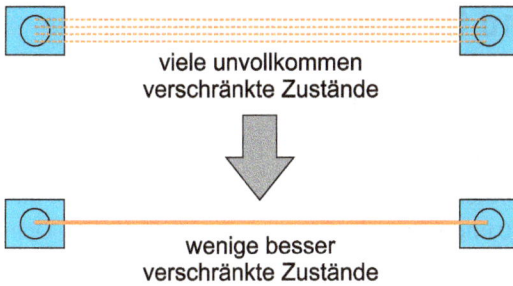

Abb. 5.16: Entanglement Purification: Aus vielen unvollkommen verschränkten Zuständen werden weniger besser verschränkte Zustände „destilliert".

Paaren von verschränkten Zuständen, lokale Operationen und klassische Kommunikation [70].

Quanten-Netzwerke und Quanten-Internet

Wenn die beschriebenen Komponenten, die es erlauben Quanteninformation und Verschränkung kohärent zu übertragen und speichern, das Stadium der technischen Anwendung erreicht haben werden, lassen sich aus ihnen Netzwerke zusammensetzen. Dabei stehen verschiedene Anwendungsfälle im Fokus:

1. *Netzwerke von Quantensensoren*, zum Beispiel von Atomuhren, werden ultrapräzise Synchronisation ermöglichen und im Bereich der Wissenschaft zu deutlich erhöhten Messgenauigkeiten führen, etwa in der Metrologie, in der Geodäsie oder beim Nachweis von Gravitationswellen.
2. *Quantenkommunikationsnetzwerke*, die nicht nur eine Verbindung von zwei Partnern herstellen, sondern ein Netzwerk mit einer Vielzahl von Knoten bilden, eröffnen eine Möglichkeit zur sicheren Kommunikation.
3. *Distributed Quantum Computing*, die Vernetzung von Quantencomputern entweder untereinander oder mit klassischen Systemen, führt zu erweiterten Möglichkeiten und mehr Flexibilität beim Einsatz von Quantencomputern.

Die Gesamtheit dieser hochgradig vernetzten Quantenkommunikations-Anwendungen wird auch als *Quanten-Internet* bezeichnet. Der Aufbau eines solchen Netzwerks ist eine technologische Herausforderung. Es werden verschiedene Netzwerkarchitekturen zum Einsatz kommen, es sind Übergänge zwischen klassischen und Quantensystemen und zwischen verschiedenen physikalischen Realisierungen von Quantenkommunikationskomponenten herzustellen. Für die Übertragung werden verschiedene Technologien nebeneinander und sich ergänzend genutzt werden – etwa glasfaserbasierte und satellitengestützte Übertragung. Auch wenn hier noch viel Entwicklungsarbeit zu leisten ist, handelt es sich um einen der sich am schnellsten entwickelnden Bereiche in den Quantentechnologien.

6 Quantencomputer und Quantenalgorithmen

6.1 Grundprinzipien des Quantencomputers

Beschreibungsebenen für klassische Computer

Die Funktionsweise klassischer Computer beruht darauf, dass sie Information in *Bits* speichern, die genau zwei Zustände (0 und 1) annehmen können. Durch logische Operationen an der so gespeicherten Information gelangt der Computer von der Eingabe zur Ausgabe, also zum gewünschten Ergebnis. Wie das im Einzelnen passiert, lässt sich auf verschiedenen Hierarchieebenen beschreiben. Um das Prinzip des Quantencomputers besser zu verstehen, lohnt es sich, diese verschiedenen Ebenen kurz zu betrachten und anschließend auf die Unterschiede zwischen klassischem und Quantencomputer einzugehen:

1. *Physikalische Ebene:* Hier geht es um die physikalische Realisierung von Bits durch elektronische Bauteile, die sich stabil in einem von zwei Zuständen befinden, realisiert etwa durch hohen oder niedrigen Widerstand, durch Ladungsspeicherung oder durch magnetische Orientierung. Einer der beiden Zustände kodiert die 0, der andere die 1.

2. *Elementare Logikoperationen mit Gattern:* Auf dieser Ebene sieht man von der physikalischen Realisierung ab und betrachtet nur die abstrakten Bitzustände 0 und 1. Mit ihnen können elementare Logikoperationen durchgeführt werden, die durch *Gatter* (z. B. NOT, AND, OR) ausgeführt werden. Ein AND-Gatter hat zum Beispiel zwei logische Eingänge und einen logischen Ausgang. Es liefert den Ausgangszustand 1, wenn beide Eingänge den Wert 1 haben, und 0 ansonsten. Einfache Schaltungen, etwa zur Addition von Binärzahlen, lassen sich durch Kombinationen von wenigen Gattern realisieren.

3. *Maschinensprache und Assembler:* Jeder Computerprozessor legt in seiner Maschinensprache Befehlssätze für komplexere Operationen fest, die aus mehr oder weniger umfangreichen Kombinationen von Gatteroperationen bestehen. Diese Befehle werden mit Abkürzungen versehen (wie etwa „mov" für das Verschieben von Daten zwischen verschiedenen Speicherregionen), um sie für Menschen handhabbarer zu machen. In Assemblerprogrammen nutzt man diese Befehle zum maschinennahen Programmieren.

4. *Höhere Programmiersprachen:* Noch abstraktere Befehle (z. B. for-Schleifen oder if-else-Verzweigungen) werden in höheren Programmiersprachen wie C++, Java oder Python verwendet, um Anwendungssoftware zu schreiben.

5. *Anwendungssoftware:* Dies ist die Ebene, mit der die Benutzer in Kontakt kommen, zum Beispiel in Form von Bürosoftware oder Spielen. Innerhalb der Anwendungssoftware kann es wieder Makrosprachen zur Programmierung geben.

https://doi.org/10.1515/9783110717211-006

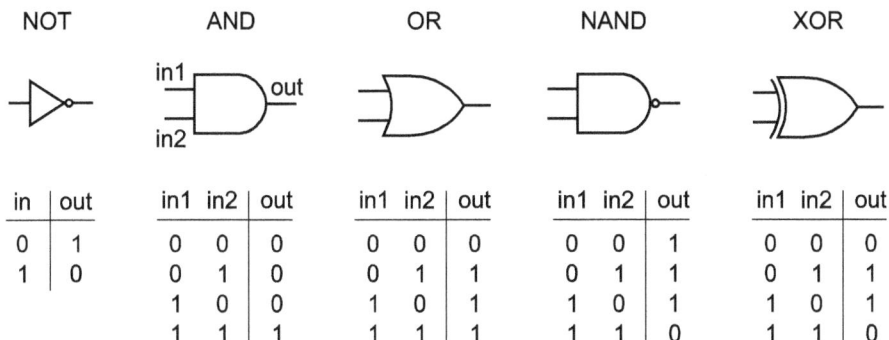

Abb. 6.1: Die wichtigsten klassischen Logikgatter mit ihren Wahrheitstafeln.

Klassische Gatter

Elementare Logikoperationen an klassischen Bits werden durch Logikgatter beschrieben. Sie geben an, wie der Output des Gatters mit dem Input zusammenhängt. Die wichtigsten Gatter für klassische Bits sind in Abb. 6.1 dargestellt. Die Tabellen unten in der Abbildung werden als *Wahrheitstafeln* bezeichnet. Sie geben für alle Kombinationen von Inputbits den Wert des Outputbits an.

Für ein einzelnes klassisches Bit gibt es nicht viele Möglichkeiten: Man kann es unverändert lassen oder man kann es invertieren, indem man aus einer 0 eine 1 macht und umgekehrt. Diese Operation wird durch das NOT-Gatter beschrieben (links in Abb. 6.1). In der Wahrheitstafel des NOT-Gatters ist dem Input-Bit jeweils das inverse Output-Bit zugeordnet.

Das NOT-Gatter ist das einzige nichttriviale Gatter für einzelne klassische Bits. Wir werden sehen, dass das für Qubits anders ist. Es gibt eine ganze Reihe von Ein-Bit-Gattern für Qubits, weil Qubits in quantenmechanischen Überlagerungszuständen existieren können und entsprechend reichere Manipulationsmöglichkeiten bieten. Dies ist ein erster Hinweis auf die potentiell größere Leistungsfähigkeit von Quantencomputern.

Die wichtigsten klassischen Gatter mit zwei Eingängen und einem Ausgang sind rechts in Abb. 6.1 gezeigt:

1. *AND-Gatter:* Der Output ist 1, wenn beide Input-Bits den Wert 1 haben, also wenn in1 = 1 *und* in2 = 1. Ansonsten hat das Output-Bit den Wert 0.
2. *NAND-Gatter:* Das ist das invertierte AND-Gatter, also AND gefolgt von NOT.
3. *OR-Gatter:* Der Output ist 1, wenn in1 = 1 *oder* in2 = 1 (insbesondere auch, wenn beide Bits den Wert 1 haben).
4. *XOR-Gatter:* Dieses Gatter führt die logische Operation des Exklusiv-Oder durch. Das Output-Bit wird auf 1 gesetzt, wenn genau eines der beiden Input-Bits den Wert 1 hat, aber nicht beide.

In der Alltagssprache wird das Wort „oder" manchmal im Sinn von XOR verwendet („Tee oder Kaffee?"), manchmal aber auch im Sinn von OR („Milch oder Zucker?").

---

i Das NAND-Gatter ist ein Beispiel für ein *universales klassisches Gatter*: Durch eine Kombination von NAND-Gattern kann man jedes andere klassische Gatter nachbilden. Das ist technologisch bedeutsam, denn auf diese Weise lassen sich mit der technischen Realisierung eines einzelnen Gattertyps alle denkbaren Logikoperationen durch entsprechende Verschaltung realisieren.

Grundlegende Funktionsweise eines Quantencomputers

Der Grundbaustein eines Quantencomputers ist das Qubit. In den Qubits wird Information gespeichert, bei der Ausführung von Algorithmen wird sie verarbeitet. Am Ende erfolgt die Ausgabe eines Ergebnisses. Das Ausnutzen der Quantenmechanik bringt zusätzliche Möglichkeiten mit sich, sie führt aber auch zu Einschränkungen. Die wesentlichen Unterschiede zum klassischen Computer sind:

- die *Quantenparallelität*, die durch die Möglichkeit eröffnet wird, Qubits in beliebige Überlagerungszustände aus $|0\rangle$ und $|1\rangle$ zu bringen, und die damit einhergehende Möglichkeit, quantenmechanische Interferenzprozesse zu nutzen,
- die Notwendigkeit, das Ergebnis der Berechnung durch eine quantenmechanische Messung auszulesen. Das bringt all die Besonderheiten des quantenmechanischen Messprozesses mit sich, insbesondere dessen statistische Natur.

Auf der grobmaschigsten Beschreibungsebene wird die Funktionsweise eines Quantencomputers durch das aus Kapitel 3 bekannte Schema „Präparation – Wechselwirkung – Messung" beschrieben, das alle kontrolliert ablaufenden Prozesse in der Quantenmechanik charakterisiert (Abb. 6.2). Das betrachtete System besteht aus einer Anzahl von Qubits $q_0 \ldots q_n$, deren Zustände wir mit $|q_0\rangle \ldots |q_n\rangle$ bezeichnen. Mehrere Qubits werden manchmal gedanklich zu *Quantenregistern* gruppiert.

Um ein kontrolliertes Arbeiten des Quantencomputers zu ermöglichen, müssen die Qubits in einen kontrollierten Anfangszustand gebracht werden. In der Regel geht man davon aus, dass am Beginn der Rechnung alle Qubits im Zustand $|0\rangle$ sind. Weil dieser Zustand keinerlei Information enthält, müssen einige Qubits mit Input versorgt werden. Wenn es zum Beispiel um die Suche in einer Datenbank geht (wie beim später betrachteten Grover-Algorithmus), muss die Datenbank in den Qubits kodiert werden. Im Schema von Abb. 6.2 ist damit die Phase der Präparation abgeschlossen.

Auf den so präparierten Qubits läuft nun ein *Quantenalgorithmus* ab. Symbolisch wird der Algorithmus durch Quantengatter beschrieben, physikalisch durch Mikrowellen- oder Laserpulse, und auf der mathematische Ebene durch eine unitäre Transformation U an den Qubits, die die Zeitentwicklung widerspiegelt (Abb. 6.2). Schon jetzt kann man den Vorteil erkennen, den ein Quantencomputer bietet. Für die Basiszustände $|0\rangle$ und $|1\rangle$ ist die Wirkung des Quantenalgorithmus:

| Präparation | Wechselwirkung | Messung |

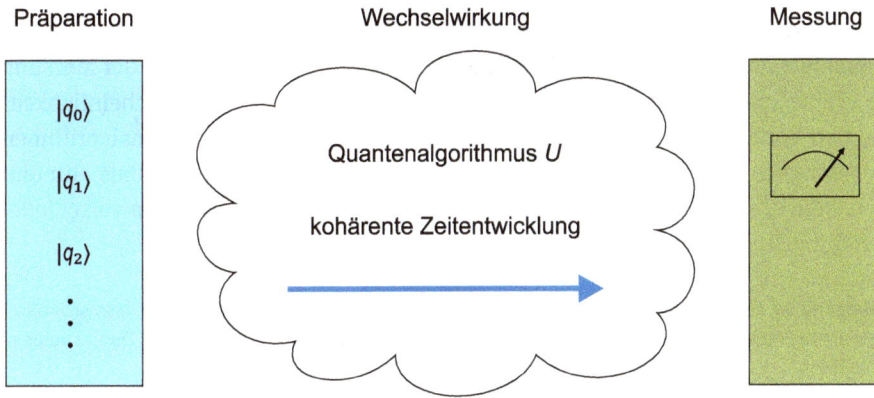

Abb. 6.2: Arbeitsweise eines Quantencomputers im Schema Präparation – Wechselwirkung – Messung.

$$|0\rangle \rightarrow U|0\rangle \quad \text{und} \quad |1\rangle \rightarrow U|1\rangle. \tag{6.1}$$

Wenn wir nun ein Qubit in einem Überlagerungszustand

$$|q_k\rangle = \alpha|0\rangle + \beta|1\rangle \tag{6.2}$$

betrachten, so ist die Wirkung des Quantenalgorithmus U auf diesen Zustand:

$$U|q_k\rangle = \alpha U|0\rangle + \beta U|1\rangle. \tag{6.3}$$

Wir sehen, dass dieser Zustand sowohl $U|0\rangle$ als auch $U|1\rangle$ enthält. Bei Qubits in einem Überlagerungszustand umfasst also der Endzustand das Ergebnis für *beide* Basiszustände $|0\rangle$ und $|1\rangle$. Diese Eigenschaft bezeichnet man als *Quantenparallelität*.

> *Quantenparallelität*: Mit Hilfe von quantenmechanischen Überlagerungszuständen lässt sich erreichen, dass der Endzustand eines Qubit-Systems die Wirkung eines Quantenalgorithmus auf alle möglichen Basiszustände gleichzeitig enthält.

Die Quantenparallelität erfährt jedoch sofort eine massive Einschränkung. Es ist damit nämlich *nicht* möglich, parallele Berechnungen mit beliebigen Algorithmen durchzuführen. Die Qubits müssen nämlich durch einen quantenmechanischen Messprozess ausgelesen werden (rechts in Abb. 6.2). Dabei kommen die Eigenheiten der quantenmechanischen Messung ins Spiel. Zwar enthält der Zustand (6.3) beide Berechnungsergebnisse gleichzeitig – sie lassen sich mit einer quantenmechanischen Messung aber nicht separat ermitteln. An dem System ist nur *eine* Messung mit *einem* Ergebnis möglich, und dabei wird die Überlagerung zerstört.

Wir haben zwar den Quantenalgorithmus noch nicht genau genug spezifiziert, um die genaue Form des Outputs angeben zu können. Aber nach den Gesetzen des quantenmechanischen Messprozesses ist schon jetzt klar: Aufgrund des statistischen Charakters des quantenmechanischen Messprozesses erhalten wir bei der Messung an einem Qubit entweder 0 oder 1, jeweils mit einer gewissen Wahrscheinlichkeit. Um den Vorteil der Quantenparallelität auszunutzen, müssen Quantenalgorithmen so beschaffen sein, dass aus dieser einen Messung das gesuchte Ergebnis entnommen werden kann. Sie nutzen dazu üblicherweise Interferenz zwischen verschiedenen Qubit-Zuständen.

> *Messung am Quantencomputer:* Ein Quantenalgorithmus muss so beschaffen sein, dass sich das gesuchte Ergebnis als Resultat eines quantenmechanischen Messprozesses an den Qubits auslesen lässt.

Bildlich gesprochen kann man das Prinzip eines Quantencomputers so charakterisieren: Durch Nutzung der Überlagerungszustände von Qubits arbeitet er zwar massiv parallel – aber am Ende darf man nur eine einzige Frage stellen, um aus der Antwort das gesuchte Ergebnis zu erschließen. Die Kunst besteht darin, diese Frage so geschickt zu stellen, dass die Antwort das Problem löst. Der Quantencomputer verhält sich hier fundamental anders als ein klassischer Parallelrechner, bei dem viele Prozessoren unabhängig voneinander verschiedene Berechnungen durchführen. Einige gangbare Wege zur Nutzung der Quantenparallelität unter diesen Einschränkungen wurden bisher gefunden:

- Wenn der Endzustand nur wenige interessierende Einträge enthält (wie etwa bei der Datenbanksuche), dann kann man versuchen, innerhalb des Quantenalgorithmus die Wahrscheinlichkeit zu verstärken, bei der Messung am Ende genau diese Komponente zu erhalten. Diese Vorgehensweise nennt man *Amplitudenverstärkung*. Sie wird etwa im Grover-Algorithmus zur Datenbanksuche verwendet (vgl. Abschnitt 6.3).
- Man kann globale Eigenschaften des Endzustandes nutzen, indem man zum Beispiel mit der Quanten-Fouriertransformation Periodizitäten sucht. Ein solches Vorgehen ist die Grundlage des Shor-Algorithmus zur Faktorisierung großer Zahlen (vgl. Abschnitt 6.6)

Reversibilität und Dekohärenz

Damit die Quantenparallelität genutzt werden kann, muss Interferenz ins Spiel kommen. Das Auftreten von Interferenz ist das entscheidende Kriterium für das Funktionieren eines Quantencomputers. Dazu ist es erforderlich, Überlagerungszustände zwischen den beteiligten Zuständen eines Qubits zu erzeugen und aufrechtzuerhalten. Bei den meisten Quantalgorithmen ist es sogar erforderlich, verschränkte Zustände zwischen mehreren Qubits zu erzeugen.

Die Notwendigkeit von Interferenz zieht unmittelbar die wesentliche, ebenso einfach zu formulierende wie schwer zu realisierende Anforderung an den Aufbau eines

Quantencomputers nach sich: Das System muss in seinen wesentlichen Teilen kohärent gehalten werden. Das Auftreten von Dekohärenz, das die Interferenzfähigkeit zerstört, muss verhindert werden. Es ist diese Notwendigkeit, die es so schwierig macht, einen Quantencomputer zu bauen. Wenn wir übertragen, was wir aus Abschnitt 3.10 über Dekohärenz und ihre Allgegenwärtigkeit wissen, können wir die Schwierigkeiten ermessen, die bei der Konstruktion eines Quantencomputers gelöst werden müssen.

Einerseits müssen die Qubits untereinander wechselwirken (sonst ist kein sinnvolles Rechnen möglich). Sie müssen auch individuell von außen manipuliert werden können (sonst ist keine Präparation, also kein Input möglich). Auf der anderen Seite müssen die Qubits so stark von ihrer Umgebung isoliert sein, dass die für das Rechnen wesentlichen Überlagerungszustände nicht der Dekohärenz unterliegen. Nach Grundregel 4 kann man die Anforderung dafür formulieren (vgl. S. 51): Die Interferenzfähigkeit wird von jeder Wechselwirkung zerstört, die geeignet ist, Information über den Zustand des Qubits nach außen zu tragen. Für die physikalische Realisierung von Qubits kommen also solche Systeme in Frage, deren relevante Freiheitsgrade sich gut gegen eine Wechselwirkung mit der Umgebung isolieren lassen, aber trotzdem gezielt und individuell ansprechbar sein müssen.

Anforderungen an Quantengatter

Die Notwendigkeit von Kohärenz hat auch Einfluss auf die Architektur der nächsthöheren Beschreibungsebene: die Ebene der Logikoperationen und Quantengatter. Das System kohärent zu halten bedeutet nämlich, dass keine Irreversibilität auftreten darf. Irreversibilität (d. h. Nicht-Umkehrbarkeit) ist ein Anzeichen für den Verlust von Kohärenz. Ein kohärenter Quantenprozess zeichnet sich dadurch aus, dass er zeitlich umkehrbar ist. Er kann in Vorwärtsrichtung ebenso gut ablaufen wie in Rückwärtsrichtung. Mathematisch präziser ausgedrückt: Alle Operationen, die an den Qubits vorgenommen werden, müssen unitär sein. Die Wirkung von Quantengattern wird mathematisch durch unitäre Transformationen am Zustand der Qubits beschrieben.

> Um den Verlust von Kohärenz zu vermeiden, müssen Quantenalgorithmen *reversibel* arbeiten. Alle Operationen müssen sich mathematisch als unitäre Transformationen an den Qubits beschreiben lassen.

Für den Quantencomputer bedeutet das: Information darf beim Rechnen nicht zerstört werden. In Quantenalgorithmen dürfen Qubits zum Beispiel nicht einfach gelöscht werden (das heißt: unabhängig von ihrem vorherigen Zustand auf $|0\rangle$ gesetzt werden). Wenn das geschähe, wäre der umgekehrte Prozess nicht möglich, denn aus dem Zustand $|0\rangle$ ist der Ausgangszustand nicht rekonstruierbar. Um bestimmte Qubits wieder in den anfangs präparieren Zustand $|0\rangle$ zu versetzen, ohne sie zu löschen, durchlaufen Quantenalgorithmen deshalb regelmäßig Teile des Codes rückwärts. Dieser Prozess wird als *Uncomputation* bezeichnet.

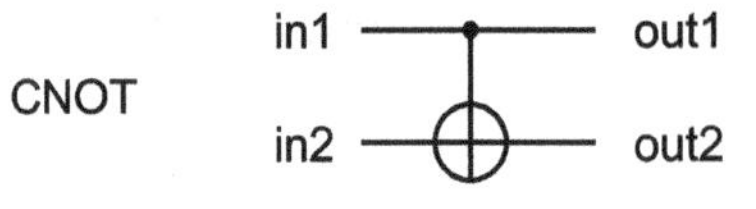

		in1	in2	out1	out2
CNOT	in1 —•— out1 in2 —⊕— out2	$\lvert 0\rangle$	$\lvert 0\rangle$	$\lvert 0\rangle$	$\lvert 0\rangle$
		$\lvert 0\rangle$	$\lvert 1\rangle$	$\lvert 0\rangle$	$\lvert 1\rangle$
		$\lvert 1\rangle$	$\lvert 0\rangle$	$\lvert 1\rangle$	$\lvert 1\rangle$
		$\lvert 1\rangle$	$\lvert 1\rangle$	$\lvert 1\rangle$	$\lvert 0\rangle$

Abb. 6.3: Das CNOT-Gatter ist reversibel: Aus dem Endzustand kann der Ausgangszustand eindeutig erschlossen werden.

Zum kohärenten Rechnen eignen sich auch nur bestimmte Arten von Gattern. Ein OR-Gatter ist zum Beispiel nicht reversibel: Wenn man den Endzustand 1 am Ausgang findet, lässt sich daraus der Ausgangszustand nicht erschließen: Er kann 01, 10 oder 11 gewesen sein. Die OR-Operation ist nicht umkehrbar; sie ist eine „Einbahnstraße" für Information.

Das gleiche gilt generell für Gatter mit zwei Eingängen und einem Ausgang (wie AND oder NAND). Keines der in Abb. 6.1 gezeigten klassischen Zwei-Bit-Gatter ist reversibel. Um das Zerstören von Information zu vermeiden, müssen Quantengatter immer ebenso viele Ausgänge wie Eingänge haben. An Stelle von AND- und OR-Gattern treten beim Quantencomputer daher reversible Gatter wie das in Abb. 6.3 gezeigte CNOT-Gatter (Controlled-NOT). Es hat zwei Eingänge und zwei Ausgänge, die Anfangs- und Endzustand eindeutig aufeinander abbilden. Auch hier gilt mathematisch: Reversible Quantengatter werden durch unitäre Transformationen der Qubit-Zustände beschrieben.

DiVincenzo-Kriterien

Das bisher Beschriebene zeigt, dass ein Quantencomputer nicht einfach zu realisieren ist. Lange Zeit war es sogar ganz und gar nicht klar, ob es jemals gelingen würde, Quantencomputer zu bauen, mit denen sich die Vorteile des Quantum Computing zeigen lassen. Die Anforderungen, die in Bezug auf Kohärenz und Kontrollierbarkeit an das betreffende physikalische System gestellt werden müssen, sind enorm hoch. David DiVincenzo hat im Jahr 2000 eine Liste von Kriterien formuliert, die für die erfolgreiche Realisierung eines Quantencomputers erfüllt sein müssen [71]:

1. *Ein skalierbares System mit wohldefinierten Qubits.* Skalierbar bedeutet, dass es technisch möglich sein muss, über Prototypen mit einigen wenigen Qubits hinauszugehen, ohne dass der technische Aufwand ins Unermessliche wächst. Die zur Kontrolle und Ansteuerung individueller Qubits verwendeten Apparaturen müssen bei der Skalierung auf 50 und mehr logische Qubits handhabbar bleiben. Ebenso muss der Aufwand für die Fehlerkorrektur zur Bekämpfung der Dekohärenz beherrschbar sein.

2. *Die Möglichkeit, die Qubits in einen wohldefinierten Ausgangszustand zu präparieren.* Für den kontrollierten Ablauf von Quantenalgorithmen ist es notwendig, dass

alle Qubits am Anfang der Berechnung in einen wohldefinierten Anfangszustand gebracht werden können, in der Regel in den Zustand $|0\rangle$.

3. *Große Dekohärenzzeiten, die deutlich größer sind als die Zeitspannen für Gatteroperationen.* Damit Quantenalgorithmen erfolgreich implementiert werden können, muss eine genügend große Zahl von Gatteroperationen möglich sein, bevor die Kohärenz des Systems verloren geht.

4. *Die experimentelle Realisierbarkeit eines universellen Satzes von Quantengattern.* Durch Laser- oder Mikrowellenpulse muss das System so manipuliert werden können, dass Quantengatter realisiert werden können.

5. *Die Möglichkeit, Messungen an einzelnen Qubits vorzunehmen.* Um das Ergebnis der Berechnung auslesen zu können, müssen einzelne Qubits individuell gemessen werden können.

Wie bereits in Kapitel 1 beschrieben, beruht die gegenwärtige Entwicklung von Quantencomputern auf einer Anzahl konkurrierender Ansätze, die diese Anforderungen mit unterschiedlichen physikalischen Systemen zu realisieren versucht, zum Beispiel mit einzelnen Ionen in Fallen, mit supraleitenden Qubits, neutralen Atomen oder Quantenpunkten in Halbleitern.

6.2 Ein einfacher Quantenalgorithmus: Quantum Penny Flip

Betrachten wir nun einen ersten Quantenalgorithmus, um an einem einfachen Beispiel zu diskutieren, worauf die Überlegenheit von Quantencomputern beruht und einige Quantengatter kennenzulernen. Es handelt sich nicht um einen ausgefeilten Algorithmus für eine praktische Anwendung, sondern nur um ein einfaches Spiel, bei dem die Ausnutzung der Quantenphysik einen Gewinnvorteil bietet. Es heißt *Quantum Penny Flip* und wurde 1999 von David A. Meyer vorgeschlagen [72].

Die klassischen Regeln

Ausgangssituation ist der klassische Münzwurf mit zwei Spielern (Alice und Bob): Eine Münze wird in die Luft geworfen. Wenn sie bei der Landung „Kopf" zeigt, hat Alice gewonnen. Zeigt sie „Zahl", hat Bob gewonnen. Um das Spiel anschlussfähig an den Quantenalgorithmus zu machen, formulieren wir die Regeln etwas um:

1. Alice legt die Münze in einem Zustand ihrer Wahl (Kopf oder Zahl oben) in eine nicht einsehbare Kiste. Auch durch Ertasten ist nicht festzustellen, welche Seite oben ist.

2. Bob greift in die Kiste und hat die Wahl, die Münze umzudrehen oder nicht. Alice kann nicht sehen, was er tut.

3. Alice greift in die Kiste und führt eine Operation ihrer Wahl durch (Umdrehen oder Nicht-Umdrehen).

4. Die Münze wird aufgedeckt und das Ergebnis abgelesen.

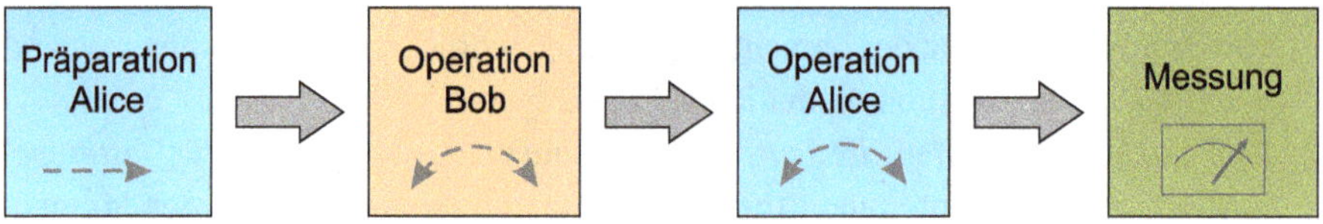

Abb. 6.4: Das Spiel Quantum Penny Flip im Schema Präparation – Wechselwirkung – Messung.

Mit diesen Regeln haben wir das Spiel gemäß dem Schema „Präparation – Wechselwirkung – Messung" formuliert (Abb. 6.4). Auch wenn die Rollen von Bob und Alice nicht ganz symmetrisch verteilt sind, ist es doch klar, dass es für keinen der beiden Spieler eine Gewinnstrategie gibt. Die Chancen sind gleich verteilt.

Quantenversion des Spiels

Die Quantenversion des Algorithmus lässt sich nun ganz analog zu den gerade aufgestellten Regeln formulieren. An die Stelle der klassischen Münze tritt ein Qubit, das sich in einem beliebigen Überlagerungszustand aus $|0\rangle$ und $|1\rangle$ befinden kann. Ein weiterer Unterschied: Alice kennt die Gesetze der Quantenphysik und kann an dem Qubit alle denkbaren Operationen vornehmen. Bob ist auf die klassischen Operationen Umdrehen oder Nicht-Umdrehen beschränkt.

Zur Übung beschreiben wir den Algorithmus sowohl in der Dirac-Notation als auch mit Matrizen. Für umfangreichere Beispiele wird die Matrixnotation schnell unübersichtlich. Meistens wird deshalb die Dirac-Notation bevorzugt.

Es handelt sich um einen Algorithmus mit einem einzelnen Qubit. Die Basiszustände des Qubits sind Spaltenvektoren mit zwei Komponenten:

$$|0\rangle = \begin{pmatrix} 1 \\ 0 \end{pmatrix} \quad \text{``Kopf''},$$

$$|1\rangle = \begin{pmatrix} 0 \\ 1 \end{pmatrix} \quad \text{``Zahl''}.$$

Wie immer, wenn nichts anderes gesagt wird, nehmen wir an, dass das Qubit zu Beginn im Zustand $|0\rangle$ präpariert ist.

Qubit-Operationen

Da nur ein Qubit beteiligt ist, muss der Algorithmus mit *Ein-Bit-Operationen* auskommen. Klassisch sind diese Operationen sehr beschränkt: Sie entsprechen Bobs Handlungsmöglichkeiten Umdrehen (NOT-Gatter) und Nicht-Umdrehen (Identität $\mathbb{1}$).

Quantenmechanisch sind ungleich mehr Operationen an einem Qubit möglich. Zur Erinnerung: Die Zustände $|0\rangle$ und $|1\rangle$ werden durch Nord- und Südpol der Blochkugel dargestellt. Dazwischen gibt es ein Kontinuum an möglichen Zuständen (die ganze Oberfläche der Blochkugel). Entsprechend gibt es eine große

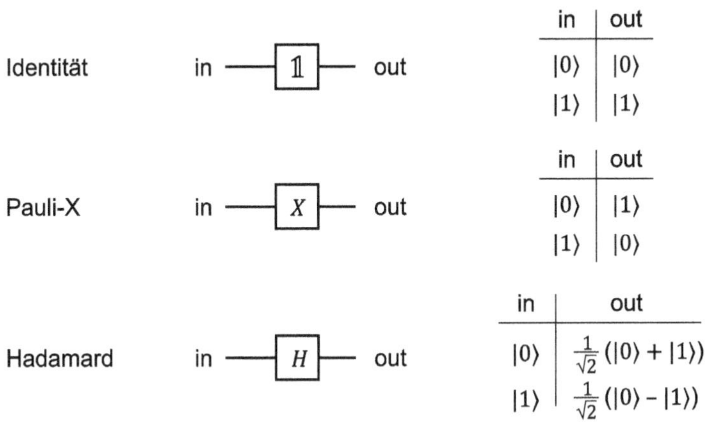

		in	out
Identität	in ─[𝟙]─ out	$\|0\rangle$	$\|0\rangle$
		$\|1\rangle$	$\|1\rangle$

		in	out
Pauli-X	in ─[X]─ out	$\|0\rangle$	$\|1\rangle$
		$\|1\rangle$	$\|0\rangle$

		in	out
Hadamard	in ─[H]─ out	$\|0\rangle$	$\frac{1}{\sqrt{2}}(\|0\rangle + \|1\rangle)$
		$\|1\rangle$	$\frac{1}{\sqrt{2}}(\|0\rangle - \|1\rangle)$

Abb. 6.5: Die für den Quantum-Penny-Flip-Algorithmus benötigten Quantengatter.

Zahl an Ein-Bit-Operationen, um von einem zum anderen Zustand zu gelangen. Auf S. 225 findet sich eine Übersicht über die wichtigsten Quantengatter. Für den hier betrachten Algorithmus sind die in Abb. 6.5 dargestellten Gatter relevant. Neben der Identitäts-Operation 𝟙, die keine Änderung am Zustand vornimmt sind es das quantenmechanische NOT-Gatter, das auch als *Pauli-X* bezeichnet wird und das *Hadamard-Gatter*.

Pauli-*X*-Gatter

Das Pauli-*X*-Gatter wandelt den Basiszustand $|0\rangle$ in $|1\rangle$ um und umgekehrt den Basiszustand $|1\rangle$ in $|0\rangle$. Es beschreibt somit das Umdrehen der Münze. In Matrix-Notation lässt es sich durch eine 2×2-Matrix darstellen (es ist eine der Pauli-Matrizen von S. 75):

$$X = \begin{pmatrix} 0 & 1 \\ 1 & 0 \end{pmatrix}. \tag{6.4}$$

Durch explizites Nachrechnen lässt sich bestätigen, dass die Matrix wie gewünscht auf die Basiszustände wirkt:

$$X|0\rangle = \begin{pmatrix} 0 & 1 \\ 1 & 0 \end{pmatrix}\begin{pmatrix} 1 \\ 0 \end{pmatrix} = \begin{pmatrix} 0 \\ 1 \end{pmatrix} = |1\rangle \quad \text{und} \quad X|1\rangle = \begin{pmatrix} 0 & 1 \\ 1 & 0 \end{pmatrix}\begin{pmatrix} 0 \\ 1 \end{pmatrix} = \begin{pmatrix} 1 \\ 0 \end{pmatrix} = |0\rangle.$$

Anders als das klassische NOT-Gatter ist das Pauli-*X*-Gatter auch für quantenmechanische Überlagerungszustände definiert. Das Ergebnis folgt unmittelbar aus der Linearität der Operation. Wenn $|\psi_{\text{in}}\rangle = \alpha|0\rangle + \beta|1\rangle$, dann ist:

$$|\psi_{\text{out}}\rangle = X|\psi_{\text{in}}\rangle = \alpha|1\rangle + \beta|0\rangle. \tag{6.5}$$

In Dirac-Notation lässt sich das das Pauli-X-Gatter durch den folgenden Ausdruck ausdrücken (vgl. S. 70):

$$X = |0\rangle \langle 1| + |1\rangle \langle 0|. \tag{6.6}$$

Hadamard-Gatter

Das Hadamard-Gatter H überführt die Basiszustände $|0\rangle$ und $|1\rangle$ in Überlagerungszustände:

$$H|0\rangle = \frac{1}{\sqrt{2}}(|0\rangle + |1\rangle) \quad \text{bzw.} \quad H|1\rangle = \frac{1}{\sqrt{2}}(|0\rangle - |1\rangle). \tag{6.7}$$

Es ist eines der in Quantenalgorithmen am häufigsten verwendeten Gatter, denn ohne Überlagerungszustände gibt es keine Interferenz, und ohne Interferenz gibt es keinen Quantenvorteil. Es wird daher meist schon ganz am Anfang eines Quantenalgorithmus eingesetzt, um Überlagerungszustände zu erzeugen.

In Matrix-Notation lässt sich das Hadamard-Gatter wie folgt darstellen:

$$H = \frac{1}{\sqrt{2}} \begin{pmatrix} 1 & 1 \\ 1 & -1 \end{pmatrix}. \tag{6.8}$$

Auch hier zeigen wir die Wirkung auf die Basiszustände durch explizites Nachrechnen:

$$H|0\rangle = \frac{1}{\sqrt{2}} \begin{pmatrix} 1 & 1 \\ 1 & -1 \end{pmatrix} \begin{pmatrix} 1 \\ 0 \end{pmatrix} = \frac{1}{\sqrt{2}} \begin{pmatrix} 1 \\ 1 \end{pmatrix} = \frac{1}{\sqrt{2}}(|0\rangle + |1\rangle), \tag{6.9}$$

$$H|1\rangle = \frac{1}{\sqrt{2}} \begin{pmatrix} 1 & 1 \\ 1 & -1 \end{pmatrix} \begin{pmatrix} 0 \\ 1 \end{pmatrix} = \frac{1}{\sqrt{2}} \begin{pmatrix} 1 \\ -1 \end{pmatrix} = \frac{1}{\sqrt{2}}(|0\rangle - |1\rangle). \tag{6.10}$$

In Dirac-Notation lautet der Ausdruck für das Hadamard-Gatter wie folgt:

$$H = \frac{1}{\sqrt{2}}[|0\rangle \langle 0| + |1\rangle \langle 0| + |0\rangle \langle 1| - |1\rangle \langle 1|]. \tag{6.11}$$

Die Gewinnstrategie beim Quantum Penny Flip

Die Gewinnstrategie von Alice beim Quantum Penny Flip lautet ganz einfach: Immer wenn sie an der Reihe ist, führt sie die Operation H an der Münze durch. Wenn sie dieser Strategie folgt, gewinnt sie, egal was Bob tut.

Abb. 6.6 zeigt die Abfolge der möglichen Qubit-Operationen. Zu Beginn wird das Qubit im Zustand $|0\rangle$ präpariert. Zuerst ist Alice an der Reihe, dann Bob, dann wieder Alice. Wenn Alice immer H einsetzt, gibt es zwei Möglichkeiten für den Spielverlauf: Bob kann die Münze umdrehen (Operation X) oder nicht (Operation $\mathbb{1}$). Mit den zuvor angegebenen expliziten Ausdrücken für die Quantengatter können wir das Ergebnis in beiden Fällen bestimmen.

a) Bob dreht um

$|0\rangle$ —— | Präparation Alice H | Operation Bob X | Operation Alice H | Messung |

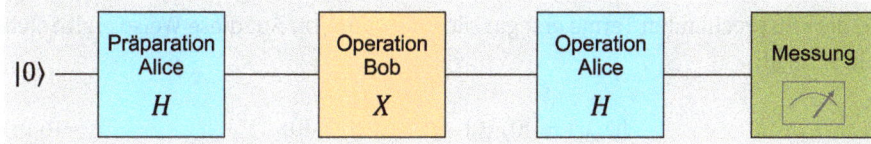

b) Bob dreht nicht um

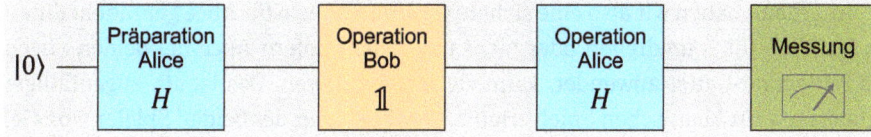

$|0\rangle$ —— | Präparation Alice H | Operation Bob $\mathbb{1}$ | Operation Alice H | Messung |

Abb. 6.6: Die Abfolge der möglichen Qubit-Operationen beim Quantum Penny Flip.

Fall (a): Bob dreht um

Für den ersten Fall (Bob dreht um) ergibt sich der Endzustand des Qubits $|\psi_{out}\rangle$ durch die aufeinanderfolgende Anwendung der Operatoren H, X und H auf den Anfangszustand $|\psi_{in}\rangle = |0\rangle$:

$$|\psi_{out}\rangle = HXH\,|\psi_{in}\rangle. \tag{6.12}$$

In Matrixdarstellung schreiben wir explizit:

$$|\psi_{out}\rangle = HXH\,|0\rangle = \frac{1}{\sqrt{2}}\begin{pmatrix} 1 & 1 \\ 1 & -1 \end{pmatrix} \cdot \begin{pmatrix} 0 & 1 \\ 1 & 0 \end{pmatrix} \cdot \frac{1}{\sqrt{2}}\begin{pmatrix} 1 & 1 \\ 1 & -1 \end{pmatrix}\begin{pmatrix} 1 \\ 0 \end{pmatrix}. \tag{6.13}$$

Durch Matrixmultiplikation zwischen den drei 2×2-Matrizen erhalten wir:

$$|\psi_{out}\rangle = \begin{pmatrix} 1 & 0 \\ 0 & -1 \end{pmatrix}\begin{pmatrix} 1 \\ 0 \end{pmatrix} = \begin{pmatrix} 1 \\ 0 \end{pmatrix} = |0\rangle. \tag{6.14}$$

Es ergibt sich also $|0\rangle$ = Kopf, und Alice hat gewonnen.

Fall (b): Bob dreht nicht um

Die zweite Möglichkeit (Bob dreht nicht um) gehen wir – zum Vergleich der Formalismen – in Dirac-Notation an. Da der Einheitsoperator $\mathbb{1} = |0\rangle\langle 0| + |1\rangle\langle 1|$ das Nichts-Tun repräsentiert, hat seine Anwesenheit tatsächlich keinen Einfluss auf das Endergebnis. Wir berücksichtigen ihn dennoch, um das Rechnen mit Bras und Kets zu üben:

$$|\psi_{out}\rangle = H\mathbb{1}H\,|0\rangle = \frac{1}{\sqrt{2}}[|0\rangle\langle 0| + |1\rangle\langle 0| + |0\rangle\langle 1| - |1\rangle\langle 1|] \cdot [|0\rangle\langle 0| + |1\rangle\langle 1|]$$

$$\cdot \frac{1}{\sqrt{2}}[|0\rangle\langle 0| + |1\rangle\langle 0| + |0\rangle\langle 1| - |1\rangle\langle 1|]\,|0\rangle. \tag{6.15}$$

Das Ausmultiplizieren der Terme wird erleichtert, wenn man $\langle 0|1\rangle = 0$ berücksichtigt und die entsprechenden Terme erst gar nicht aufschreibt. Auf diese Weise ergibt sich recht schnell:

$$|\psi_{out}\rangle = [|0\rangle\langle 0| + |1\rangle\langle 1|]\,|0\rangle = |0\rangle\,. \tag{6.16}$$

Auch hier ergibt sich Kopf, und wieder hat Alice gewonnen.

Insgesamt haben wir also eine sichere Gewinnstrategie für Alice gefunden. Einerlei, was Bob tut – umdrehen oder nicht umdrehen: Sofern Alice bei beiden Zügen das Hadamard-Gatter anwendet, kann sie nicht verlieren. Das ist ein augenfälliger Unterschied zur klassischen Spielvariante, wo für keinen der beiden Spieler eine Gewinnstrategie existiert. Das Ausnutzen von Überlagerungszuständen ist entscheidend für den Erfolg von Alice, und bezeichnenderweise bildet mit dem Hadamard-Gatter auch ein genuines Quantengatter die Basis für ihre Gewinnstrategie.

ℹ️ Verschiedene Hersteller von Quantencomputern stellen interessierten Nutzern einen freien cloudbasierten Zugang zu ihren Systemen zur Verfügung. Wir können den Quantum-Penny-Flip-Algorithmus auf einem solchen Quantencomputer ausprobieren. Die Programmierung erfolgt entweder grafisch mit Symbolen für die Quantengatter oder in einer der Programmiersprachen, die für Quantenalgorithmen entwickelt wurden.

Die symbolische Darstellung der Programmierung für die beiden Fälle ist in Abb. 6.7 oben gezeigt; unten ist das Berechnungsergebnis dargestellt. Aufgrund von Dekohärenz sind die Effekte rauschbehaftet. Deshalb wurden 1024 Durchläufe für jeden der beiden Fälle angestellt. Das Ergebnis bestätigt die Gewinnstrategie für Alice: Abgesehen vom Rauschen ergibt sich in allen Fällen bei der Messung am Qubit q_0 der Output 0 (= Kopf). Das klassische Bit c_1 dient in dieser Implementierung zum Speichern des Messergebnisses.

6.3 Quanten-Datenbanksuche mit dem Grover-Algorithmus

Der Grover-Algorithmus [73] ist einer der prominentesten Quantenalgorithmen, weil er – anders als der Quantum Penny Flip – ein wichtiges praktisches Problem löst und dabei einen deutlichen Geschwindigkeitsvorteil gegenüber klassischen Algorithmen ermöglicht. Wir werden den Grover-Algorithmus im Folgenden sehr ausführlich diskutieren und an diesem konkreten Beispiel den Umgang mit Quantengattern und die Programmierung von Quantencomputern behandeln. Der Grover-Algorithmus ist einerseits einfach genug, um ihn mit moderatem Aufwand im Detail zu verstehen, andererseits aber komplex genug, um damit viele wichtige Aspekte des Quantencomputing zu diskutieren. Eine Fülle von ergänzender Information zu den wichtigsten Algorithmen des Quantencomputing, vor allem in mathematischer Hinsicht, findet sich im Standardwerk von Nielsen und Chuang [74].

Der Grover-Algorithmus dient zur Suche von Einträgen in einer ungeordneten Datenbank. Die Problemstellung lässt sich einfach beschreiben: Gegeben ist eine Daten-

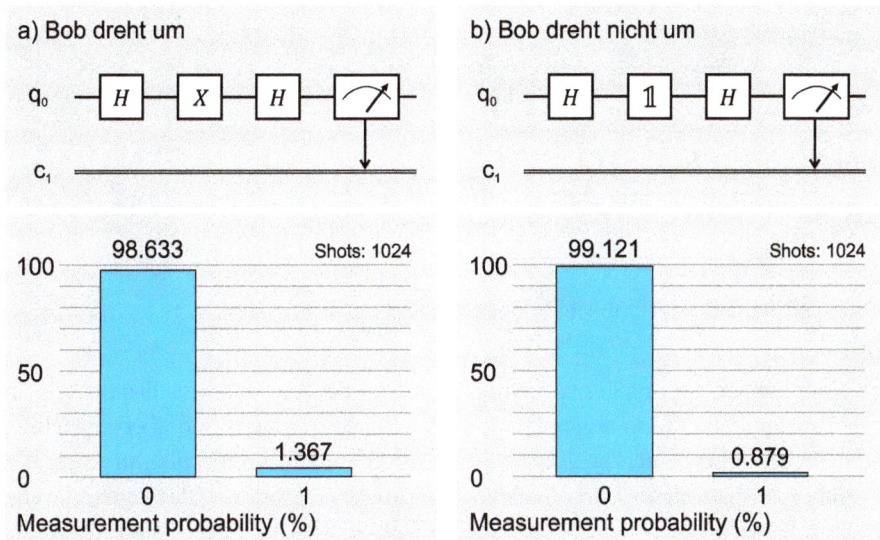

Abb. 6.7: Ergebnis der Berechnung auf einem Quantencomputer. Das klassische Bit c_1 enthält am Ende das Ergebnis der Quantenmessung am Qubit q_0.

bank mit einer langen Liste von Einträgen, von denen einer der gesuchte ist. Zum Beispiel könnte man in einer Liste von Personen diejenige suchen, die heute vor 25 Jahren geboren wurde. Aufgabe des Algorithmus ist es, die Position des gesuchten Eintrags zurückzuliefern.

Orakel

In der Realität wird man mit einem Quantenalgorithmus allerdings kaum in einer Tabelle mit festen Einträgen suchen. Stattdessen konzentriert man sich auf Szenarien, in denen zum Ermitteln des gesuchten Eintrags eine Funktion f ausgewertet werden muss. Sie liefert die Antwort „ja" zurück, wenn es sich um den gesuchten Eintrag handelt, ansonsten „nein". Diese Funktion, die als Quantenalgorithmus implementiert werden muss, wird als *Orakel* bezeichnet und als „Black Box" behandelt. Eine solche abstrakte Vorgehensweise ist in der Informatik üblich.

Das Orakel ist spezifisch für das jeweilige Problem. Für das Funktionieren des Algorithmus sind seine Details nicht wichtig. Für das Verständnis des Folgenden müssen wir nur festhalten: Das Orakel *findet* den gesuchten Zustand nicht in der Datenbank. Es *erkennt* ihn nur, wenn es ihn als Input erhält und gibt eine entsprechende Rückmeldung.

Datenbankstruktur

Die Black-Box-Natur des Orakels zieht eine entsprechend minimalistische Datenbankstruktur nach sich. Die Datenbank besteht nur aus der Nummerierung der Einträge

Nr. in der Datenbank	1	2	3	4
Qubit 1	0	0	1	1
Qubit 2	0	1	0	1
Orakel	nein	ja	nein	nein

Abb. 6.8: Struktur der Datenbank beim Grover-Algorithmus.

und einer Kennzeichnung des gesuchten Eintrags – der Rückmeldung des Orakels. In einer Tabellenkalkulation entspräche das den Zeilennummern und einer einzelnen Spalte, in der beim gesuchten Eintrag ein „ja" steht und ansonsten überall „nein".

Abb. 6.8 illustriert die Datenbank-Struktur für $N = 4$ Einträge. Die Nummerierung der Einträge erfolgt mit den beiden oberen Qubits. Klassisch kann man mit n Bits $N = 2^n$ Zustände nummerieren. Das Gleiche gilt für Qubits, wenn wir uns auf die Basiszustände $|0\rangle$ und $|1\rangle$ beschränken. Mit 2 Qubits kann man also 4 Einträge nummerieren, mit 3 Qubits 8 Einträge usw. Die vier Zustände, die sich mit zwei Qubits unterscheiden lassen, sind $|00\rangle$, $|01\rangle$, $|10\rangle$, $|11\rangle$. Einer von ihnen ist der gesuchte Zustand. Die Markierung erfolgt durch das Orakel. In der Abbildung ist $|01\rangle$ als der gesuchte Zustand markiert, der hier mit „ja" gekennzeichnet ist.

In den meisten Darstellungen des Grover-Algorithmus wird auf die Implementierung des Orakels verzichtet und willkürlich einer der Einträge „von Hand" markiert. Es erscheint dann, als ob der Suchalgorithmus nur etwas finden kann, was vorher schon bekannt ist. Um diese Verständnisschwierigkeit zu vermeiden, werden wir später ein einfaches Orakel explizit implementieren.

Quantenparallelität

Beim Grover-Algorithmus wird angenommen, dass der Aufruf des Orakels der zeitaufwändige Teil der Datenbank-Suche ist. Der Algorithmus ist schnell, wenn das Orakel so selten wie möglich aufgerufen wird. Hier kommt die Quantenparallelität ins Spiel.

Bei einem klassischen Suchalgorithmus läuft die Suche in einer ungeordneten Datenbank wie folgt ab: Der Algorithmus arbeitet die Liste der Einträge vom Anfang bis zum Ende ab. Für jeden Eintrag muss durch Aufruf des Orakels geprüft werden, ob es sich um den gesuchten Zustand handelt. Bei M Datenbank-Einträgen sind im Mittel $M/2$ Aufrufe des Orakels nötig, bis der gesuchte Zustand gefunden ist.

Der Grover-Algorithmus nutzt die Quantenparallelität. Durch Nutzung von Überlagerungszuständen kann das Orakel auf alle Datenbankeinträge *gleichzeitig* wirken und den gesuchten Eintrag mit einem einzigen Aufruf mit einer 1 markieren. Das ist quantenmechanisch in der Tat möglich, löst aber das Problem noch nicht. Der Algorithmus hat seine Aufgabe erst erfüllt, wenn er den gesuchten Zustand bei einer

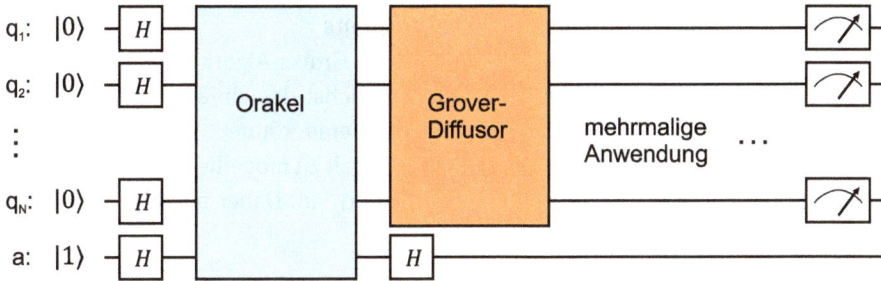

Abb. 6.9: Prinzipieller Ablauf des Grover-Algorithmus. Orakel werden mehrmals durchlaufen (Größenordnung $\sqrt{M}$ Aufrufe). Mit a ist das Ancilla-Qubit gekennzeichnet, das beim Aufruf des Orakels eine Rolle spielt.

abschließenden Messung auch ausgegeben hat. Das ist das eigentliche Problem beim Grover-Algorithmus: den durch das Orakel identifizierten Zustand mit hoher Wahrscheinlichkeit als Ergebnis einer geeigneten quantenmechanischen Messung zu erhalten. Um das zu erreichen, wird ein iterativer Prozess durchgeführt, der als *Amplitudenverstärkung* bezeichnet wird. Ziel ist es, im quantenmechanischen Zustand des Gesamtsystems den gesuchten Zustand so dominant werden zu lassen, dass er bei einer Messung mit großer Wahrscheinlichkeit gefunden wird.

Es stellt sich heraus, dass bei diesem Verfahren die Zahl der benötigten Orakelaufrufe nicht mit M, sondern mit $\sqrt{M}$ skaliert. Der Grover-Algorithmus bietet also einen quadratischen Vorteil gegenüber klassischen Suchalgorithmen.

Prinzipieller Ablauf des Grover-Algorithmus

Der prinzipielle Ablauf des Grover-Algorithmus ist in Abb. 6.9 dargestellt. Benötigt wird eine Anzahl von Qubits $q_1 \ldots q_N$, die ausreichend groß sein muss, um die Datenbankeinträge durchzunummerieren. Ferner werden für den Aufruf des Orakels noch ein oder mehrere Hilfs-Qubits (Ancilla, lat. Magd) benötigt, die an der eigentlichen Berechnung nicht teilnehmen.

Zunächst werden alle Qubits durch die Anwendung von Hadamard-Gattern in einen Überlagerungszustand gebracht (ohne Überlagerung keine Interferenz, und ohne Interferenz kein Quantenvorteil). Dann folgt mehrmals hintereinander der gleiche Ablauf: der Aufruf des Orakels, gefolgt vom „Grover-Diffusor" – einer Abfolge von Quantengattern, deren Wirkungsweise wir noch erläutern werden. Diese Sequenz aus Orakel und Diffusor muss mehrmals aufgerufen werden, und zwar in der Größenordnung von $\sqrt{M}$-mal. Am Ende wird eine Messung am Qubit-System durchgeführt, und die Wahrscheinlichkeit ist sehr hoch, dabei den Zustand zu finden, für den das Orakel die Antwort „ja" geliefert hat. Ein solcher Prozess, bei dem der gewünschte Zustand auf Kosten aller anderen möglichen Zustände selektiv verstärkt wird, kennzeichnet das Verfahren der Amplitudenverstärkung.

Einfachstes Beispiel: Grover-Algorithmus mit 2 Qubits

Es ist kaum möglich, den detaillierten Ablauf des Grover-Algorithmus beim ersten Anlauf zu verstehen. Deshalb betrachten wir zunächst das einfachste Beispiel mit $n = 2$ Qubits, die $N = 4$ Zustände durchnummerieren können. Wir verzichten zunächst darauf, die Funktionsweise des Orakels explizit zu modellieren und geben nur seine Wirkung auf den Zustand der Qubits q_1 und q_2 an. Daher benötigen wir auch kein Ancilla-Qubit.

1. *Schritt 1: Symmetrischer Zustand*

   Die beiden Qubits q_1 und q_2 werden zu Beginn durch Anwendung des Hadamard-Gatters in einen Überlagerungszustand aus $|0\rangle$ und $|1\rangle$ gebracht (vgl. S. 160). Der Ausgangszustand ist also

$$|\psi_1\rangle = H_{(1)}H_{(2)}|0\rangle_1|0\rangle_2. \tag{6.17}$$

   Die Indizes 1 und 2 an den Zuständen bezeichnen das jeweilige Qubit; der Index am Operator gibt an, auf welches Qubit er wirkt. Mit Gl. (6.7) ergibt sich:

$$|\psi_1\rangle = \frac{1}{\sqrt{2}}(|0\rangle_1 + |1\rangle_1) \otimes \frac{1}{\sqrt{2}}(|0\rangle_2 + |1\rangle_2), \tag{6.18}$$

   oder, nach Ausmultiplizieren und mit etwas vereinfachter Notation:

$$|\psi_1\rangle = \frac{1}{2}[|00\rangle + |01\rangle + |10\rangle + |11\rangle]. \tag{6.19}$$

   Dieser Zustand wird auch als der *symmetrische Zustand* $|s\rangle$ bezeichnet und in der Folge noch eine größere Rolle spielen.

2. *Schritt 2: Wirkung des Orakels*

   Die Wirkung des Orakels besteht darin, das Vorzeichen des gesuchten Zustands in ein Minus zu verwandeln. In unserem Beispiel ist es der Zustand $|01\rangle$. Der Gesamtzustand nach Anwendung des Orakels ist somit:

$$|\psi_2\rangle = \frac{1}{2}[|00\rangle - |01\rangle + |10\rangle + |11\rangle]. \tag{6.20}$$

   Wir können dies auch wie folgt schreiben:

$$|\psi_2\rangle = |s\rangle - |01\rangle . \tag{6.21}$$

3. *Schritt 2: Grover-Diffusor*

   Der Grover-Diffusor führt die Amplitudenverstärkung für den markierten Zustand durch. Er wird durch die Anwendung des Operators $S = 2|s\rangle\langle s| - \mathbb{1}$ beschrieben:

$$\begin{aligned}
|\psi_3\rangle &= S\,|\psi_2\rangle \\
&= [2\,|s\rangle\,\langle s| - \mathbb{1}][|s\rangle - |01\rangle] \\
&= 2\,|s\rangle\,\underbrace{\langle s|s\rangle}_{=1} - |s\rangle - 2\,|s\rangle\,\underbrace{\langle s|01\rangle}_{=1/2} + |01\rangle\,,
\end{aligned} \tag{6.22}$$

wobei Gl. (6.19) zur Berechnung des Skalarprodukts verwendet wurde. Alle Beiträge, die $|s\rangle$ enthalten, heben sich weg (destruktive Interferenz), und es bleibt:

$$|\psi_3\rangle = |01\rangle\,. \tag{6.23}$$

Bereits nach einmaliger Anwendung der Sequenz Orakel-Diffusor ist aus dem Anfangszustand $|s\rangle$ der vom Orakel markierte Eintrag hervorgegangen. Er wird bei der abschließenden Messung mit der Wahrscheinlichkeit 1 gefunden. Der Grover-Algorithmus hat damit das gesuchte Datenbankelement ausgegeben. Hätte das Orakel einen anderen Eintrag mit einem Minuszeichen versehen, wäre dieser gefunden worden.

Dass der gesuchte Datenbank-Eintrag schon bei nur einmaliger Anwendung der Sequenz Orakel-Diffusor gefunden wird, ist untypisch und geschieht nur im speziellen Fall von zwei Qubits. Ebenso gelingt es im Allgemeinen nicht, den gesuchten Zustand mit einer Wahrscheinlichkeit von 1 zu identifizieren. Im Normalfall ist die Wahrscheinlichkeit, ihn bei einer Messung zu finden, lediglich deutlich erhöht.

Geometrische Interpretation des Grover-Algorithmus

Durch explizites Nachrechnen haben wir uns davon überzeugt, dass der Grover-Algorithmus funktioniert – jedenfalls für den Fall von zwei Qubits. Aber zu einem anschaulichen Verständnis der Wirkungsweise des Algorithmus führt die Rechnung nicht. Man sieht, dass es funktioniert, aber man versteht nicht warum.

Es gibt zwei verbreitete Visualisierungen für die Funktionsweise des Grover-Algorithmus. Sie sind unter dem Namen „Inversion am Mittelwert" und „Rotation in einem zweidimensionalen Zustandsraum" bekannt. Interessant ist, dass Grover selbst auf einem völlig anderen Weg zu seinem Algorithmus gelangt ist (er beschreibt diesen Weg in [75]): Ursprünglich betrachtete er die beteiligten Qubits als lange Kette von „Atomen" in einem Kontinuum. Die Markierung des gesuchten Qubits durch das Orakel erzeugt eine Art Potentialmulde, zu der der Zustand des Gesamtsystems dann „hindiffundiert" (daher kommt der Name „Diffusor"). Die beiden Schritte des Algorithmus (Orakel und Diffusor) sind in diesem Zugang schon deutlich erkennbar.

Heute veranschaulicht man den Grover-Algorithmus häufig mit einer geometrischen Interpretation, die die Wirkung des Algorithmus als eine Rotation im Zustandsraum auffasst. Diese Beschreibung ist so allgemein, dass wir unsere bisherige Betrachtung direkt auf den Fall von n Qubits verallgemeinern können.

Mit n Qubits hat die Datenbank $N = 2^n$ Zustände. Zu Beginn des Algorithmus wird das System in den symmetrischen Zustand $|s\rangle$ gebracht, indem man das Hadamard-Gatter auf alle Qubits anwendet. Für n Qubits hat $|s\rangle$ die folgende Gestalt:

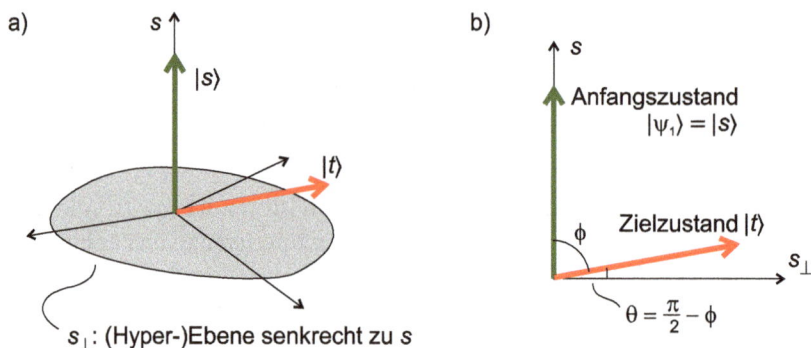

Abb. 6.10: (a) Geometrische Veranschaulichung der beteiligten Zustände, (b) Reduktion auf einen quasi-zweidimensionalen Zustandsraum.

$$|s\rangle = \frac{1}{\sqrt{N}} [|00\dots0\rangle + |00\dots1\rangle + \cdots + |11\dots1\rangle]. \tag{6.24}$$

Einer der Zustände in den eckigen Klammern ist der Zielzustand, den wir mit $|t\rangle$ bezeichnen.

Ziel der Amplitudenverstärkung ist es, den Anfangszustand $|s\rangle$ durch eine Folge von unitären Operationen so zu beeinflussen, dass er sich dem Zielzustand $|t\rangle$ so weit wie möglich annähert. Im Prozess der Amplitudenverstärkung soll der Zustand des Systems in Richtung des Zielzustands $|t\rangle$ „gedreht" werden, so dass dieser bei einer Messung mit hoher Wahrscheinlichkeit gefunden wird. Das Problem besteht darin, dass der Zielzustand von vornherein nicht bekannt ist und nur durch das Orakel markiert werden kann. Zur Analyse des Algorithmus gestehen wir uns selbst die Kenntnis des Zielzustands $|t\rangle$ zu und untersuchen später, wie der Algorithmus mit dieser Schwierigkeit umgeht.

Abb. 6.10(a) zeigt die Geometrie der beteiligten Zustände. Für n Qubits ist der Zustandsraum 2^n-dimensional (bei 2 Qubits also vierdimensional). Die Koordinaten sind in spezieller Weise gewählt: Die Koordinatenachsen verlaufen *nicht* in Richtung der bisher betrachteten Basisvektoren $|00\dots0\rangle, \dots, |11\dots1\rangle$, sondern das Koordinatensystem ist so gerichtet, dass eine Achse s in Richtung des Vektors $|s\rangle$ zeigt. Daneben gibt es noch $2^n - 1$ dazu senkrechte Achsen, die in der Abbildung nur angedeutet sind und im Folgenden keine große Rolle spielen. Bei allen Zustandsvektoren werden wir nur unterscheiden zwischen Komponenten parallel zu $|s\rangle$ und senkrecht dazu (Notation $s_\perp$). Damit entsteht die quasi-zweidimensionale Darstellung in Abb. 6.10(b).

In dem hochdimensionalen Zustandsraum liegt der Zielvektor $|t\rangle$ am Anfang fast senkrecht zu $|s\rangle$. Wir erkennen das schon an unserem 2-Qubit-Beispiel: Der Zielvektor ist $|10\rangle$, und an Gl. (6.19) lesen wir ab, dass er nur einer von vier gleich großen Anteilen in $|s\rangle$ ist. Im Fall von n Qubits ist der Zielvektor einer von $N = 2^n$ Datenbankeinträgen in $|s\rangle$. Das ist auch am Skalarprodukt zwischen $|s\rangle$ und $|t\rangle$ erkennbar. Aus Gl. (6.24) folgt:

$$\langle s|t\rangle = \frac{1}{\sqrt{N}} = \cos\phi. \tag{6.25}$$

Geometrisch lässt sich das Skalarprodukt durch den Winkel ϕ zwischen den Vektoren $|s\rangle$ und $|t\rangle$ interpretieren (Abb. 6.10(b)).

Wie bereits erwähnt ist das Ziel des Grover-Algorithmus, den Anfangszustand $|s\rangle$ auf den Zielzustand $|t\rangle$ zu drehen, also um den Winkel ϕ. Das gelingt nicht direkt, sondern nur über Umwege: Erstens in mehreren Schritten und zweitens nur, indem man eine Drehung durch eine Folge von zwei Achsenspiegelungen simuliert. Diese Achsenspiegelungen werden durch das Orakel und den Grover-Diffusor bewirkt.

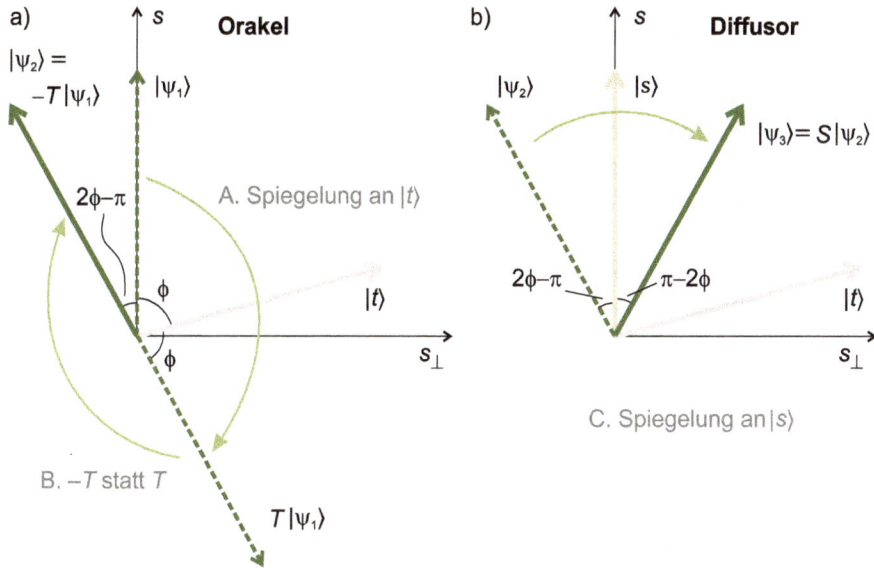

Abb. 6.11: Wirkung des Orakels und des Grover-Diffusors.

(a) *Wirkung des Orakels als Achsenspiegelung des Anfangszustands $|\psi_1\rangle$ am Vektor $|t\rangle$*
Das Orakel invertiert das Vorzeichen für diejenige Komponente des Anfangszustands $|\psi_1\rangle$, die in Richtung des Zielvektors $|t\rangle$ liegt. Mathematisch kann man das beschreiben durch die Operation $-T = \mathbb{1} - 2|t\rangle\langle t|$, die auf den Anfangszustand wirkt:

$$-T = \underbrace{-|t\rangle\langle t|}_{\substack{\text{Projektion auf } |t\rangle \\ \text{erhält Minuszeichen.}}} + \underbrace{(\mathbb{1} - |t\rangle\langle t|)}_{\substack{\text{Orthogonale Komponenten} \\ \text{bleiben unverändert.}}}. \qquad (6.26)$$

Das Negative davon, also die Operation $T = 2|t\rangle\langle t| - \mathbb{1}$ entspricht geometrisch einer Achsenspiegelung des Anfangszustands $|\psi_1\rangle$ an $|t\rangle$: Bei einer Achsenspiegelung bleibt die Parallelkomponente unverändert und die orthogonalen Komponenten erhalten ein Minuszeichen. Die Wirkung des Orakels $-T$ ist in Abb. 6.11(a) veranschaulicht. Durch Nachverfolgen der Winkel kann man sich überzeugen, dass der Zustand $|\psi_2\rangle = -T|\psi_1\rangle$, in dem sich das System nach Anwendung des Orakels befindet, einen Winkel von $2\phi - \pi$ zur s-Achse hat.

(b) *Wirkung des Diffusors als Achsenspiegelung am Vektor $|s\rangle$*
Die mathematische Gestalt des Grover-Diffusors wurde schon in Gl. (6.22) angegeben:

$$S = 2|s\rangle\langle s| - \mathbb{1}. \qquad (6.27)$$

Er hat die gleiche Gestalt wie T, nur dass $|t\rangle$ durch $|s\rangle$ ersetzt ist. Das bedeutet: Geometrisch ist der Grover-Diffusor eine Achsenspiegelung am Vektor $|s\rangle$. Die Wirkung ist in Abb. 6.11(b) veranschaulicht. Der Winkel des resultierenden Zustands $|\psi_3\rangle = S|\psi_2\rangle$ zur s-Achse ist nun $\pi - 2\phi$. Die Abfolge der beiden Operationen $-T$ (Orakel) und S (Grover-Diffusor) hat den Anfangszustand insgesamt um den Winkel $\pi - 2\phi$ in Richtung des Zielzustands gedreht.

Zahl der Grover-Iterationen und Quantenüberlegenheit

Die geometrische Argumentation im vorangegangenen Abschnitt hat gezeigt, dass eine einzelne Anwendung von Orakel und Diffusor den Anfangszustand um einen bestimmten Winkel in Richtung auf den Zielzustand dreht. Die Abfolge Orakel/Diffusor muss nun so lange wiederholt werden, bis der Zielzustand erreicht ist (bzw., da nur eine ganzzahlige Anzahl von Operationen möglich ist: bis man in hinreichende Nähe des Zielzustands gelangt ist). Diese Anforderung bestimmt die nötige Zahl der Grover-Iterationen. Der Drehwinkel für eine Iteration beträgt $\pi - 2\phi$; insgesamt muss der Anfangszustand um den Winkel ϕ gedreht werden. Für die Zahl k der dazu nötigen Iterationen gilt somit die Bedingung:

$$k \cdot (\pi - 2\phi) = \phi. \tag{6.28}$$

Um die konkrete Anzahl der Iterationen für eine gegebene Datenbankgröße N zu berechnen, ist es einfacher, wenn wir von ϕ zum Komplementwinkel $\theta = \frac{\pi}{2} - \phi$ übergehen (Abb. 6.10b). Damit können wir nach Gl. (6.25) schreiben:

$$\langle s|t \rangle = \cos\left(\frac{\pi}{2} - \theta\right) = \sin\theta = \frac{1}{\sqrt{N}}. \tag{6.29}$$

Für $\phi \approx \pi$ ist der Winkel θ klein, und es gilt: $\sin\theta \approx \theta$, also $\theta \approx \frac{1}{\sqrt{N}}$. Für große Datenbanken, in denen der gesuchte Zustand nur einer unter sehr vielen Anteilen im symmetrischen Zustand ist, wird diese Näherung sehr gut. In der gleichen Näherung nehmen wir an, dass wir ϕ auf der rechten Seite von Gl. (6.28) durch $\frac{\pi}{2}$ ersetzen können, dass also der insgesamt zurückzulegende Winkel zwischen Anfangs- und Zielzustand 90° beträgt. Dann wird aus Gl. (6.28):

$$k \cdot 2\theta = \frac{\pi}{2}. \tag{6.30}$$

Mit $\theta \approx \frac{1}{\sqrt{N}}$ ergibt sich daraus $k \approx \sqrt{N} \cdot \frac{\pi}{4}$. Damit haben wir die für eine gegebene Datenbankgröße nötige Zahl der Iterationen bestimmt. Sie wächst mit der Quadratwurzel der Datenbankeinträge. Der Grover-Algorithmus kann deshalb eine große ungeordnete Datenbank schneller durchsuchen als ein klassischer Suchalgorithmus (der im Mittel $\frac{N}{2}$ Aufrufe benötigt, also mit N skaliert).

Quantenüberlegenheit bei der Datenbanksuche: Mit zunehmender Datenbankgröße skaliert die Zahl der Iterationen beim Grover-Algorithmus mit $\sqrt{N}$. Damit ist er für große Datenbanken effizienter als klassische Suchalgorithmen, die mit N skalieren.

Mit seiner eigenwilligen und nicht gerade intuitiven Art, eine Drehung durch eine Folge von Spiegelungen zu ersetzen, wirkt der Grover-Algorithmus keineswegs elegant oder besonders effektiv. Dennoch kann man zeigen, dass er optimal ist [76]; bis auf konstante Faktoren gibt es keinen effizienteren Quantenalgorithmus.

6.4 Implementierung des Grover-Algorithmus durch Quantengatter

Gehen wir nun an die praktische Aufgabe, den Grover-Algorithmus auf einem Quantencomputer zu implementieren. Wir müssen dazu die unitären Operationen des Algorithmus in Aktionen von Quantengattern übersetzen. Beim klassischen Programmieren werden solche Dinge von einem Compiler übernommen. Weil aber gegenwärtig das Programmieren von Quantencomputern noch weitgehend auf Gatterebene erfolgt, werden wir den Algorithmus von Hand implementieren. Dabei können wir nützliche Erfahrungen mit Quantengattern sammeln.

Wir wollen Grover-Diffusor und Orakel durch eine Abfolge von Standard-Quantengattern ausdrücken, wie sie in den verfügbaren Quantencomputersystemen implementiert sind (vgl. S. 225). Das Problem ist mit Sicherheit lösbar, denn als unitäre Transformationen sind Orakel und Diffusor auf jeden Fall durch eine Folge universeller Quantengatter (z. B. CNOT) darstellbar.

Notation: Wenn man Qubit-Operationen auf Systeme von mehreren Qubits beschreiben will, muss man angeben, welches Gatter auf welches Qubit wirkt. Wir verwenden dazu eine Notation, in der das betreffende Qubit (oder die Qubits) als Index in Klammern angegeben wird: $H_{(k)}$ bedeutet zum Beispiel die Anwendung des Hadamard-Gatters auf das Qubit k. Der Ausdruck $H_{(1\ldots k)}$ beschreibt die Anwendung von H auf die Qubits 1 bis k. Und $H_{(alle)}$ steht für die Anwendung von H auf alle Qubits. In theoretisch orientierten Texten wird dies durch die Notation $H^{\otimes n}$ ausgedrückt.

Implementierung des Diffusors

Als erstes drücken wir den Grover-Diffusor $S = 2|s\rangle\langle s| - \mathbb{1}$ durch Quantengatter aus. Durch Anwenden von Standard-Quantengattern (mathematisch: unitären Transformationen) bringen wir ihn in eine einfacher handhabbare Gestalt. Zunächst drücken wir den komplexen Überlagerungszustand $|s\rangle$ durch den einfacheren Zustand $|00\ldots0\rangle$ aus. Das geschieht durch Anwendung des Hadamard-Gatters auf alle Qubits. Wir nutzen dabei aus, dass $H = H^\dagger = H^{-1}$. Wir betrachten die Transformation:

$$\begin{aligned}
S' &= -H_{(alle)}SH_{(alle)} \\
&= -2\underbrace{H_{(alle)}|s\rangle}_{=|00\ldots0\rangle}\underbrace{\langle s|H_{(alle)}}_{=\langle00\ldots0|} + \underbrace{H_{(alle)}\mathbb{1}H_{(alle)}}_{=\mathbb{1}} \\
&= \mathbb{1} - 2|00\ldots0\rangle\langle00\ldots0|\,.
\end{aligned} \tag{6.31}$$

In der zweiten Zeile haben wir die Definitionsgleichung (6.17) von $|s\rangle$ verwendet (allgemein lautet sie: $|s\rangle = H_{(alle)}|00\ldots0\rangle$) und $HH = \mathbb{1}$ ausgenutzt. Die Wirkung der so erhaltenen Operation S' können wir unmittelbar an Gl. (6.31) ablesen: Sie lässt alle Komponenten des Gesamtzustands unverändert (Operator $\mathbb{1}$), bis auf $|00\ldots0\rangle$. Für diese Komponente invertiert der zweite Term das Vorzeichen.

a)

CCZ

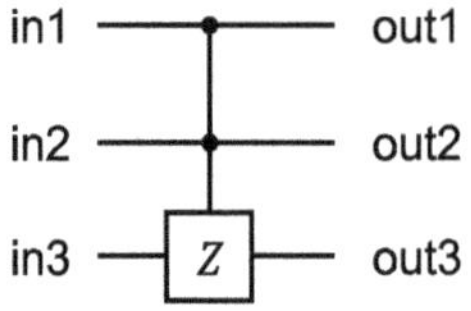

in1 ——●—— out1
in2 ——●—— out2
in3 —[Z]— out3

in1	in2	in3	out1 out2 out3
$|0\rangle$	$|0\rangle$	$|0\rangle$	unverändert
$|0\rangle$	$|0\rangle$	$|1\rangle$	unverändert
$|0\rangle$	$|1\rangle$	$|0\rangle$	unverändert
$|0\rangle$	$|1\rangle$	$|1\rangle$	unverändert
$|1\rangle$	$|0\rangle$	$|0\rangle$	unverändert
$|1\rangle$	$|0\rangle$	$|1\rangle$	unverändert
$|1\rangle$	$|1\rangle$	$|0\rangle$	unverändert
$|1\rangle$	$|1\rangle$	$|1\rangle$	$|1\rangle$ $|1\rangle$ $-|1\rangle$

b)

Toffoli

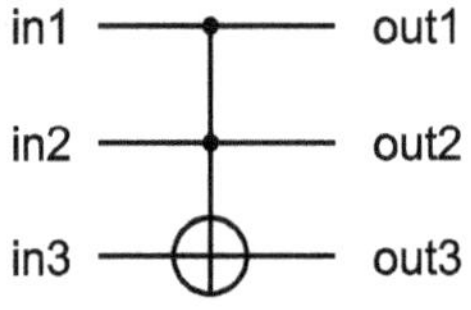

in1 ——●—— out1
in2 ——●—— out2
in3 ——⊕—— out3

in1	in2	in3	out1 out2 out3
$|0\rangle$	$|0\rangle$	$|0\rangle$	unverändert
$|0\rangle$	$|0\rangle$	$|1\rangle$	unverändert
$|0\rangle$	$|1\rangle$	$|0\rangle$	unverändert
$|0\rangle$	$|1\rangle$	$|1\rangle$	unverändert
$|1\rangle$	$|0\rangle$	$|0\rangle$	unverändert
$|1\rangle$	$|0\rangle$	$|1\rangle$	unverändert
$|1\rangle$	$|1\rangle$	$|0\rangle$	$|1\rangle$ $|1\rangle$ $|1\rangle$
$|1\rangle$	$|1\rangle$	$|1\rangle$	$|1\rangle$ $|1\rangle$ $|0\rangle$

Abb. 6.12: (a) Das CCZ-Gatter (Controlled-controlled-Z) invertiert das Vorzeichen für die Zustandskomponente $|111\rangle$. (b) Das Toffoli-Gatter invertiert das dritte Qubit für die Zustandskomponente, in der beide Kontrollbits den Wert 1 haben. Beide Gatter sind auf mehr als drei Qubits erweiterbar, müssen dann aber in den Entwicklungsumgebungen aus einfacheren Quantengattern zusammengesetzt werden.

Ein Blick in die Aufstellung der Standard-Quantengatter (S. 225) ergibt zwei Kandidaten, die eine ähnliche Operation durchführen (Abb. 6.12): Das *CCZ-Gatter* invertiert das Vorzeichen der Zustandskomponente $|11\ldots1\rangle$, und das *Toffoli-Gatter* vertauscht $|0\rangle$ und $|1\rangle$ beim letzten Qubit für diejenige Zustandskomponente, die eine $|1\rangle$ bei den anderen Qubits hat.

Das CCZ-Gatter führt also *fast* die gewünschte Operation aus, nur mit der Zustandskomponente $|11\ldots1\rangle$ statt mit $|00\ldots0\rangle$. Dieses Problem lässt sich durch Anwenden des X-Gatters auf alle Qubits beheben. Wir haben es schon auf S. 159 betrachtet; es führte dort den „Penny Flip" aus und vertauschte $|0\rangle$ und $|1\rangle$. Wir führen also eine weitere Transformation durch:

$$S'' = X_{(\text{alle})} S' X_{(\text{alle})} = \mathbb{1} - 2\,|11\ldots1\rangle\,\langle11\ldots1|. \tag{6.32}$$

Die Gleichung lässt sich mit $X = |0\rangle\,\langle1| + |1\rangle\,\langle0|$ und $X = X^\dagger = X^{-1}$ leicht verifizieren. Damit haben wir eine explizite Realisierung von S'' durch ein Standard-Quantengatter

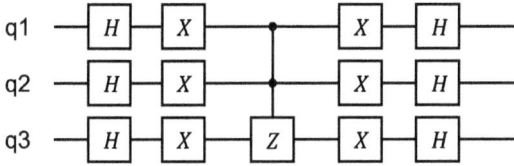

Abb. 6.13: Realisierung des Grover-Diffusors mit Standard-Quantengattern.

gefunden. Die rechte Seite von Gl. (6.32) ist die Darstellung des CCZ-Gatters in Dirac-Notation:

$$S'' = CCZ = \mathbb{1} - 2|11\ldots1\rangle\langle11\ldots1|. \tag{6.33}$$

Um die Quantengatter-Realisierung des Grover-Diffusors zu erhalten, führen wir die beiden Transformationen nun in umgekehrter Reihenfolge aus. Ausgehend von

$$S'' = X_{(\text{alle})}S'X_{(\text{alle})} = -X_{(\text{alle})}H_{(\text{alle})}SH_{(\text{alle})}X_{(\text{alle})} \tag{6.34}$$

multiplizieren wir von links und rechts mit dem Inversen und nutzen erneut $X = X^{-1}$ und $H = H^{-1}$:

$$S = -H_{(\text{alle})}X_{(\text{alle})}CCZX_{(\text{alle})}H_{(\text{alle})}. \tag{6.35}$$

Mit dieser Gleichung haben wir unser Ziel erreicht: den Grover-Diffusor $S = 2|s\rangle\langle s| - \mathbb{1}$ durch Standard-Quantengatter auszudrücken. Alle Operatoren auf der rechten Seite von Gl. (6.35) sind in der Quantengatter-Tabelle auf S. 225 enthalten und können in den verfügbaren Quantencomputer-Entwicklungsumgebungen zum Einsatz kommen. Das globale Vorzeichen ist dabei irrelevant. Abbildung 6.13 zeigt die grafische Darstellung, die bei der Programmierung verwendet wird, für den Fall von drei Qubits. Die Verallgemeinerung auf n Qubits ist offensichtlich, auch wenn das CCZ-Gatter für mehr als drei Qubits nicht zum Inventar der Standardgatter gehört und durch eine Kombination anderer Quantengatter dargestellt werden muss.

Beispielaufgabe: In manchen Programmierumgebungen ist das CCZ-Gatter nicht vorhanden, wohl aber das Toffoli-Gatter. Zeigen Sie, dass man das CCZ-Gatter mit der in Abb. 6.14 gezeigten Anordnung durch ein Toffoli-Gatter darstellen kann.

Lösung: Wir betrachten nur den Fall von drei Qubits; die Verallgemeinerung auf n Qubits ist unproblematisch. Um den in Abb. 6.14 dargestellten Zusammenhang zu zeigen, betrachten wir die (bis auf das Vorzeichen) inverse Beziehung:

$$\text{Toffoli} = -H_{(3)}CCZH_{(3)}, \tag{6.36}$$

von dem wir durch Multiplikation von $H_{(3)}$ von links und rechts zum gesuchten Zusammenhang gelangen. Mit Gl. (6.11): $H_{(3)} = \frac{1}{\sqrt{2}}[|0\rangle\langle0|_{(3)} + |1\rangle\langle0|_{(3)} + |0\rangle\langle1|_{(3)} - |1\rangle\langle1|_{(3)}]$ und CCZ aus Gl. (6.33) schreiben

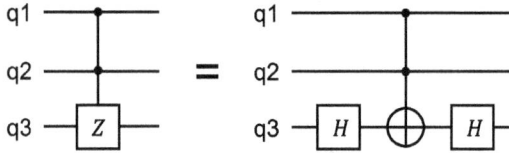

Abb. 6.14: Darstellung des CCZ-Gatters mit einem Toffoli-Gatter und zwei Hadamard-Gattern.

wir die rechte Seite aus, wobei wir nur diejenigen Terme berücksichtigen, die nicht von vornherein gleich null sind:

$$\text{Toffoli} = \mathbb{1} - 2 \cdot \frac{1}{2}[|0\rangle \langle 1|_{(3)} - |1\rangle \langle 1|_{(3)}] \, |111\rangle \langle 111| \, [|1\rangle \langle 0|_{(3)} - |1\rangle \langle 1|_{(3)}]$$

$$= \mathbb{1} - [|110\rangle - |111\rangle][\langle 110| - \langle 111|]$$

$$= \mathbb{1} - |110\rangle \langle 110| + |110\rangle \langle 111| + |111\rangle \langle 110| - |111\rangle \langle 111| . \tag{6.37}$$

Die letzte Gleichung sieht kompliziert aus, ist aber tatsächlich einfach zu lesen. Die vier letzten Terme sind nur von null verschieden, wenn sie auf einen Zustand angewandt werden, dessen erste beide Qubits im Zustand $|1\rangle$ sind. Nur für diese Zustandskomponenten hat der Operator eine Wirkung, für alle anderen entspricht er dem Einheitsoperator $\mathbb{1}$. Für die betroffenen Zustände fügen die letzten vier Terme zur Einheitsmatrix zwei Einträge hinzu, zwei werden abgezogen. In Matrixnotation nur für das dritte Qubit lautet die rechte Seite:

$$\mathbb{1} - \text{vier Terme} = \begin{pmatrix} 1 & 0 \\ 0 & 1 \end{pmatrix} + \begin{pmatrix} -1 & 1 \\ 1 & -1 \end{pmatrix} = \begin{pmatrix} 0 & 1 \\ 1 & 0 \end{pmatrix} . \tag{6.38}$$

Das ist in der Tat die Matrix für das X-Gatter (vgl. Gl. (6.4)), das auf das dritte Qubit wirkt, falls die ersten beiden Qubits im Zustand $|1\rangle$ sind. Dies entspricht der in der Wahrheitstafel in Abb. 6.12 beschriebenen Wirkung des Toffoli-Gatters, so dass wir die Gültigkeit der Beziehung (6.36) gezeigt haben. Das CCZ-Gatter lässt sich somit wie in Abb. 6.14 gezeigt mit Hilfe eines Toffoli-Gatters und zweier H-Gatter realisieren. Zur Vertiefung geben wir noch die Matrixdarstellung für Toffoli- und CCZ-Gatter an:

$$\text{Toffoli:} \quad \begin{pmatrix} 1 & 0 & \dots & 0 & 0 \\ 0 & 1 & \dots & 0 & 0 \\ \vdots & \vdots & \ddots & \vdots & \vdots \\ 0 & 0 & \dots & 0 & 1 \\ 0 & 0 & \dots & 1 & 0 \end{pmatrix} , \quad \text{CCZ:} \quad \begin{pmatrix} 1 & 0 & \dots & 0 & 0 \\ 0 & 1 & \dots & 0 & 0 \\ \vdots & \vdots & \ddots & \vdots & \vdots \\ 0 & 0 & \dots & 1 & 0 \\ 0 & 0 & \dots & 0 & -1 \end{pmatrix} , \tag{6.39}$$

Für drei Qubits handelt es sich um 8×8-Matrizen, weil der Zustandsraum $2^3 = 8$ Dimensionen hat und es entsprechend acht orthogonale Basiszustände gibt. Die vier Einträge in der rechten unteren Ecke wirken auf die Zustandskomponenten $|110\rangle$ und $|111\rangle$, in der die ersten beiden Qubits im Zustand $|1\rangle$ sind (vgl. S. 158).

Funktion des Orakels und „Phase Kickback"

Nachdem wir den Grover-Diffusor durch Quantengatter implementiert haben, wollen wir nun das gleiche für das Orakel tun, die zweite wichtige Komponente im Grover-Algorithmus. Während der Diffusor immer gleich bleibt, hängt das Orakel von der Problemstellung ab – es soll ja gerade die jeweils gesuchten Zustände identifizieren. Wir können also nur spezielle Beispiele betrachten.

Das Orakel soll das Vorzeichen derjenigen Zustandskomponente invertieren, die dem gesuchten Datenbank-Eintrag entspricht. Eine in diesem Zusammenhang häufig verwendete Technik heißt *Phase Kickback* und ist im Quantencomputing so verbreitet, dass wir sie näher besprechen wollen. Wir benötigen dazu erstmals das in Abb. 6.9 dargestellte Ancilla-Qubit. Physikalisch unterscheidet es sich nicht von den anderen Qubits. Es wird vorübergehend als „Hilfsregister" genutzt, nimmt aber an der eigentlichen Berechnung nicht teil. Um die unitäre Entwicklung der übrigen Qubits nicht zu zerstören, muss es am Ende der Zwischenrechnung wieder in seinen Anfangszustand gebracht werden.

Damit die Formeln einfach bleiben, kehren wir wieder zu unserem anfänglichen Beispiel mit 2 Qubits zurück. Für den gegenwärtigen Zweck muss das Ancilla-Qubit im Zustand $|1\rangle$ präpariert sein (was sich durch ein X-Gatter erreichen lässt). Der Anfangszustand des Gesamtsystems ist also:

$$|\psi_0\rangle = |0\rangle_1|0\rangle_2|1\rangle_a. \tag{6.40}$$

Die Anwendung des Hadamard-Gatters gemäß Abb. 6.9 bringt alle drei Qubits in einen Überlagerungszustand. Ähnlich wie in Gl. (6.19) ergibt sich mit Gl. (6.7) nach Ausmultiplikation:

$$|\psi_1\rangle = \frac{1}{2}[|00\rangle + |01\rangle + |10\rangle + |11\rangle] \cdot \frac{1}{\sqrt{2}}[|0\rangle_a - |1\rangle_a]. \tag{6.41}$$

Das ist der Zustand des Gesamtsystems vor Anwendung des Orakels.

Bei der Nutzung des Phase Kickback beruht die Wirkung des Orakels darauf, dass es den Zustand des Ancilla-Bits „flippt", wenn der Input der gesuchte Zustand ist. Es transformiert also $|0\rangle$ in $|1\rangle$ und umgekehrt. Diese Operation kann durch das Pauli-X-Gatter realisiert werden. Wenn also $|01\rangle$ der gesuchte Zustand ist, dann lautet der Gesamtzustand des Systems nach Anwendung des Orakels:

$$|\psi_2\rangle = \frac{1}{2}\underbrace{[|00\rangle + |10\rangle + |11\rangle] \cdot \frac{1}{\sqrt{2}}[|0\rangle_a - |1\rangle_a]}_{\text{unverändert = nein}} + \frac{1}{2}\underbrace{|01\rangle \cdot \frac{1}{\sqrt{2}}[|1\rangle_a - |0\rangle_a]}_{\text{geflippt = ja}}.$$

Dies kann man durch Herausziehen des Vorzeichens aus der letzten Klammer aber auch wie folgt schreiben:

$$|\psi_1\rangle = \frac{1}{2}[|00\rangle - |01\rangle + |10\rangle + |11\rangle] \cdot \frac{1}{\sqrt{2}}[|0\rangle_a - |1\rangle_a]. \tag{6.42}$$

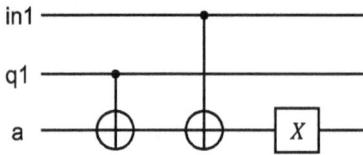

Abb. 6.15: Zwei Qubits vergleichen.

Nun wird durch nochmalige Anwendung des Hadamard-Gatters das Ancilla-Qubit wieder in seinen Anfangszustand $|1\rangle$ versetzt. Es nimmt an der folgenden Berechnung nicht mehr teil. Der Zustand des Gesamtsystems ist nun:

$$|\psi_1\rangle = \frac{1}{2}[|00\rangle - |01\rangle + |10\rangle + |11\rangle] \cdot |1\rangle_a. \tag{6.43}$$

Lässt man das Ancilla-Qubit nun wieder außer Acht (was erlaubt ist, weil es in Gl. (6.43) mit keinem der anderen Qubits verschränkt ist und unabhängig neben deren Zuständen steht), hat man den Zustand für die Qubits q_1 und q_2 erzeugt, den wir in Gl. (6.20) angenommen haben.

Durch die Wirkung des Orakels auf das Ancilla-Qubit hat sich im Gesamtzustand das Vorzeichen des gesuchten Zustands $|01\rangle$ geändert, obwohl das Orakel gar nicht mit den Qubits q_1 und q_2 wechselwirkt. Eine solche indirekte Vorzeichen- oder Phasenänderung durch Wechselwirkung mit einem Ancilla-Qubit heißt *Phase Kickback* und wird in Quantenalgorithmen häufig eingesetzt.

Beispielaufgabe – zwei Qubits vergleichen: Zeigen Sie als Vorüberlegung für den nächsten Abschnitt, dass sich mit der Schaltung in Abb. 6.15 die beiden Qubits in_1 und q_1 vergleichen lassen. Das Ancilla-Qubit, das zu Beginn im Zustand $|0\rangle$ präpariert wird, soll am Ende den Zustand $|1\rangle$ haben für diejenigen Zustandskomponenten, für die $in_1 = q_1$ und den Zustand $|0\rangle$ für die Komponenten mit $in_1 \neq q_1$.

Lösung: Den Zustand der drei beteiligten Qubits notieren wir in der Reihenfolge $|in\rangle_1, q_1, a$. Das Ancilla-Qubit wird zu Beginn im Zustand $|0\rangle$ präpariert, für den Zustand der beiden anderen Qubits nehmen wir allgemein an:

$$|in_1\rangle = \alpha\,|0\rangle + \beta\,|1\rangle \quad \text{und} \quad |q_1\rangle = \gamma\,|0\rangle + \delta\,|1\rangle. \tag{6.44}$$

Durch Wahl von $\alpha = 1$ oder $\beta = 1$ kann das Input-Qubit auf den Zustand $|0\rangle$ oder $|1\rangle$ festgelegt werden. Der Anfangszustand des Systems lautet somit explizit:

$$|\psi_0\rangle = \alpha\gamma\,|000\rangle + \alpha\delta\,|010\rangle + \beta\gamma\,|100\rangle + \beta\delta\,|110\rangle. \tag{6.45}$$

Ziel ist es, durch die Abfolge der in Abb. 6.15 gezeigten Gatter das letzte Qubit auf $|1\rangle$ zu setzen, falls die ersten beiden Qubits gleich sind, also für die Zustandskomponenten $|000\rangle$ und $|110\rangle$. Wie in Abb. 6.15 dargestellt, wenden wir zuerst das CNOT-Gatter auf q_1 und a an. Die entsprechende Wahrheitstafel ist in Abb. 6.3 gezeigt. Das CNOT-Gatter flippt das dritte Qubit für die Zustandskomponenten, in denen das zweite Qubit gleich $|1\rangle$ ist und hat keine Wirkung für die anderen Zustandskomponenten. Es resultiert der Zustand $|\psi_1\rangle = \text{CNOT}_{(q_1,a)}\,|\psi_0\rangle$:

$$|\psi_1\rangle = \alpha\gamma\,|000\rangle + \alpha\delta\,|0\underline{11}\rangle + \beta\gamma\,|100\rangle + \beta\delta\,|1\underline{11}\rangle\,. \tag{6.46}$$

Unterstrichen wurden die Qubits, bei denen „gerade etwas passiert". Nun wenden wir CNOT auf in_1 und a an. Das dritte Qubit wird für die Zustandskomponenten geflippt, in denen das erste Qubit gleich $|1\rangle$ ist:

$$|\psi_2\rangle = \mathrm{CNOT}_{(in_1,a)}\,|\psi_1\rangle = \alpha\gamma\,|000\rangle + \alpha\delta\,|011\rangle + \beta\gamma\,|1\underline{01}\rangle + \beta\delta\,|1\underline{10}\rangle\,. \tag{6.47}$$

Das Ancilla-Bit ist nun gleich $|1\rangle$, wenn $in_1 \neq q_1$ und $|0\rangle$ sonst. Das ist gerade das Gegenteil von dem, was wir eigentlich wollten. Wir korrigieren das, indem wir das Ancilla-Qubit mit dem X-Gatter flippen:

$$|\psi_3\rangle = X_{(3)}\,|\psi_2\rangle = \alpha\gamma\,|001\rangle + \alpha\delta\,|010\rangle + \beta\gamma\,|100\rangle + \beta\delta\,|111\rangle\,. \tag{6.48}$$

Damit ist der gewünschte Zustand realisiert: Das Ancilla-Qubit zeigt mit einer $|1\rangle$ an, dass in_1 und q_1 gleich sind; es ist gleich $|0\rangle$, wenn sie ungleich sind.

Implementierung eines Orakels: „*His Master's Voice*"

An dieser Stelle müssen wir uns mit einem Umstand befassen, der oft zu Irritationen führt. Bei der Diskussion des Grover-Algorithmus hat es oft den Anschein, als müsste der Algorithmus den gesuchten Zustand $|t\rangle$ schon kennen, damit er funktionieren kann. Die entscheidende Aufgabe, den gesuchten Zustand zu identifizieren, wird an das Orakel delegiert, über dessen Funktion der Algorithmus aber keine Aussage macht. Auch bei unserer Diskussion des Phase Kickback mussten wir den gesuchten Zustand „von Hand" identifizieren. Wir wollen diese Verständnisschwierigkeit dadurch aufklären, dass wir ein einfaches Orakel im Detail auf Qubit-Ebene implementieren.

Unser Orakel identifiziert den gesuchten Zustand aufgrund einer Benutzereingabe. Es gibt zwei Input-Qubits, in_1 und in_2, die der Benutzer mit einem X-Gatter beliebig auf $|0\rangle$ oder $|1\rangle$ setzen kann. Das Orakel markiert den dadurch angegebenen Zustand. Wenn der Benutzer $in_1 = |0\rangle$ und $in_2 = |0\rangle$ präpariert, dann soll $|00\rangle$ der gesuchte Zustand sein. Bei $in_1 = |0\rangle$ und $in_2 = |1\rangle$ soll es der Zustand $|01\rangle$ sein. Weil das Orakel nichts anderes macht, als treu den Anweisungen des Benutzers zu folgen, nennen wir es „His Master's Voice" (HMV). Zur vollständigen Implementierung des Grover-Algorithmus mit dem HMV-Orakel müssen wir das bisher Erarbeitete nur noch zusammenführen. Abbildung 6.16 zeigt den Ablauf. Wir benötigen 7 Qubits:
– zwei Input-Qubits in_1 und in_2 für die Benutzereingabe,
– zwei Qubits q_1 und q_2, in denen die Zustandsnummer gespeichert ist und mit denen der eigentliche Grover-Algorithmus durchgeführt wird,
– zwei Ancilla-Qubits a_1 und a_2 für den Qubit-Vergleich gemäß Abb. 6.15,
– ein weiteres Ancilla-Qubit a_3 für den Phase Kickback.

Die Zeilen 1–3 und 4–6 in Abb. 6.16 entsprechen einander und würden bei einer größeren Datenbank noch öfter wiederholt werden. Die letzte Zeile enthält das Ancilla-

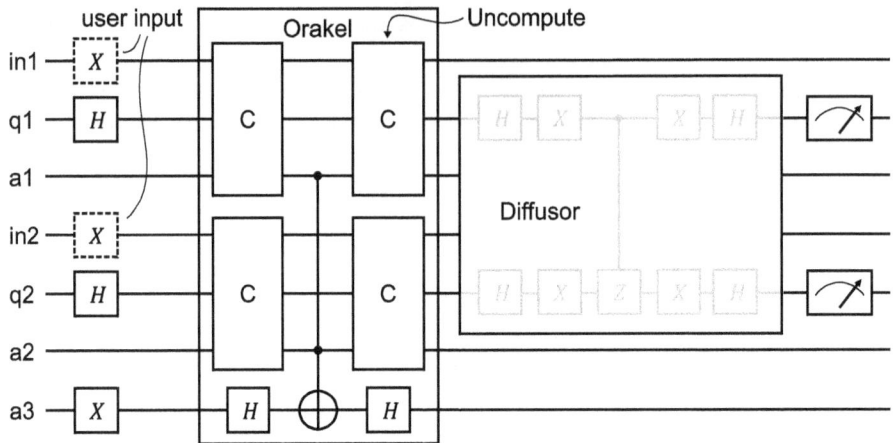

Abb. 6.16: Implementierung des Grover-Algorithmus mit dem HMV-Orakel.

Qubit a_3, mit dem am Ende der Phase Kickback durchgeführt wird. Der Benutzer-Input wird mit den beiden Input-Qubits in_1 und in_2 gegeben. Sie können vom Benutzer je nach Bedarf mit den gestrichelt eingezeichneten X-Gattern vom Anfangszustand $|0\rangle$ in den Zustand $|1\rangle$ geschaltet werden. Die übrigen Quantengatter in der linken Spalte dienen der Initialisierung der jeweiligen Qubits wie oben beschrieben.

Das Orakel markiert die durch den Benutzer-Input spezifizierten Zustandskomponenten. Dazu wird der oben beschriebene Qubit-Vergleich für beide Input-Qubits durchgeführt. Die mit C (*Compare*) beschrifteten Kästen entsprechen der Gatterkombination aus Abb. 6.15. Jeweils zwei Qubits werden verglichen (in_1 mit q_1 und in_2 mit q_2). Das Ergebnis wird in den Ancilla-Qubits a_1 und a_2 festgehalten.

Die gesuchte Zustandskomponente ist diejenige mit $in_1 = q_1$ und $in_2 = q_2$. Für sie sind nach dem Durchlaufen der C-Blöcke die beiden Ancilla-Qubits a_1 und a_2 im Zustand $|1\rangle$. Dies wird mit dem Toffoli-Gatter geprüft. Es flippt das Ancilla-Qubit a_3 für diese Komponente und führt damit den Phase Kickback aus. Die gesuchte Zustandskomponente ist nun wie gewünscht durch ihr Vorzeichen markiert. Um das Orakel abzuschließen, müssen noch die Ancilla-Qubits a_1 und a_2 in den Ausgangszustand zurückversetzt werden. Das geschieht in der mit „Uncompute" beschrifteten Spalte durch nochmalige Ausführung der beiden C-Blöcke.

Damit ist das Orakel abgeschlossen und der Diffusor kann seine Aufgabe übernehmen. Seine Funktionsweise wurde schon gezeigt. Für eine Datenbank mit zwei Qubits reicht ein einziger Durchlauf. Bei größeren Datenbanken müsste die Abfolge von Orakel und Diffusor mehrfach durchlaufen werden.

Beispielaufgabe – das HMV-Orakel im Detail: Überzeugen Sie sich, dass das HMV-Orakel tatsächlich in der beschriebenen Weise funktioniert, indem Sie den Zustand der Qubits Schritt für Schritt durch den Algorithmus verfolgen. Dabei soll der Zustand $|q_1, q_2\rangle = |01\rangle$ gefunden werden.

Lösung: Gehen wir den Algorithmus anhand von Abb. 6.16 Schritt für Schritt durch. Den Zustand der Qubits geben wir in der Reihenfolge $|in_1, q_1, a_1, in_2, q_2, a_2, a_3\rangle$ an (also von oben nach unten). Am Anfang der Berechnung befinden sich alle Qubits im Zustand $|0\rangle$.

1. *Schritt 1: Initialisierung*

   Die X- und H-Gatter in der linken Spalte dienen zur Initialisierung der Qubits:
   - Der Benutzer-Input soll $in_1 = |0\rangle$ und $in_2 = |1\rangle$ sein. Daher ist nur das zweite der gestrichelt eingezeichneten X-Gatter nötig.
   - Mit den Hadamard-Gattern werden q_1 und q_2 in den symmetrischen Überlagerungszustand (6.19) gebracht.
   - Das Ancilla-Qubit a_3 wird mit einem X-Gatter in den Zustand $|1\rangle$ gebracht, der für den Phase Kickback gebraucht wird.

   Der Gesamtzustand des Systems nach dieser Initialisierungsphase ist:

   $$|\psi_1\rangle = \frac{1}{2}[|0001001\rangle + |0001101\rangle + |0_{in_1}1_{q_1}01_{in_2}0_{q_2}01\rangle + |0101101\rangle]. \tag{6.49}$$

   Er hat vier Terme, entsprechend der symmetrischen Überlagerung von q_1 und q_2. An der vierten Position (Qubit in_2) steht in allen Termen eine 1, weil dieses Qubit mit dem entsprechenden X-Gatter eingeschaltet wurde. Zur Verdeutlichung sind beim dritten Term noch einmal die Bezeichnungen der wichtigen Qubits explizit angebracht. Der zweite Term ist derjenige, für den in_1/q_1 und in_2/q_2 übereinstimmen. Er soll vom Algorithmus gefunden werden.

2. *Schritt 2: Hadamard-Gatter auf Ancilla-Qubit a_3*

   Zur Durchführung des Phase Kickback muss das Ancilla-Qubit a_3 in den Zustand

   $$|-\rangle = \frac{1}{\sqrt{2}}[|0\rangle - |1\rangle] \tag{6.50}$$

   gebracht werden (vgl. Gl. (6.41)). Das geschieht durch das Hadamard-Gatter in der letzten Zeile von Abb. 6.16. Wir drücken diesen Zustand nicht in der Berechnungsbasis ($|0\rangle$, $|1\rangle$) aus, sondern schreiben ihn direkt in den Gesamtzustand:

   $$|\psi_2\rangle = \frac{1}{2}[|000100-\rangle + |000110-\rangle + |010100-\rangle + |010110-\rangle]. \tag{6.51}$$

3. *Schritt 3: Durchführen der Vergleiche mit den Input-Qubits*

   Als nächstes wird der in der vorigen Beispielaufgabe beschriebene Test auf Gleichheit für beide Qubit-Paare in_1/q_1 und in_2/q_2 durchgeführt. Es wird also für alle Zustandskomponenten geprüft, ob $in_1 = q_1$ und $in_2 = q_2$ und das Ergebnis in a_1 und a_2 gespeichert. Der Vergleich geschieht mit der Gatterkombination C aus Abb. 6.15, die das jeweilige Ancilla-Qubit flippt, falls die beiden verglichenen Qubits im gleichen Zustand sind.

   Die Anwendung von C auf das erste Qubit-Paar in_1 und q_1 ergibt den Gesamtzustand:

   $$|\psi_3\rangle = \frac{1}{2}[|\underline{00}1100-\rangle + |\underline{00}1110-\rangle + |\underline{01}0100-\rangle + |\underline{01}0110-\rangle]. \tag{6.52}$$

   Die beiden verglichenen Qubits sind unterstrichen, ein geflipptes Qubit ist mit einem Pfeil gekennzeichnet. Anwendung von C auf das zweite Qubit-Paar in_2 und q_2 ergibt:

$$|\psi_4\rangle = \frac{1}{2}[|001\underline{100}-\rangle + |001_{a_1}\underset{\uparrow}{\underline{111}}_{a_2}-\rangle + |010\underline{100}-\rangle + |010\underset{\uparrow}{\underline{111}}-\rangle]. \tag{6.53}$$

Wir stellen fest: Nach dem Durchlaufen der beiden C-Blöcke haben für die zweite Komponente des Gesamtzustands beide Ancilla-Qubits a_1 und a_2 den Wert 1 (zur Verdeutlichung beschriftet). Das ist gerade der Zustand, den wir finden wollen.

4. *Schritt 4: Toffoli-Gatter und Phase Kickback*
   Das Toffoli-Gatter wirkt wie ein X-Gatter für a_3 in derjenigen Komponente, in der beide Ancilla-Qubits a_1 und a_2 den Wert 1 haben, also die zweite. Alle anderen Komponenten bleiben unverändert. Mit $X|-\rangle = -|-\rangle$ erhalten wir das für den Algorithmus benötigte negative Vorzeichen im zweiten Term:

$$|\psi_5\rangle = \frac{1}{2}[|001100-\rangle \underset{\uparrow}{-} |001111\underset{\uparrow}{-}\rangle + |010100-\rangle + |010111-\rangle]. \tag{6.54}$$

5. *Schritt 5: Uncompute*
   Die Ancilla-Qubits a_1 und a_2 werden für die weitere Rechnung nicht mehr benötigt. Allerdings sind sie im Zustand (6.54) mit den übrigen Qubits verschränkt. Würden wir sie im Folgenden einfach ignorieren und allein mit den übrigen Qubits weiterrechnen, hätten wir für dieses reduzierte System Verschränkung, die über die Grenzen des betrachteten Systems hinausreicht – ein Merkmal von Dekohärenz, die das Auftreten von Interferenz verhindert. Damit das reduzierte System sich unitär entwickeln kann und zur Interferenz fähig ist, muss die in den Ancilla-Qubits enthaltene Information „gelöscht" und die Verschränkung aufgehoben werden.
   Diesen Vorgang nennt man *Uncomputation* (vgl. S. 155). Da man a_1 und a_2 beim Quantencomputing nicht einfach „löschen" kann (das wäre eine nichtunitäre Operation), durchläuft man die mit diesen Bits gemachten Rechenschritte einfach rückwärts und versetzt sie so in ihren Ausgangszustand. Das geschieht in den beiden C-Blöcken rechts des Toffoli-Gatters, denn es ist $C^{-1} = C$. Nach dem Durchlaufen des oberen C-Blocks lautet der Zustand:

$$|\psi_6\rangle = \frac{1}{2}[|\underline{000}100-\rangle \underset{\uparrow}{-} |\underline{000}111-\rangle + |\underline{010}100-\rangle + |\underline{010}111-\rangle]. \tag{6.55}$$

Nun wird noch der zweite C-Block durchlaufen, und mit einem H-Gatter auf a_3 bringen wir auch dieses Qubit in den Ausgangszustand $|1\rangle$ zurück:

$$|\psi_7\rangle = \frac{1}{2}[|000\underline{1}001\rangle - |000\underline{1}101\rangle + |010\underline{1}001\rangle + |010\underline{1}101\rangle]. \tag{6.56}$$

Jetzt sind alle Ancilla-Bits in wohldefinierten Zuständen und nicht mit anderen Qubits verschränkt. Für die Input-Qubits galt dies von Anfang an. Daher können wir den Zustand $|\psi_7\rangle$ wie folgt als Produktzustand schreiben:

$$|\psi_7\rangle = \frac{1}{2}[|00\rangle - |01\rangle + |10\rangle + |11\rangle]_{q_1,q_2} \cdot |0_{in_1}1_{in_2}0_{a_1}0_{a_2}1_{a_3}\rangle. \tag{6.57}$$

Insgesamt haben wir damit einen Zustand wie in Gl. (6.43) erzeugt, in dem sich die Qubits q_1 und q_2 in einem Überlagerungszustand befinden, bei dem die gesuchte Komponente durch ihr Vorzeichen markiert ist. Sie wird im nächsten Schritt durch den Grover-Diffusor selektiert. Die restlichen Qubits sind nicht mehr mit q_1 und q_2 verschränkt und beeinflussen daher die nachfolgende Berechnung nicht.

Uncomputation und umgebungs-induzierte Dekohärenz

Die voranstehende Rechnung gibt uns Anlass, noch einmal ausführlicher auf das Konzept der umgebungs-induzierten Dekohärenz und die damit verbundene Notwendigkeit des Uncomputing einzugehen. Wir hatten bereits in Abschnitt 3.10 betrachtet, wie Verschränkung, die über die Grenzen des betrachteten Systems hinausreicht, Interferenz im System verhindern kann. Illustrieren wir den Sachverhalt hier noch einmal am konkreten Beispiel. Das System, das wir betrachten (und an dem wir später Messungen vornehmen) sind die Qubits $|q_1\rangle$ und $|q_2\rangle$. Die „Umgebung", an der wir nicht interessiert sind, besteht aus den Ancilla-Qubits $|a_{1,2,3}\rangle$ und den Input-Qubits $|in_{1,2}\rangle$. Die Aufteilung in System und Umgebung ergibt sich daraus, welche Bestandteile wir aktiv verfolgen (sie bilden das System) und welche wir bei späteren Messungen ignorieren (sie bilden die Umgebung).

Der Zustand (6.54) lässt sich nicht als Produkt $|System\rangle \cdot |Umgebung\rangle$ schreiben, also in der Form $|q_1, q_2\rangle \cdot |a_1, a_2, a_3, in_1, in_2\rangle$. Das bedeutet: System und Umgebung sind verschränkt. Was die Verschränkung über die Systemgrenzen hinweg für Messungen an Variablen des Systems bedeutet, haben wir auf S. 92 explizit gezeigt: Sofern „Welcher-Weg-Information" (bzw. allgemeiner: „Welcher-Zustand-Information") nach außen getragen wird und dadurch am Zustand der Umgebung ablesbar ist, tritt keine Interferenz bei entsprechenden Messungen von Variablen des Systems auf.

Weil Interferenz für das Funktionieren von Quantenalgorithmen essentiell ist, muss Verschränkung über die Grenzen des betrachteten Systems hinweg entweder verhindert oder rückgängig gemacht werden. Plakativ könnte man vom „Las-Vegas-Prinzip" sprechen: *„What happens in Vegas has to stay in Vegas."* Information darf nicht nach außen dringen, sonst wird die Interferenzfähigkeit zerstört.

Umgebungs-induzierte Dekohärenz beim Quantencomputer: Außerhalb der beteiligten Qubits darf es kein Merkmal geben, an dem man Information über ihren Zustand ablesen kann. Wenn solche Information nach außen dringt, wird die Interferenzfähigkeit des Qubit-Systems beeinträchtigt.

6.5 Quanten-Fouriertransformation

Die *Quanten-Fouriertransformation (QFT)* ist eines der wichtigsten Hilfsmittel beim Quantencomputing. Sie wurde 1994 von Dan Coppersmith [77] im Zusammenhang mit der Entwicklung des Shor-Algorithmus gefunden. Die QFT wird genutzt, um Periodizitäten in Bitfolgen aufzudecken, und das – gegenüber dem klassischen Gegenstück – mit einem erheblichen Vorteil beim Berechnungsaufwand. Damit bildet die Quanten-Fouriertransformation die Basis für viele Quantenalgorithmen. Das prominenteste Beispiel ist der Shor-Algorithmus zum Faktorisieren großer Zahlen. Die Kernidee dieses Algorithmus, den wir im nächsten Abschnitt ausführlicher besprechen werden, besteht darin, das Faktorisieren mathematisch auf das Erkennen von Periodizitäten zurückzuführen und dann die Quanten-Fouriertransformation anzuwenden.

Klassische Fouriertransformation

Die *Fouriertransformation* ist schon in der klassischen Physik und Informatik einer der wichtigsten Algorithmen. Um ein Gefühl für ihre Leistungsfähigkeit zu bekommen, werden wir uns zunächst ausführlicher mit dem klassischen Algorithmus und seiner Wirkungsweise beschäftigen. Die Übertragung in den Quantenbereich ist dann relativ unkompliziert.

Die Fouriertransformation stellt eine Funktion $x(t)$ als Summe oder Integral von periodischen Funktionen mit verschiedenen Frequenzen dar. Sie zerlegt die Funktion in ihre Frequenzanteile, drückt sie also durch Sinus-, Cosinus- oder komplexe Exponentialfunktionen aus. Letzteres ist rechnerisch am einfachsten und daher allgemein üblich. Eine Funktion $x(t)$ lässt sich wie folgt als Überlagerung komplexer Exponentialfunktionen $e^{-2\pi i f t}$ mit der Frequenz f schreiben:

$$x(t) = \frac{1}{\sqrt{2\pi}} \int_{-\infty}^{+\infty} df\, y(f) \cdot e^{-2\pi i f t}. \tag{6.58}$$

Die *Fourierkoeffizienten* $y(f)$ geben dabei an, mit welchem Gewicht die Frequenz f in das Integral eingeht. Sie sind in der Regel komplexwertig und lassen sich mit der folgenden Gleichung berechnen:

$$y(f) = \frac{1}{\sqrt{2\pi}} \int_{-\infty}^{+\infty} dt\, x(t) \cdot e^{2\pi i f t}. \tag{6.59}$$

Das symmetrisch anmutende Gleichungspaar (6.58) und (6.59) beschreibt die Fouriertransformation und ihre inverse bzw. Rücktransformation. Es gibt bei der Definition der Fouriertransformation verschiedene Konventionen. Hier wurden die Gleichungen so geschrieben, dass der Übergang zur diskreten und zur Quanten-Fouriertransformation möglichst unkompliziert ist. In Mathematik und Physik wird oft das umgekehrte Vorzeichen im Exponenten gewählt.

---

i Abbildung 6.17 zeigt eine periodische Funktion $x(t)$, die als Summe dreier Sinusfunktionen konstruiert wurde. Durch die Fouriertransformation wird sie in ihre Frequenzkomponenten zerlegt. Die Fouriertransformierte $y(k)$ zeigt scharfe Maxima bei den drei entsprechenden Frequenzen.

Zeichnet man den Schall eines Musikinstruments mit einem Mikrofon auf und betrachtet das resultierende Signal, ergeben sich ganz ähnliche Kurven wie die dargestellte Funktion $x(t)$. Musikinstrumente haben einen Grundton mit einer bestimmten Frequenz (z. B. 440 Hz = Kammerton a) und zusätzlich Obertöne, die ein Vielfaches dieser Grundfrequenz sind – ähnlich wie im Spektrum in Abb. 6.17 rechts.

Mit der Fouriertransformation und ihrer Inversen wird ein einfacher Wechsel der mathematischen Beschreibungsebene zwischen einem Signal und seinem Frequenzspektrum möglich. Dies wird in vielen Anwendungen genutzt, z. B. bei der Signalverarbeitung im Audio- oder Videobereich.

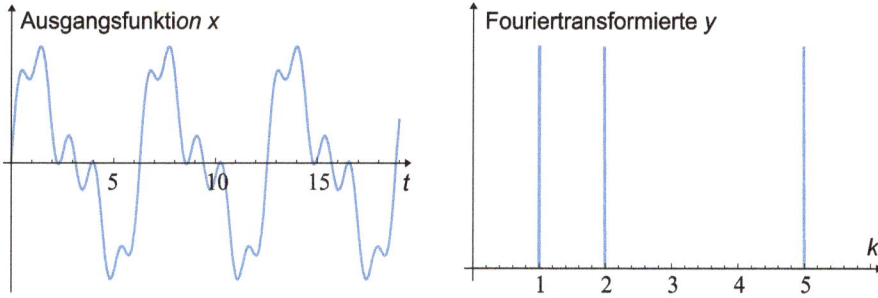

Abb. 6.17: Fouriertransformation einer periodischen Funktion.

Diskrete Fouriertransformation

Bei der diskreten Fouriertransformation (DFT) wird das zuvor beschriebene Konzept von kontinuierlichen Funktionen auf diskrete Zahlenfolgen übertragen. Das ist zum Beispiel immer dann nötig, wenn man die betrachtete Funktion auf einem Computer darstellen und die Fouriertransformation numerisch ausführen möchte. Statt einer kontinuierlichen Funktion $x(t)$ wird nun eine Zahlenfolge $(x_0, \ldots, x_{N-1})$ betrachtet. Dieser Vektor wird abgebildet auf die ebenfalls diskrete Fouriertransformierte $(y_0, \ldots, y_{N-1})$. Die Formel zur Berechnung der diskreten Fouriertransformierten ist eine direkte Übertragung von Gl. (6.59):

$$y_k = \frac{1}{\sqrt{N}} \sum_{j=0}^{N-1} x_j \cdot e^{2\pi i \frac{j \cdot k}{N}}. \tag{6.60}$$

Durch Vergleich der beiden Formeln lesen wir ab, dass die Frequenz $f = k/N$ ist und damit die Periodenlänge $T = 1/f = N/k$.

Leakage bei der diskreten Fouriertransformation: Auch wenn die diskrete Fouriertransformation für beliebige auf dem Computer darstellbare Zahlenformate definiert ist, betrachten wir in Abb. 6.18 im Hinblick auf die folgenden Anwendungen eine periodische Bitfolge aus Nullen und Einsen. Die Bitfolge hat eine Länge von $N = 64$, ihre Periode beträgt 6. Der Betrag der Fouriertransformierten ist rechts gezeigt.

Die Periodizität der Bitfolge wird in der Fouriertransformierten durch das Maximum bei $k = 10$ widergespiegelt (denn aus $T = N/k$ folgt $k = N/T = 64/6 \approx 10$). Trotz der Periodizität der Ausgangsfolge gibt es nichtverschwindende Fourierkomponenten nicht nur bei $k = 10$, sondern auch bei benachbarten Werten. Das ist eine Eigenheit der DFT: Weil N kein ganzzahliges Vielfaches der Periode ist, gibt es für den Algorithmus scheinbare „Sprünge": Abweichungen von der Periodizität am Rand des betrachteten Intervalls. Mathematisch äußert sich das durch ein „Ausfließen" der Amplituden zu benachbarten Frequenzen. Diesen Effekt bezeichnet man als *Leakage*. Er wird uns auch beim Shor-Algorithmus begegnen, hat aber nichts mit Quantenphysik zu tun, sondern ist ein Merkmal der diskreten Fouriertransformation.

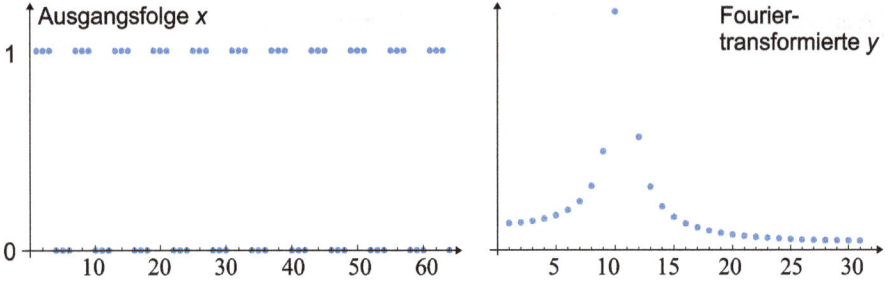

Abb. 6.18: Diskrete Fouriertransformation einer periodischen Bitfolge.

Beispielaufgabe: Wir betrachten eine periodische Zahlenfolge der Länge N mit der Periode r. Um den Leakage-Effekt zu vermeiden, soll N ein Vielfaches von r sein. Zeigen Sie, dass von null verschiedene Fourierkoeffizienten y_k nur für solche k auftreten können, die ein ganzzahliges Vielfaches von N/r sind.

Lösung: In der Formel für die Berechnung der Fourierkomponenten,

$$y_k = \frac{1}{\sqrt{N}} \sum_{j=0}^{N-1} x_j \cdot e^{2\pi i \frac{k \cdot j}{N}}, \tag{6.61}$$

nutzen wir die Periodizität der Koeffizienten x_j aus. Nach jeweils r Termen wiederholen sich die Koeffizienten x_j. Daher können wir die gesamte Summe in Teilsummen zerlegen. Die erste Teilsumme enthält alle Terme proportional zu $x_0 = x_r = x_{2r} = \cdots$, die zweite alle Terme proportional zu $x_1 = x_{r+1} = x_{2r+1} = \cdots$:

$$y_k = \frac{1}{\sqrt{N}} \left[x_0 \sum_{j=0}^{\frac{N}{r}-1} e^{2\pi i \frac{k \cdot r \cdot j}{N}} + x_1 \sum_{j=0}^{\frac{N}{r}-1} e^{2\pi i \frac{k \cdot (r \cdot j + 1)}{N}} + \cdots + x_{r-1} \sum_{j=0}^{\frac{N}{r}-1} e^{2\pi i \frac{k \cdot (r \cdot j + r - 1)}{N}} \right].$$

Jede der Teilsummen hat nur noch N/r Terme, und die einzelnen Teilsummen hängen nicht mehr von den Werten x_j ab. Wir können Sie daher explizit berechnen. Zunächst ziehen wir aus den Teilsummen alle Faktoren heraus, die nicht von j abhängen und fassen zusammen:

$$y_k = \frac{1}{\sqrt{N}} \left[x_0 + x_1 e^{2\pi i \frac{k \cdot 1}{N}} + x_2 e^{2\pi i \frac{k \cdot 2}{N}} + \cdots + x_{r-1} e^{2\pi i \frac{k(r-1)}{N}} \right] \sum_{j=0}^{\frac{N}{r}-1} e^{2\pi i \frac{k \cdot r \cdot j}{N}}.$$

Die Terme in eckigen Klammern fassen wir in Summenschreibweise zusammen, während wir für die Summe rechts die folgende wichtige mathematische Identität ausnutzen, die als *Orthogonalitätsrelation für die komplexe Exponentialfunktion* bekannt ist:

Orthogonalitätsrelation für die komplexe Exponentialfunktion:

$$\sum_{j=0}^{M-1} e^{\frac{2\pi i}{M} j \cdot k} = \begin{cases} M & \text{falls } k \text{ ein ganzzahliges Vielfaches von } M, \\ 0 & \text{sonst.} \end{cases} \tag{6.62}$$

In unserem Fall ist $M = N/r$, so dass sich insgesamt ergibt:

$$y_k = \frac{1}{\sqrt{N}} \cdot \frac{N}{r} \cdot \sum_{n=0}^{r-1} x_n \cdot e^{2\pi i \frac{k \cdot n}{N}}, \quad \text{falls } k \text{ ein ganzzahliges Vielfaches von } N/r, \qquad (6.63)$$

und $y_k = 0$ andernfalls. Der Summenterm, der sich aus der eckigen Klammer ergab, ist nichts anderes als eine „kleine" DFT, die sich nur über eine Periode der Ausgangsfolge erstreckt.

Unitarität der diskreten Fouriertransformation

Für Zwecke der numerischen Berechnung ist es hilfreich, die diskrete Fouriertransformation als Matrixoperation zu deuten, die einen Vektor x_j auf einen Vektor y_k abbildet:

$$y_k = \sum_{j=0}^{N-1} W_{kj} \cdot x_j, \qquad (6.64)$$

mit der Matrix

$$W_{kj} = \frac{1}{\sqrt{N}} \omega^{j \cdot k}, \quad \text{wobei} \quad \omega^{j \cdot k} = e^{2\pi i \frac{j \cdot k}{N}}. \qquad (6.65)$$

In Matrixschreibweise ist diese Darstellung symmetrisch und übersichtlich:

$$W = \frac{1}{\sqrt{N}} \begin{pmatrix} 1 & 1 & 1 & 1 & \cdots & 1 \\ 1 & \omega & \omega^2 & \omega^3 & \cdots & \omega^{N-1} \\ 1 & \omega^2 & \omega^4 & \omega^6 & \cdots & \omega^{2(N-1)} \\ 1 & \omega^3 & \omega^6 & \omega^9 & \cdots & \omega^{3(N-1)} \\ \vdots & \vdots & \vdots & \vdots & \ddots & \vdots \\ 1 & \omega^{N-1} & \omega^{2(N-1)} & \omega^{3(N-1)} & \cdots & \omega^{(N-1)(N-1)} \end{pmatrix}. \qquad (6.66)$$

Die Matrix W ist unitär, es gilt $W \cdot W^\dagger = \mathbb{1}$. Das bedeutet: Die adjungierte (d. h. transponierte und komplex-konjugierte) Matrix ist gleich der Inversen. Um diese Aussage zu zeigen, schreiben wir:

$$W \cdot W^\dagger = \sum_j W_{nj} \cdot W_{mj}^* = \frac{1}{N} \sum_j e^{2\pi i \frac{n \cdot j}{N}} \cdot e^{-2\pi i \frac{m \cdot j}{N}} = \frac{1}{N} \sum_{j=0}^{N-1} e^{\frac{2\pi i}{N} j(n-m)}.$$

Aus der Orthogonalitätsrelation (6.62) mit $k = n - m$ folgt direkt, dass die Nichtdiagonalelemente ($n \neq m$) von $W \cdot W^\dagger$ null sind, während die Diagonalelemente ($n = m$) gleich 1 sind. Insgesamt gilt $W \cdot W^\dagger = \mathbb{1}$, also ist W unitär.

Dieses Ergebnis ist für die Übertragung in den Quantenbereich wichtig. Es bedeutet nämlich, dass die Quanten-Fouriertransformation, die bezüglich der Berechnungsbasis durch die gleiche Matrix wie in Gl. (6.66) dargestellt wird, eine unitäre Operation ist. Sie ist somit reversibel und durch universelle Quantengatter darstellbar.

Fast-Fourier-Transformation (FFT)

Welcher Berechnungsaufwand ist für die diskrete Fouriertransformation erforderlich? Mit Blick auf Gl. (6.64) würde man die Größenordnung $\mathcal{O}(N^2)$ elementare Rechenoperationen erwarten, also eine Skalierung mit dem Quadrat von N. Das folgt einfach aus der Überlegung, dass zur Berechnung von y die Matrix W mit x multipliziert werden muss. W hat $N \times N$ komplexwertige Einträge, also sind mindestens N^2 komplexe Multiplikationen nötig.

Es gibt jedoch schon in der klassischen Informatik einen wesentlich effizienteren Weg der Berechnung. Die *Fast-Fourier-Transformation (FFT)*, die seit Mitte der 1960er Jahre bekannt wurde, ist eines der ganz wichtigen und für viele Zwecke eingesetzten Werkzeuge. Sie lässt sich mit der Größenordnung von $\mathcal{O}(N \log_2 N)$ elementaren Rechenoperationen ausführen. Das ist eine enorme Verbesserung: Wenn z. B. $N = 10^6$ ist, verringert sich die Ausführungszeit um den Faktor 50 000. Das entspricht einer Verkürzung der Rechenzeit von 13,9 Stunden auf 1 Sekunde.

Die Folgenlänge wird bei der FFT fortwährend rekursiv halbiert. Deshalb sind für ihre Implementierung Bitfolgen der Länge $N = 2^n$ günstig. Die FFT nutzt die Symmetrie der Matrix W aus: In Gl. (6.66) tritt nur eine begrenzte Zahl verschiedener Einträge auf, deren Werte sich noch dazu ständig wiederholen, weil

$$\omega^N = \left(e^{\frac{2\pi i}{N}}\right)^N = 1 \quad \text{und} \quad \omega^{\frac{N}{2}} = \left(e^{\frac{2\pi i}{N}}\right)^{\frac{N}{2}} = -1. \tag{6.67}$$

Diese Symmetrie wird bei der FFT in einer einfallsreichen Weise ausgenutzt. Zunächst lässt sich zeigen, dass eine diskrete Fouriertransformation der Länge N auf die Summe zweier diskreter Fouriertransformationen mit der Länge $N/2$ zurückgeführt werden kann (Lemma von Danielson and Lanczos). Dies ist rekursiv möglich, so dass nach n Schritten nur noch eine Matrix der Größe 1 übrig bleibt. Damit wird die Fouriertransformation auf einfache Multiplikationen komplexer Zahlen reduziert, die nach einem elaborierten Schema aufsummiert werden müssen. Letzteres geschieht über geschicktes Vertauschen der Bitreihenfolge.

Übertragung in den Quantenbereich: Quanten-Fouriertransformation

Die *Quanten-Fouriertransformation* (QFT) ist eine Übertragung der diskreten Fouriertransformation in den Quantenbereich.

Quanten-Fouriertransformation: Die Quanten-Fouriertransformation transformiert einen Ausgangszustand $|x\rangle$ in einen Endzustand $|y\rangle$:

$$|x\rangle = \sum_{j=0}^{N-1} x_j\,|j\rangle \longrightarrow |y\rangle = \sum_{k=0}^{N-1} y_k\,|k\rangle, \tag{6.68}$$

wobei:

$$y_k = \frac{1}{\sqrt{N}} \sum_{j=0}^{N-1} x_j \cdot e^{2\pi i \frac{j \cdot k}{N}}. \tag{6.69}$$

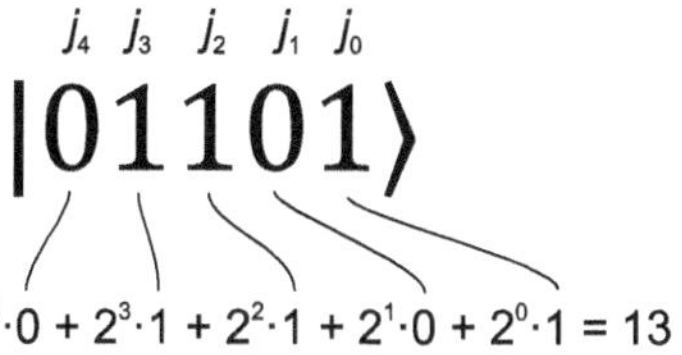

$$j_4 \quad j_3 \quad j_2 \quad j_1 \quad j_0$$

$$|01101\rangle$$

$$j = 2^4 \cdot 0 + 2^3 \cdot 1 + 2^2 \cdot 1 + 2^1 \cdot 0 + 2^0 \cdot 1 = 13$$

Abb. 6.19: Binärdarstellung und Bitreihenfolge bei der Quanten-Fouriertransformation. Qubit 4 ist das signifikanteste Qubit, Qubit 0 das am wenigsten signifikante.

Die Koeffizienten x_j und y_k sind klassische Zahlenfaktoren. Die Beziehung zwischen ihnen ist die gleiche bei der diskreten Fouriertransformation in Gl. (6.60).

Die Gleichungen (6.60) und (6.69) für die diskrete und die Quanten-Fouriertransformation sind iden- **i** tisch. Erst Gl. (6.68) zeigt, dass sich hinter der QFT ein gänzlich anderes Konzept verbirgt. Die dabei verwendete Notation ist erklärungsbedürftig, damit man die dahinterliegenden Unterschiede zum klassischen Fall verstehen kann.

Die klassische diskrete Fouriertransformation wirkt auf einen Vektor mit $N = 2^n$ Einträgen, die Quanten-Fouriertransformation dagegen auf ein Register aus n Qubits. Dieses Quantensystem kann durch $N = 2^n$ orthogonale Basiszustände beschrieben werden, die in Gl. (6.68) mit $|j\rangle$ bezeichnet sind. Die Koeffizienten x_j sind die Gewichte, mit denen diese Basiszustände zum Gesamtzustand beitragen. Die QFT wirkt auf alle Basiszustände gleichzeitig. Symbolisch kann man schreiben:

$$\mathbf{QFT}_N \begin{pmatrix} x_0\,|00\dots000\rangle \\ +x_1\,|00\dots001\rangle \\ +x_2\,|00\dots010\rangle \\ +x_3\,|00\dots011\rangle \\ \vdots \\ +x_{N-1}\,|11\dots111\rangle \end{pmatrix} = \begin{pmatrix} y_0\,|00\dots000\rangle \\ +y_1\,|00\dots001\rangle \\ +y_2\,|00\dots010\rangle \\ +y_3\,|00\dots011\rangle \\ \vdots \\ +y_{N-1}\,|11\dots111\rangle \end{pmatrix}. \tag{6.70}$$

Die Fourierkoeffizienten y_k sind die Gewichte der entsprechenden Basiszustände im Endzustand. Sowohl x_j als auch y_k sind klassische Zahlenfaktoren. Die Beziehung (6.69) zwischen ihnen ist die gleiche wie bei der DFT.

Noch eine weitere Besonderheit der Notation: In Gl. (6.68) werden die Basiszustände durch die Zahlen von 0 bis $N - 1$ durchnummeriert. Für eine eindeutige Zuordnung zu den N Basiszuständen legt man fest, dass mit $|j\rangle$ der Basiszustand gemeint sein soll, dessen Bitfolge die Binärdarstellung der Zahl j ist. Der Zustand $|01101\rangle$ wird beispielsweise mit $|13\rangle$ bezeichnet, weil 1101 die Binärdarstellung der Zahl 13 ist (Abb. 6.19). Wie hinter jeglicher Notation verbirgt sich hinter dieser Schreibweise keinerlei Physik. Sie hat sich nur als praktisch erwiesen.

Die symbolische Darstellung in Gl. (6.70) zeigt den entscheidenden Vorteil der QFT, der sie zu einer der tragenden Säulen des Quantencomputing macht: Alle Komponenten $|00\dots000\rangle$ bis $|11\dots111\rangle$ werden durch einen einzigen Aufruf der Routine QFT gleichzeitig prozessiert – ein mustergültiges Beispiel für Quantenparallelität.

Der mit der Quantenparallelität verbundene Nachteil ist ebenso offenkundig: Mit einer einzelnen Messung in der Berechnungsbasis kann man die Koeffizienten y_k nicht alle gleichzeitig auslesen, sondern man findet nur einen bestimmten Endzustand. Aufgrund des statistischen Charakters der Messung kann man die Fourierkoeffizienten erst aus der Häufigkeitsverteilung der Messergebnisse nach vielen Durchgängen erschließen – aber dann ist der Quantenvorteil dahin.

Die Quanten-Fouriertransformation kann ihren Vorteil daher nur für solche Probleme ausspielen, bei denen nicht alle Komponenten des Spektrums einzeln relevant sind, sondern wo es auf globale Eigenschaften ankommt. Ein Beispiel sind Periodizitäten im Spektrum, die beim Shor-Algorithmus mit der QFT gesucht werden.

Beispielaufgabe: Geben Sie eine Darstellung der QFT in Dirac-Notation an.

Lösung: Wir nutzen aus, dass die Beziehungen (6.69) und (6.60) für die Koeffizienten der DFT und der QFT exakt die gleiche Gestalt haben. Für die DFT haben wir mit Gl. (6.66) bereits eine Matrixdarstellung gefunden. Wir können sie direkt übertragen, wenn wir in der Dirac-Notation mit $|k\rangle\langle j|$ den Eintrag in Zeile k und Spalte j bezeichnen:

$$\mathrm{QFT}_N = \frac{1}{\sqrt{N}} \sum_{j=0}^{N-1} \sum_{k=0}^{N-1} \omega^{j\cdot k} |k\rangle\langle j| . \tag{6.71}$$

Produktdarstellung der QFT

Zur Ausführung der QFT auf einem Quantencomputer müssen wir sie durch Quantengatter ausdrücken. Dass das grundsätzlich möglich ist, wird durch die Unitarität der QFT sichergestellt. Wir haben diese Eigenschaft oben für die DFT gezeigt; sie überträgt sich direkt auf die QFT. Der Gesamtzustand des Systems umfasst ein Register aus n Qubits. Die QFT transformiert gemäß Gl. (6.68) den Anfangszustand $|x\rangle$ in den Endzustand $|y\rangle$. Um diesen Vorgang durch Quantengatter zu realisieren, müssen wir feststellen, wie die QFT auf jedes Qubit einzeln wirkt. Das wird durch die Linearität der QFT erleichtert: Es reicht aus, ihre Wirkung auf die Zustände der Berechnungsbasis zu kennen, d. h. die Fälle zu betrachten wo nur eines der x_j in Gl. (6.68) von null verschieden ist. Der allgemeine Fall ergibt sich daraus durch Überlagerung.

Beispielaufgabe: Betrachten Sie ein System aus zwei Qubits und geben Sie an, wie die QFT auf die Zustände der Berechnungsbasis wirkt.

Lösung: Wir benutzen wieder die Notation $\omega = e^{\frac{2\pi i}{N}}$ und schreiben Gl. (6.69) als:

$$y_k = \frac{1}{\sqrt{N}} \sum_{j=0}^{N-1} x_j \cdot \omega^{j\cdot k}. \tag{6.72}$$

Für zwei Qubits sind die Zustände der Berechnungsbasis:

$$|0\rangle = |00\rangle, \quad |1\rangle = |01\rangle, \quad |2\rangle = |10\rangle, \quad |3\rangle = |11\rangle . \tag{6.73}$$

Wir werten Gl. (6.72) nacheinander für jeden von ihnen aus. Nur jeweils eines der x_j ist dabei von null verschieden:

$$|00\rangle \xrightarrow{\text{QFT}} \frac{1}{2}\big[|00\rangle + |01\rangle + |10\rangle + |11\rangle\big] \qquad (x_0 = 1, \text{Rest} = 0),$$

$$|01\rangle \xrightarrow{\text{QFT}} \frac{1}{2}\big[|00\rangle + \omega\,|01\rangle + \omega^2\,|10\rangle + \omega^3\,|11\rangle\big] \qquad (x_1 = 1, \text{Rest} = 0),$$

$$|10\rangle \xrightarrow{\text{QFT}} \frac{1}{2}\big[|00\rangle + \omega^2\,|01\rangle + \omega^4\,|10\rangle + \omega^6\,|11\rangle\big] \qquad (x_2 = 1, \text{Rest} = 0),$$

$$|11\rangle \xrightarrow{\text{QFT}} \frac{1}{2}\big[|00\rangle + \omega^3\,|01\rangle + \omega^6\,|10\rangle + \omega^9\,|11\rangle\big] \qquad (x_3 = 1, \text{Rest} = 0).$$

Für alle Überlagerungen aus den Basiszuständen lässt sich der durch die QFT erzeugte Endzustand mit diesen Formeln gewinnen.

Ein ganz bemerkenswerter Umstand ist diesen expliziten Formeln für die QFT-transformierten Basiszustände nicht ohne Weiteres anzusehen: Die beiden Qubits sind in keinem der Zustände verschränkt. Die Zustände lassen sich in der Form $|\psi_1\rangle_1|\psi_2\rangle_2$ schreiben, also als Produktzustände, in denen die Zustände der beiden Qubits als separate Faktoren auftreten. Das ist ein wichtiges Resultat, das sich sogar auf den Fall von n Qubits verallgemeinern lässt. Allgemein gilt nämlich die folgende Identität (die wir ohne Beweis angeben und weiter unten nur an einem Beispiel verifizieren):

$$\frac{1}{\sqrt{2^n}} \sum_{m=0}^{2^n-1} e^{\frac{2\pi i}{2^n}jm}\,|m\rangle = \frac{1}{\sqrt{2^n}} \bigotimes_{k=0}^{n-1}\big(|0\rangle_k + e^{\frac{i\pi}{2^k}j}|1\rangle_k\big). \tag{6.74}$$

Für jeden Zustand $|j\rangle$ der Berechnungsbasis mit $|j\rangle = |j_{n-1}\ldots j_2 j_1 j_0\rangle$ ist nur einer der Terme in Gl. (6.69) von null verschieden, und aus Gl. (6.68) ergibt sich somit die folgende Formel für das Transformationsverhalten unter der QFT:

> *Produktdarstellung der Quanten-Fouriertransformation:*
> $$|j\rangle \xrightarrow{\text{QFT}} |y\rangle = \frac{1}{\sqrt{N}} \bigotimes_{k=0}^{n-1}\big(|0\rangle_k + e^{\frac{i\pi}{2^k}j}|1\rangle_k\big). \tag{6.75}$$

Auch hier ist j im Exponenten die Dezimaldarstellung des Bitmusters im Ausgangszustand $|j\rangle$. Die rechte Seite von Gl. (6.75) ist ein (Tensor-)Produkt aus n Faktoren, von denen jeder den Zustand eines einzelnen Qubits beschreibt. Das wird noch deutlicher sichtbar, wenn wir das Produkt explizit ausschreiben:

$$|y\rangle = \frac{1}{\sqrt{N}}\big(|0\rangle_0 + e^{i\pi j}|1\rangle_0\big) \otimes \big(|0\rangle_1 + e^{\frac{i\pi}{2}j}|1\rangle_1\big) \otimes \cdots \otimes \big(|0\rangle_{n-1} + e^{\frac{i\pi}{2^{n-1}}j}|1\rangle_{n-1}\big). \tag{6.76}$$

Wie im bisherigen Text unterdrücken wir die Tensorprodukt-Schreibweise mit $\otimes$ im Folgenden wieder und geben durch Indizes an den Zuständen an, welches Qubit jeweils gemeint ist.

Beispielaufgabe: Überprüfen Sie durch explizites Nachrechnen für den Zustand $|10\rangle$, dass die Formel (6.76) das gleiche Ergebnis liefert wie in der vorigen Beispielaufgabe.

Lösung: Für zwei Qubits sind die ersten beiden Terme in Gl. (6.75) relevant. Der Zustand $|j\rangle = |j_1 j_0\rangle = |10\rangle$ entspricht $j = 2$ (Dezimaldarstellung). Damit wird:

$$|y\rangle = \frac{1}{2}\left(|0\rangle_0 + e^{i\pi \cdot 2}|1\rangle_0\right) \cdot \left(|0\rangle_1 + e^{i\pi}|1\rangle_1\right). \tag{6.77}$$

Ausmultiplizieren führt zu:

$$|y\rangle = \frac{1}{2}\left(|0\rangle_0|0\rangle_1 + e^{i\pi}|0\rangle_0|1\rangle_1 + e^{2\pi i}|1\rangle_0|0\rangle_1 + e^{3\pi i}|1\rangle_0|1\rangle_1\right). \tag{6.78}$$

Mit $\omega = e^{\frac{i\pi}{2}}$ wird die Übereinstimmung mit dem vorigen Beispiel deutlich (dort die dritte Formelzeile).

Implementierung der QFT durch Quantengatter

Die Produktdarstellung ist der Ausgangspunkt für die Implementierung der Quanten-Fouriertransformation durch Quantengatter. Zunächst natürlich, weil sie zeigt, wie sich die QFT durch Operationen darstellen lässt, die jeweils nur auf ein einzelnes Qubit wirken. Zweitens wird deutlich, dass diese Operationen eine relativ einfache Struktur haben: eine Phasenverschiebung der Zustandskomponente $|1\rangle$, während die Zustandskomponente $|0\rangle$ unverändert bleibt. Für jedes der n Qubits ist die Phasenverschiebung dabei ein wenig unterschiedlich, und zwar abhängig von seiner Position im Register und vom Ausgangszustand j: Für den Basiszustand $|j\rangle$ wird die $|1\rangle$-Komponente von Qubit k um den Winkel $j\pi/2^k$ gedreht.

Noch eine dritte Beobachtung ist für die Implementierung der QFT entscheidend. Zwar hängt die Phasenverschiebung für ein bestimmtes Qubit von der Zahl j ab, und damit auch vom Zustand der anderen Qubits $j_{n-1} \ldots j_0$. Es lässt sich aber ein Verfahren angeben, mit dem diese gegenseitigen Abhängigkeiten sukzessive abgearbeitet werden können.

Um das Verfahren zu erläutern, betrachten wir wieder das Beispiel der QFT mit zwei Qubits. Wir schreiben die Zahl j in der Binärdarstellung durch Angabe der einzelnen Bits: $j = 2^1 \cdot j_1 + 2^0 \cdot j_0$. Wieder betrachten wir nur Zustände der Berechnungsbasis, so dass j_1 und j_0 wohldefinierte Zahlenwerte 0 oder 1 haben. Gemäß Gl. (6.75) ist der Endzustand:

$$|y\rangle = \frac{1}{2}\left(|0\rangle_0 + \underbrace{e^{2\pi i j_1}}_{=1} e^{i\pi j_0}|1\rangle_0\right) \cdot \left(|0\rangle_1 + e^{i\pi j_1} e^{i\frac{\pi}{2} j_0}|1\rangle_1\right). \tag{6.79}$$

Weil $e^{2\pi i} = 1$ und dies auch für alle ganzzahligen Vielfachen im Exponenten gilt, fällt der markierte Term weg. Der Endzustand des weniger signifikanten Qubits 0 hängt daher nicht vom Zustand des signifikanteren Qubits 1 ab. Umgekehrt ist das nicht der Fall.

Phasengatter R_k in —[R_k]— out

in	out
$\lvert 0\rangle$	$\lvert 0\rangle$
$\lvert 1\rangle$	$\exp(\frac{2\pi i}{2^k})\,\lvert 1\rangle$

CR_k

in1 —●— out1
in2 —[R_k]— out2

in1	in2	out1	out2
$\lvert 0\rangle$	$\lvert 0\rangle$	$\lvert 0\rangle$	$\lvert 0\rangle$
$\lvert 0\rangle$	$\lvert 1\rangle$	$\lvert 0\rangle$	$\lvert 1\rangle$
$\lvert 1\rangle$	$\lvert 0\rangle$	$\lvert 1\rangle$	$\lvert 0\rangle$
$\lvert 1\rangle$	$\lvert 1\rangle$	$\lvert 1\rangle$	$\exp(\frac{2\pi i}{2^k})\,\lvert 1\rangle$

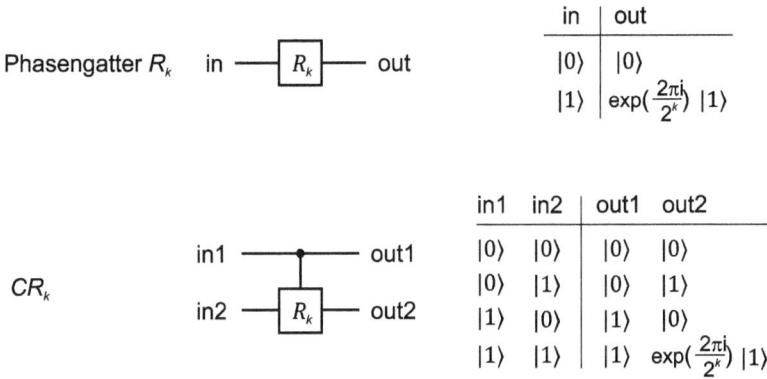

Abb. 6.20: Wahrheitstafel für das R_k-Phasengatter und seine kontrollierte Variante.

Das hier gezeigte Verhalten wiederholt sich bei der Verallgemeinerung auf mehrere Qubits: Der Endzustand eines Qubits k ist unabhängig vom Ausgangszustand aller signifikanteren Qubits, hängt aber sehr wohl von den weniger signifikanten ab. Das legt die Strategie nahe, bei der Durchführung der QFT mit der Prozessierung der signifikantesten Qubits zu beginnen, denn wenn deren Zustand sich gemäß dem Algorithmus ändert, hat das keine Auswirkungen auf die anschließende Prozessierung der weniger signifikanten Qubits.

Mit diesen Vorüberlegungen genügen uns zur Implementierung des QFT-Algorithmus zwei Sorten von Quantengattern: Zum einen das Hadamard-Gatter, zum anderen ein Gatter, das eine Phasenverschiebung an der $\lvert 1\rangle$-Komponente eines Qubits durchführt, und zwar in Abhängigkeit vom Zustand eines zweiten Qubits. Dafür steht das R_k-Gatter und seine kontrollierte Variante zur Verfügung, deren Wirkung in Abb. 6.20 erläutert ist. In Matrixschreibweise hat das R_k-Gatter die folgende Gestalt:

$$R_k = \begin{pmatrix} 1 & 0 \\ 0 & \exp(\frac{2\pi i}{2^k}) \end{pmatrix}. \tag{6.80}$$

Beispielaufgabe: Zeigen Sie, dass die QFT für zwei Qubits mit der in Abb. 6.21 gezeigten Gatterfolge realisiert werden kann.

Lösung: Wir gehen die Abfolge der Schritte von links nach rechts durch und konstruieren jeweils den Zustand nach Anwendung des entsprechenden Gatters. Wieder betrachten wir nur die Basiszustände der Berechnungsbasis, so dass j_1 und j_0 wohldefinierte, vorher festgelegte Zahlen 0 oder 1 sind. Der Ausgangszustand des Systems ist der Zustand $\lvert \psi_0\rangle = \lvert j_0\rangle_0 \lvert j_1\rangle_1$.

1. *Schritt 1: Hadamard-Gatter auf Qubit 1*
   Wie angekündigt beginnt der Algorithmus mit der Prozessierung des signifikantesten Qubits, hier also Qubit 1. Der durch Anwendung des Hadamard-Gatters erzeugte Zustand $\lvert \psi_1\rangle = H_{(1)}\lvert \psi_0\rangle$ hängt davon ab, ob das Qubit zu Beginn im Zustand $\lvert 0\rangle$ oder $\lvert 1\rangle$ war. Wir unterscheiden deshalb zwei Fälle:

~~~
q0  ─────────────●───────┤ H ├──────
         ┌───┐ ┌─┴─┐
q1  ─────┤ H ├─┤R_2├──────────────────
         └───┘ └───┘
~~~

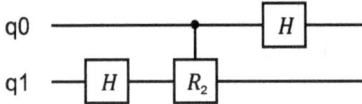

Abb. 6.21: Realisierung der QFT für zwei Qubits mit Quantengattern.

$$j_1 = 0 : \quad H_{(1)}\,|\psi_0\rangle = \frac{1}{\sqrt{2}}|j_0\rangle_0 (|0\rangle_1 + |1\rangle_1),$$

$$j_1 = 1 : \quad H_{(1)}\,|\psi_0\rangle = \frac{1}{\sqrt{2}}|j_0\rangle_0 (|0\rangle_1 - |1\rangle_1) = \frac{1}{\sqrt{2}}|j_0\rangle_0 \big(|0\rangle_1 + e^{i\pi}|1\rangle_1\big).$$

Die beiden Ausdrücke lassen sich durch explizite Angabe von j_1 im Exponenten zusammenfassen:

$$|\psi_1\rangle = H_{(1)}\,|\psi_0\rangle = \frac{1}{\sqrt{2}}|j_0\rangle_0 \big(|0\rangle_1 + e^{i\pi j_1}|1\rangle_1\big). \tag{6.81}$$

Damit haben wir bereits einen der Terme in Gl. (6.79) erfolgreich erzeugt.

2. *Schritt 2: Controlled-R_2-Gatter auf Qubit 1*
   Um auch den Rest des Zustands von Qubit 1 zu erzeugen, müssen wir eine von j_0 abhängige Phasenverschiebung vornehmen. Die $|1\rangle$-Komponente soll einen Phasenfaktor um $e^{i\frac{\pi}{2}}$ erhalten, sofern $j_0 = 1$ ist. Für $j = 0$ bleibt der Zustand unverändert. Genau das ist die Wirkung des durch Qubit 0 kontrollierten CR_2-Gatters:

$$|\psi_2\rangle = CR_{2(1,0)}H_{(1)}\,|\psi_0\rangle = \frac{1}{\sqrt{2}}|j_0\rangle_0 \big(|0\rangle_1 + e^{i\pi j_1}e^{i\frac{\pi}{2}j_0}|1\rangle_1\big). \tag{6.82}$$

Der QFT-transformierte Zustand von Qubit 1 aus Gl. (6.79) ist damit erzeugt.

3. *Schritt 3: Hadamard-Gatter auf Qubit 0*
   Nun muss noch die Phasenverschiebung von Qubit 0 erzeugt werden. Das geschieht genau wie in Schritt 1 durch ein Hadamard-Gatter:

$$\begin{aligned}|\psi_3\rangle &= H_{(0)}CR_{2(1,0)}H_{(1)}\,|\psi_0\rangle \\ &= \frac{1}{2}\big(|0\rangle_0 + e^{i\pi j_0}|1\rangle_0\big) \cdot \big(|0\rangle_1 + e^{i\pi j_1}e^{i\frac{\pi}{2}j_0}|1\rangle_1\big).\end{aligned} \tag{6.83}$$

Der QFT-transformierte Zustand von Qubit 1 aus Gl. (6.79) ist damit erzeugt. Um den letzten Schritt durchführen zu können, war es von entscheidender Bedeutung, dass die Transformation für Qubit 0 nicht von j_1, also vom Anfangszustand des signifikanteren Qubits 1 abhing. Dieses war ja durch die Transformation zuvor schon verändert worden.

Die Überlegungen, die wir hier für zwei Qubits im Detail durchgeführt haben, sind leicht verallgemeinerbar. Abbildung 6.22 zeigt z. B. die Implementierung der QFT für vier Qubits. Die Verallgemeinerung auf n Qubits ist ablesbar. Je nach der Definition der Signifikanz der Qubits (mit der Nummerierung aufsteigende oder absteigende Signifikanz) kann es nötig sein, die Qubits umzuordnen, damit sie korrekt angeordnet sind. Das kann mit einer Anzahl von Swap-Gattern geschehen, die unproblematisch zu implementieren sind.

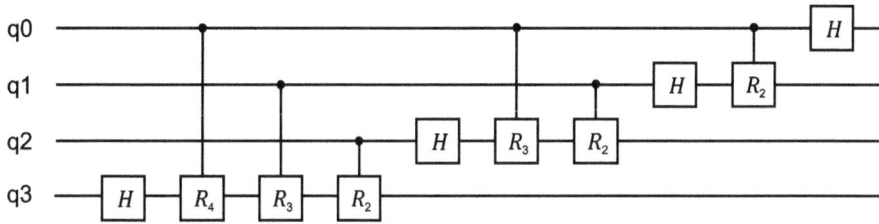

Abb. 6.22: QFT für vier Qubits.

Aus dem Schema wird erkennbar, dass für n Qubits $\frac{1}{2}n(n-1)$ Quantengatter nötig sind, dass also der Berechnungsaufwand für die QFT mit $\mathcal{O}(n^2) = \mathcal{O}((\log_2 N)^2)$ skaliert. Das ist eine exponentielle Beschleunigung sogar gegenüber der Fast-Fourier-Transformation – allerdings, wie erwähnt, bei eingeschränktem Anwendungsbereich.

An der Produktdarstellung der QFT in Gl. (6.75) erkennt man am Faktor 2^k im Nenner des Exponenten, dass die Phasenrotationen an Qubits mit zunehmendem k immer kleiner werden. Qubits mit großem k (das sind die signifikantesten Qubits in der Binärdarstellung) werden von der QFT somit kaum noch beeinflusst (nur durch eine immer winziger werdende Phasendrehung).

Das Konzept der *Approximate QFT* besteht darin, den durch das Weglassen dieser kleinen Phasendrehungen verursachten Fehler mit demjenigen Fehler zu vergleichen, den die zu ihrer Realisierung nötigen Gatteroperationen verursachen. Diese Gatterfehler sind bei den heutigen rauschbehafteten Quantencomputern ein starker limitierender Faktor. Man prüft also für zunehmendes k, ob der durch Gatteroperationen eingebrachte Fehler größer ist als der Gewinn an Genauigkeit und lässt die entsprechenden Gatter weg. Dadurch kann man in die Größenordnung von $\mathcal{O}(\log_2 N)$ benötigten Quantengattern gelangen, ohne dass der ohnehin aufgrund des Rauschens vorhandene Fehler signifikant vergrößert wird.

6.6 Faktorisierung großer Zahlen: Shor-Algorithmus

Relevanz des Shor-Algorithmus für die Informatik

Der Zeitpunkt, zu dem das Konzept des Quantencomputing von einem abgelegenen Spezialistenthema zu einem ernsthaften Forschungsgebiet wurde, lässt sich recht genau angeben. Im Sommer 1994 verbreitete sich die Nachricht, dass Peter Shor [78] einen Algorithmus angegeben habe, mit dem man sehr große Zahlen auf einem Quantencomputer faktorisieren könne. Für die physikalische Realisierung eines Quantencomputers lagen damals allerdings noch nicht einmal im Ansatz realistische Konzepte vor. In kürzester Zeit entstand daraufhin ein neues Forschungsgebiet, in dem die theoretischen und experimentellen Grundlagen des Quantum Computing detailliert untersucht wurden. Warum schlug diese Nachricht, die zu dieser Zeit völlig aus heiterem Himmel kam, so hohe Wellen? Die Antwort liegt in der Relevanz des Problems, das der Shor-Algorithmus löst.

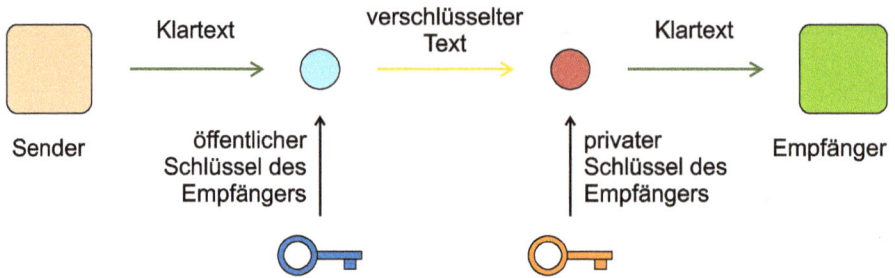

Abb. 6.23: Prinzip des RSA-Verfahrens.

Das *Faktorisieren großer Zahlen* ist eines der Probleme, die in der Komplexitätstheorie der theoretischen Informatik zur Klasse NP gezählt werden. Mit zunehmender Zahl der Stellen wird das Faktorisieren für einen klassischen Computer immer schwieriger, und zwar so rasch, dass die Rechenzeit schneller als polynomial mit der Zahl der Stellen steigt. Das inverse Problem ist dagegen sehr einfach: Um nachzuprüfen, ob die große Zahl tatsächlich das Produkt der angegebenen Faktoren ist, muss man die Faktoren lediglich multiplizieren. Wenn nun mit dem Shor-Algorithmus eine Methode zur Verfügung steht, ein NP-Problem in polynomialer Zeit zu lösen, ist das ein ganz neuer Aspekt, den das Quantencomputing in die Komplexitätstheorie einbringt.

Nachrichten entschlüsseln mit dem Shor-Algorithmus

Noch wichtiger als der theoretische Fortschritt sind die praktischen Konsequenzen, die der Shor-Algorithmus mit sich bringt. Falls man nämlich im Besitz eines Quantencomputers mit genügender Rechenkapazität ist, kann mit dem Shor-Algorithmus eine Reihe von bisher für unknackbar gehaltenen Verschlüsselungen decodieren. Viele verbreitete Verschlüsselungsverfahren wie das *RSA-Verfahren* beruhen nämlich auf der Tatsache, dass die Faktorisierung zur Klasse NP gehört und damit ein für klassische Computer schwer zu lösendes Problem ist.

Das RSA-Verfahren arbeitet für jeden Teilnehmer mit einem öffentlichen und einem privaten Schlüssel. Der öffentliche Schlüssel wird zum Verschlüsseln von Nachrichten an diesen Empfänger benutzt. Der private Schlüssel wird zum Entschlüsseln verwendet und muss geheim gehalten werden (Abb. 6.23). Beide Schlüssel sind große Zahlen, die in verschiedener Weise aus dem gleichen Produkt von Primzahlen abgeleitet werden. Die Sicherheit des Verfahrens beruht darauf, dass das Faktorisieren dieses Produkts ein schwieriges Problem ist. Denn kennt ein Angreifer die Produktdarstellung des öffentlichen Schlüssels, dann kann er daraus den privaten Schlüssel rekonstruieren und verschlüsselte Nachrichten an den betreffenden Empfänger entschlüsseln.

Für gegenwärtige Computer sind hinreichend große Produkte von Primzahlen in der Praxis nicht zu faktorisieren. Das größte bisher mit großem Aufwand faktorisierte Produkt zweier Primzahlen, eine als RSA-250 bezeichnete Zahl, hatte 250 Stellen.

Wenn nun mit dem Shor-Algorithmus der Aufwand zur Faktorisierung großer Zahlen (also zum Beispiel der erwähnten Primzahlenprodukte) deutlich reduziert wird, hat das zur Folge, dass Verfahren wie die RSA-Verschlüsselung plötzlich unsicher werden. Das hat weitreichende Konsequenzen, denn es schafft eine asymmetrische Situation: Wer einen funktionierenden Quantencomputer besitzt, kann die geheime Kommunikation anderer Teilnehmer entschlüsseln, während dies umgekehrt nicht möglich ist. Hierin liegt, insbesondere auch für staatliche Akteure, eine große Motivation, die Entwicklung von Quantencomputern voranzutreiben.

Faktorisieren als Aufspüren von Periodizitäten

Auf den ersten Blick ist es nicht im geringsten ersichtlich, wie die Quantenmechanik beim Faktorisieren großer Zahlen behilflich sein könnte. Daher auch die Überraschung, mit der der Shor-Algorithmus anfänglich aufgenommen wurde. David Mermin, einer der besten Kenner der Quantenmechanik, hat das in einem Editorial sehr anschaulich zum Ausdruck gebracht [79]:

> But what on earth can quantum mechanics have to do with factoring? This question bothered me for four years, from the time I heard about the discovery that a quantum computer was spectacularly good at factoring until I finally took the trouble to find out how it was done. The answer, you will be relieved – but, if you're like me, also a little disappointed – to learn, is that quantum mechanics has nothing at all directly to do with factoring. But it does have a lot to do with waves. Many important waves are periodic, so it is not very surprising that quantum mechanics might be useful in efficiently revealing features associated with periodicity.

Mermin hat es auf den Punkt gebracht: Die Quantenmechanik hat zunächst rein gar nichts mit Faktorisieren zu tun. Aber als Wellentheorie hat sie etwas mit Periodizitäten zu tun und kann beim Aufspüren von Periodizitäten helfen. Das Werkzeug dafür haben wir schon kennengelernt: Es ist die Quanten-Fouriertransformation.

Der Shor-Algorithmus funktioniert dadurch, dass das Problem des Faktorisierens mit Hilfe von rein klassischer Mathematik auf das Finden von Periodizitäten in Zahlenfolgen zurückgeführt wird. Diese Periodizitäten werden dann mit der Quanten-Fouriertransformation aufgespürt. Das ist die kürzeste Beschreibung, die sich von der Funktionsweise des Shor-Algorithmus geben lässt. Im Folgenden wollen wir dieses Verfahren etwas detaillierter beschreiben.

Faktorisieren und modulare Arithmetik

Das im Shor-Algorithmus zugrunde gelegte Verfahren macht Gebrauch von mathematischen Methoden aus dem Gebiet der modularen Arithmetik. Im Grunde geht es dabei um die Division ganzer Zahlen mit Rest. Dividiert man zum Beispiel 15 durch 6, bleibt ein Rest von 3:

$$15 \div 6 = 2 \text{ mit Rest } 3,$$

denn $15 = (2 \times 6) + 3$. Die Modulo-Funktion gibt gerade den jeweiligen Rest bei einer Division an. Man schreibt also:

$$15 \bmod 6 = 3. \tag{6.84}$$

Wir nutzen die modulare Arithmetik für unser Ziel, einen Teiler einer vorgegebenen Zahl M zu finden, die typischerweise sehr groß ist. Es muss zunächst nicht unbedingt ein Primfaktor sein. Das schwierige Kernproblem besteht darin, überhaupt einen nichttrivialen Teiler (ungleich 1 oder M) zu finden. Das Verfahren lässt sich dann iterativ fortsetzen.

Wir nehmen an, dass wir natürliche Zahlen a und p kennen, für die gilt:

$$a^p \bmod M = 1. \tag{6.85}$$

Das ist äquivalent zu

$$(a^p - 1) \bmod M = 0. \tag{6.86}$$

Nach Anwendung der dritten binomischen Formel können wir schreiben:

$$(a^{\frac{p}{2}} + 1)(a^{\frac{p}{2}} - 1) = m \cdot M, \tag{6.87}$$

mit ganzzahligem m. In Worten: Weil $a^p - 1$ ohne Rest durch M geteilt werden kann, ist die linke Seite von Gl. (6.87) ein ganzzahliges Vielfaches von M. Damit stehen die Chancen gut, dass mindestens einer der beiden Faktoren $(a^{\frac{p}{2}} + 1)$ oder $(a^{\frac{p}{2}} - 1)$ einen nichttrivialen Faktor mit M gemeinsam hat.

Um die gemeinsamen ganzzahligen Vielfachen auf beiden Seiten von Gl. (6.87) zu entfernen, verwendet man den altbekannten und effizienten euklidischen Algorithmus zur Bestimmung des größten gemeinsamen Teilers (gcd). Wenn die sich so ergebenden Faktoren nichttrivial sind, ist man der Faktorisierung von M einen Schritt näher gekommen.

Beispielaufgabe: Bestimmen Sie die Primfaktoren der Zahl 15, indem Sie das beschriebene Verfahren mit $a = 7$ und $p = 4$ anwenden.

Lösung: Wir prüfen zunächst nach, ob Gl. (6.85) mit den angegebenen Werte von a und p erfüllt ist:

$$a^p \bmod M = 7^4 \bmod 15 = 2401 \bmod 15 = 1.$$

Da dies der Fall ist, gilt nach Gl. (6.87):

$$\left(a^{\frac{p}{2}} + 1\right)\left(a^{\frac{p}{2}} - 1\right) = \left(7^2 + 1\right)\left(7^2 - 1\right) = 2400 = m \cdot 15$$

mit $m = 160$. Explizit ausgeschrieben:

$$50 \cdot 48 = 160 \cdot 15.$$

Die Faktoren von 15 suchen wir nun durch die Bestimmung des größten gemeinsamen Teilers:

$$\gcd(50, 15) = 5, \quad \gcd(48, 15) = 3. \tag{6.88}$$

Damit haben wir die Primfaktorenzerlegung $15 = 3 \times 5$ mit der beschriebenen Methode gefunden.

Es scheint, als hätten wir ein wirksames, aber ausgesprochen kompliziertes Verfahren zur Faktorisierung der großen Zahl M gefunden. Die Methode hat noch dazu den Nachteil, dass man Zahlen a und p kennen muss, die Gl. (6.85) erfüllen, um es überhaupt anwenden zu können. Das ist in der Tat der Kern des Problems, um den wir uns gleich kümmern müssen.

Darüber haben wir uns anscheinend mit dem euklidischen Algorithmus eine zusätzliche Komplikation eingekauft, die den Aufwand noch einmal erhöht. Diese Sorge ist aber unberechtigt. Es handelt sich um einen effizienten Algorithmus, dessen Rechenaufwand auch auf klassischen Computern nur mit $\mathcal{O}((\log_2 N)^3)$ skaliert.

Faktorisieren und Bestimmen der Ordnung

Kommen wir nun zum erwähnten Kernproblem: der Bestimmung von natürlichen Zahlen a und p, für die

$$a^p \bmod M = 1 \tag{6.89}$$

gilt. In der Zahlentheorie wird die kleinste Zahl p, für die diese Gleichung für gegebenes a und M erfüllt ist, als die *Ordnung* von a modulo M bezeichnet. Unsere vorherigen Überlegungen haben demnach das Faktorisieren einer Zahl auf das Bestimmen der Ordnung zurückgeführt.

Ein entscheidender Umstand zeigt sich, wenn man p in dieser Gleichung als Variable ansieht und die Eigenschaften der Funktion

$$f(p) = a^p \bmod M \tag{6.90}$$

für verschiedene Werte von p betrachtet. Ein Beispiel mit $a = 7$ und $M = 15$ ist in Abb. 6.24 dargestellt. Man erkennt sofort: $f(p)$ ist periodisch in p mit der Periode 4. Der Wert der Periode entspricht gerade der Ordnung: $p = 4$ ist der kleinste Wert, für den $a^p \bmod M = 1$ gilt. Diese Beziehung zwischen Periodizität und Ordnung ist nicht nur zufällig für dieses spezielle Beispiel erfüllt, sondern kann allgemein zum Bestimmen der Ordnung genutzt werden (zahlentheoretische Hintergründe findet man detaillierter z. B. in [74]).

Damit haben wir das eingangs von Mermin angesprochene Ziel erreicht: Wir haben das Faktorisieren großer Zahlen auf das Finden von Periodizitäten zurückgeführt.

Periode von $f(p) = 7^p$ mod 15

$7^1 = 7$ $\Rightarrow$ 7^1 mod 15 = **7**

$7^2 = 49$ $\Rightarrow$ 7^2 mod 15 = **4**

$7^3 = 343$ $\Rightarrow$ 7^3 mod 15 = **13**

$7^4 = 2401$ $\Rightarrow$ 7^4 mod 15 = **1**

$7^5 = 16.807$ $\Rightarrow$ 7^5 mod 15 = **7**

$7^6 = 117.649$ $\Rightarrow$ 7^6 mod 15 = **4**

$7^7 = 823.543$ $\Rightarrow$ 7^7 mod 15 = **13**

$7^8 = 5.764.801$ $\Rightarrow$ 7^8 mod 15 = **1**

$7^9 = 40.353.607$ $\Rightarrow$ 7^9 mod 15 = **7**

Abb. 6.24: Beispiel für die Periodizität einer Funktion der Form $f(p) = a^p$ mod M.

Um die Zahl M zu faktorisieren, müssen wir die Periode der in Gl. (6.90) definierten Funktion $f(p)$ bestimmen. Das ist eine Aufgabe, bei der ein Quantencomputer nützlich sein kann. Das Werkzeug dafür haben wir schon gefunden: die Quanten-Fouriertransformation. Im Shor-Algorithmus werden die verschiedenen Bestandteile zusammengeführt, um einen Faktorisierungsalgorithmus zu konstruieren, der das Problem exponentiell schneller als klassische Algorithmen lösen kann.

> Der *Shor-Algorithmus* führt das Faktorisieren großer Zahlen auf das Finden von Periodizitäten zurück. Weil dazu die Quanten-Fouriertransformation genutzt wird, ist eine erhebliche Beschleunigung gegenüber klassischen Algorithmen möglich.

i Das Verfahren kommt nicht ohne Ausprobieren aus. Das betrifft die Zahl a, die man sich zu Beginn aussuchen muss. Für dieses a versucht man, durch Bestimmen der Periode von $f(p)$ die Ordnung modulo M zu finden. Dabei kann es passieren, dass das so bestimmte p ungerade ist. In diesem Fall ist $\frac{p}{2}$ keine ganze Zahl und Gl. (6.87) ist nicht hilfreich. Dann ist der Versuch gescheitert und man muss mit einer anderen Zahl a neu beginnen.

Es gibt noch eine Reihe anderer Sackgassen, zum Beispiel wenn sich triviale Faktoren wie M oder 1 ergeben. Probleme treten auch auf, falls M eine Primzahlpotenz ist. Alle diese Fälle lassen sich jedoch mit klassischen Methoden in den Griff bekommen [74]. Es lässt sich zeigen, dass die Wahrscheinlichkeit, mit einem beliebig herausgegriffenen Wert von a erfolgreich einen nichttrivialen Faktor von M zu bestimmen, bei über 50 % liegt (genauer: Die Wahrscheinlichkeit, mit einem zufällig herausgegriffenen a einen nichttrivialen Faktor von M zu finden, ist größer als $1 - (\frac{1}{2})^{k-1}$, wobei k die Anzahl der unterschiedlichen ungeraden Primfaktoren von M ist [80]).

Zusammenfügen der Teile: Shor-Algorithmus

In der bisherigen Beschreibung des Faktorisierungsverfahrens wurde keinerlei Gebrauch von der Quantenmechanik gemacht. Es ließe sich ohne Probleme auf einem klassischen Computer implementieren. Die Periode von a^p mod M würde man in diesem Fall mit einer klassischen FFT bestimmen. Allerdings brächte eine solche Implementierung keinen Vorteil gegenüber anderen klassischen Faktorisierungsmethoden mit sich.

Die dramatische Beschleunigung beim Shor-Algorithmus kommt durch die Quanten-Fouriertransformation zustande, die die klassische FFT ersetzt. Sie ist tatsächlich das einzige Stück Quantenmechanik, das im Shor-Algorithmus steckt.[1] Die Periodenbestimmung ist in der Tat eine ideale Anwendung für die QFT, denn es handelt sich um eine globale Eigenschaft, bei der die Quantenparallelität voll ausgespielt werden kann. Wir erinnern uns: Zwar sind im Endzustand der QFT alle Fourierkomponenten parallel enthalten, aber wir können bei einer Messung nicht alle gleichzeitig auslesen, sondern erhalten nur einen einzigen Wert als Messergebnis. Zur Periodenbestimmung kann diese eine Messung allerdings genügen. Im Idealfall ist es daher möglich, beim Shor-Algorithmus mit einem einzigen Aufruf der QFT auszukommen – und wie wir gesehen haben, bedeutet das eine exponentielle Beschleunigung gegenüber der klassischen FFT.

Wir gehen den Shor-Algorithmus nun Schritt für Schritt durch. Wir folgen dabei dem Vorgehen in Shors Arbeit von 1999 [80]. Wir suchen einen Faktor der Zahl M, indem wir die Periode der Funktion

$$f(p) = a^p \bmod M. \tag{6.91}$$

bestimmen. Um die Darstellung weniger abstrakt zu gestalten, bleiben wir bei dem schon bisher betrachteten konkreten Beispiel und faktorisieren die Zahl $M = 15$. Als beliebig herausgegriffenen Wert von a wählen wir $a = 7$.

1. *Schritt 1: Vorbereitung*

   Wir prüfen, ob das zufällig herausgegriffene a teilerfremd zu M ist: $\gcd(a, M) = 1$. Wenn dies nicht der Fall ist, haben wir einen Teiler von M gefunden und sind fertig.

2. *Schritt 2: Anzahl der nötigen Qubits bestimmen*

   Der Shor-Algorithmus arbeitet mit zwei Quantenregistern. Das erste Register soll die Binärdarstellung der Zahlen von 0 bis $q - 1$ aufnehmen, also das Argument p von $f(p)$. Das zweite Register wird im Lauf der Berechnung mit dem Funktionswert $f(p)$ besetzt: mit der Binärdarstellung von $a^p \bmod M$ (Abb. 6.25).

   Für den Algorithmus wird die Zahl q allgemein als Zweierpotenz mit $M^2 \le q \le 2M^2$ festgelegt. In unserem Fall wäre das $q = 256 = 2^8$. Es würden also $2 \cdot 8 = 16$ Qubits benötigt. Es stellt sich jedoch heraus, dass für unser spezielles Beispiel die auftretenden Zahlenwerte so beschaffen sind, dass wir auch mit $q = 2^4 = 16$ auskommen. Das entspricht $2 \cdot 4 = 8$ benötigten Qubits. Wir wollen das nutzen, weil

---

1 Nebenbei bemerkt, erkennt man daran, dass es nicht die Quantenmechanik ist, die den Shor-Algorithmus für viele so schwer verständlich erscheinen lässt, sondern die ungewohnte Mathematik (modulare Arithmetik und Zahlentheorie).

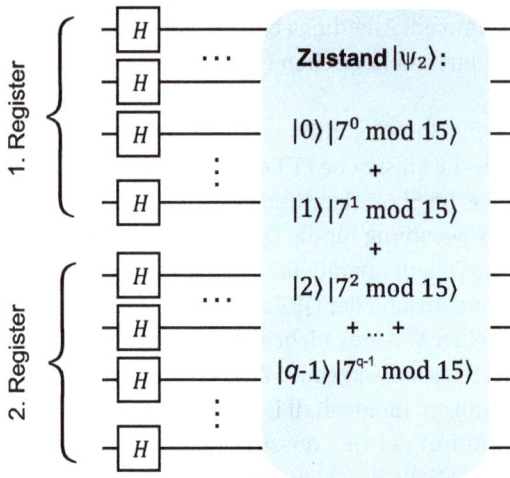

Abb. 6.25: Quantenregister und Zustand $|\psi_2\rangle$ beim Shor-Algorithmus.

dann die Formeln, die wir aufschreiben werden, deutlich weniger Terme haben. Der leichteren Lesbarkeit halber schreiben wir den Wert $q = 16$ in den Formeln explizit aus. Für den allgemeinen Fall müssen entsprechend andere Werte von q eingesetzt werden.

3. *Schritt 3: Initialisierung des ersten Registers*
   Ausgehend vom Anfangszustand, in dem alle Qubits im Zustand $|0\rangle$ sind, wird zunächst das erste Quantenregister in den symmetrischen Überlagerungszustand gebracht. Das geschieht durch Anwendung des Hadamard-Gatters auf alle Qubits des ersten Registers. Der resultierende Zustand ist:

$$|\psi_1\rangle = \frac{1}{\sqrt{16}} \sum_{p=0}^{15} |p\rangle |0\rangle . \tag{6.92}$$

4. *Schritt 4: Berechne $a^p \bmod M$ im zweiten Register*
   Um die Periode der Funktion $f(p) = a^p \bmod M$ zu finden, wird das zweite Register mit dem Funktionswert $f(p)$ belegt, wobei p die im ersten Register codierte Zahl ist. Der sich ergebende Zustand ist:

$$|\psi_2\rangle = \frac{1}{\sqrt{16}} \sum_{p=0}^{15} |p\rangle |7^p \bmod 15\rangle . \tag{6.93}$$

Mit konkreten Zahlen ausgeschrieben lautet der Zustand:

$$|\psi_2\rangle = \frac{1}{\sqrt{16}} \big[|0\rangle |1\rangle + |1\rangle |7\rangle + |2\rangle |4\rangle + |3\rangle |13\rangle + |4\rangle |1\rangle + |5\rangle |7\rangle$$
$$+ |6\rangle |4\rangle + |7\rangle |13\rangle + \cdots + |14\rangle |4\rangle + |15\rangle |13\rangle \big]. \tag{6.94}$$

Im zweiten Quantenregister spiegelt sich in der wiederkehrenden Zahlenfolge 1, 7, 4, 13 die Periodizität wider, die schon in Abb. 6.24 erkennbar ist und die wir nun mit Hilfe der QFT mathematisch aufspüren werden.

5. *Schritt 5: Anwendung der QFT auf das erste Register*
Wie in Gl. (6.68) dargestellt, wird durch die QFT jeder Basiszustand $|p\rangle$ wie folgt überführt:

$$|p\rangle \longrightarrow \frac{1}{\sqrt{q}} \sum_{k=0}^{q-1} e^{2\pi i \frac{p\cdot k}{q}} |k\rangle. \tag{6.95}$$

Für unseren konkreten Fall ergibt sich also aus Gl. (6.93) der Zustand:

$$|\psi_3\rangle = \frac{1}{16} \sum_{p=0}^{15} \sum_{k=0}^{15} e^{\frac{2\pi i}{16} p\cdot k} |k\rangle |7^p \bmod 15\rangle. \tag{6.96}$$

6. *Schritt 6: Messung*
Alle Qubits werden nun gemessen. Potentiell sind dabei $2^8 = 256$ verschiedene Messergebnisse möglich – der Vorteil der Quantenalgorithmen liegt ja gerade darin, dass der Zustandsraum sehr groß ist. Die Kunst des Quantenalgorithmen-Designs liegt darin, relevante Information aus diesen vielen Möglichkeiten zu extrahieren und durch die Messung zugänglich zu machen. Beim Shor-Algorithmus ist die Wahrscheinlichkeit für die meisten Messergebnisse (nahezu) null. Nur wenige Werte treten mit nennenswerter Wahrscheinlichkeit auf. Beispielsweise erkennen wir an Gl. (6.94), dass im zweiten Register ausschließlich die Bitmuster für die Zahlen 1, 4, 7 oder 13 gefunden werden können, denn andere kommen im Zustand nicht vor. Sie treten jeweils mit der Wahrscheinlichkeit $\frac{1}{4}$ auf.
Wir nehmen an, dass die Messung den Wert 13 für das zweite Register liefert. Wir schreiben nur diejenigen Anteile von $|\psi_3\rangle$ explizit aus, die für dieses Messergebnis relevant sind. An Gl. (6.94) liest man ab, dass die Zahl p dann nur die Werte 3, 7, 11, 15 annehmen kann, und es ist:

$$|\psi_3\rangle = \frac{1}{16} \sum_{k=0}^{15} [\underbrace{e^{\frac{2\pi i}{16}3k}}_{p=3} + \underbrace{e^{\frac{2\pi i}{16}7k}}_{p=7} + \underbrace{e^{\frac{2\pi i}{16}11k}}_{p=11} + \underbrace{e^{\frac{2\pi i}{16}15k}}_{p=15}] |k\rangle |13\rangle + \text{irrelevante Terme.} \tag{6.97}$$

Die Wahrscheinlichkeit, im ersten Register einen Wert n und im zweiten Register den Wert 13 zu messen, ergibt sich durch Quadrieren

$$P(n,13) = |\langle n,13|\psi_3\rangle|^2 = \left| \frac{1}{16} \sum_{k=0}^{15} [\text{Terme wie oben}] \underbrace{\langle n|k\rangle}_{=\delta_{nk}} \underbrace{\langle 13|13\rangle}_{=1} \right|^2. \tag{6.98}$$

Ausgeschrieben und zusammengefasst ergibt sich:

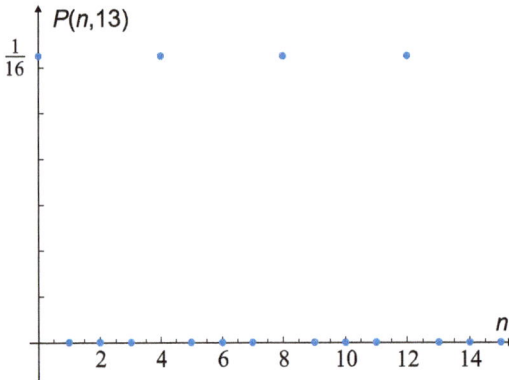

Abb. 6.26: Die Wahrscheinlichkeit $P(n, 13)$ ist nur für ganzzahlige Vielfache der Periode $p = 4$ von null verschieden.

$$P(n, 13) = \left| \frac{1}{16} \left[\sum_{j=0}^{3} e^{\frac{2\pi i}{16} n \cdot j \cdot 4} \right] \cdot e^{\frac{2\pi i}{16} 3n} \right|^2 \tag{6.99}$$

Die Summe in eckigen Klammern kann man weiter vereinfachen. Sie entspricht gerade der Orthogonalitätsrelation für die komplexe Exponentialfunktion aus Gl. (6.62) mit $M = 4$. Die Summe ist folglich nur dann von null verschieden falls n ein ganzzahliges Vielfaches von 4 ist:

$$\sum_{j=0}^{3} e^{\frac{2\pi i}{16} n \cdot j \cdot 4} = \begin{cases} 4 & \text{falls } n \text{ ein ganzzahliges Vielfaches von 4,} \\ 0 & \text{sonst.} \end{cases} \tag{6.100}$$

Somit gilt insgesamt:

$$P(n, 13) = \begin{cases} \frac{1}{16} & \text{für } n = 0, 4, 8, 12, \\ 0 & \text{sonst.} \end{cases} \tag{6.101}$$

Für n ergibt sich bei der Messung also ein Vielfaches von 4 (Abb. 6.26). Wie eine entsprechende Rechnung zeigt, gilt das auch dann, wenn sich als Messresultat für das zweite Quantenregister nicht 13, sondern einer der anderen möglichen Werte ergibt.

7. *Schritt 7: Auswertung*
   Was wir schon bei der diskreten Fouriertransformation festgestellt haben (S. 183 f), gilt auch beim Shor-Algorithmus: Die Maxima der DFT (bzw. hier: die sich ergebenden Messwerte) sind ganzzahlige Vielfache von q/p, (q = Länge der analysierten Zahlenfolge, p = gesuchte Periode), in unserem Beispiel also von $16/4 = 4$. Der letzte Schritt des Algorithmus besteht darin, aus dem gemessenen Vielfachen

von q/p auf die Periode p zurückzuschließen. Das lässt sich durch Ausprobieren herausfinden oder systematischer mit zahlentheoretischen Methoden.

Nehmen wir an, wir haben den Messwert 12 erhalten. Dann wissen wir, dass p ein ganzzahliges Vielfaches von $\frac{16}{12} = \frac{4}{3}$ sein muss und landen schnell beim richtigen Wert $p = 4$. Wenn wir als Messwert 8 erhalten muss p ein ganzzahliges Vielfaches von 2 sein. Nur wenn wir den Wert 0 erhalten, ist der Durchgang gescheitert und muss wiederholt werden. Mit dem so ermittelten Wert $p = 4$ für die Periode, d. h. für die Ordnung von 7^p mod 15 gehen wir wie in der Beispielaufgabe auf S. 196 vor und erhalten 3 und 5 als Faktoren der Zahl 15.

Anmerkungen zum Shor-Algorithmus

1. Zur Illustration des Shor-Algorithmus haben wir absichtlich ein besonders „glatt" funktionierendes Beispiel gewählt, bei dem die Länge der Zahlenfolge ($q = 16$) gerade ein ganzzahliges Vielfaches der Periode ($p = 4$) ist. Im Allgemeinen wird das nicht der Fall sein. Dann tritt der auf S. 183 diskutierte Leakage-Effekt auf: Es gibt ein „Ausfließen" der Wahrscheinlichkeiten und bei der Messung werden auch benachbarte Werte mit einer gewissen Wahrscheinlichkeit gefunden. Deshalb ist beim Shor-Algorithmus im Allgemeinen ein klassisches „Postprocessing" nötig. Es kommen Kettenbruchverfahren zum Auffinden geeigneter „Kandidaten" zum Einsatz, und verschiedene dieser Kandidaten müssen durchprobiert werden. All dies hat aber nichts mit Quantenphysik zu tun: Wie wir gesehen haben, tritt der Leakage-Effekt bereits bei der klassischen diskreten Fouriertransformation auf.

2. Die Notwendigkeit von klassischem Postprocessing demonstriert, dass klassische Computer und Quantencomputer für viele Anwendungen eng zusammenarbeiten müssen. Hybride Lösungen aus klassischen und Quantencomputern sind daher sinnvoll und werden für praktische Anwendungen wichtig werden. Da das Rechnen mit Quantencomputern aufwändig ist, lohnt es sich, nur diejenigen Aufgaben an sie zu übertragen, bei denen sie wirklich einen Vorteil bieten.

3. Wozu wird eigentlich das erste Quantenregister benötigt? Die Periodizität zeigt sich doch in Gl. (6.94) bereits, wenn man nur das zweite Register betrachtet. Die Antwort knüpft noch einmal an die Notwendigkeit der Reversibilität von Quantenalgorithmen an. Die Funktion $f(p) = a^p$ mod M kann schon deshalb nicht allein durch reversible Quantenoperationen an einem einzigen Register implementiert werden, weil sich nicht injektiv ist: Aus $f(p)$ kann nicht eindeutig auf p zurückgeschlossen werden (sondern eben nur modulo M). Es sind verschiedene Möglichkeiten denkbar, die Funktion $f(p)$ mittels Hilfsregistern trotzdem reversibel zu implementieren. Shor hat die einfachste Möglichkeit gewählt und behält im ersten Register den Ausgangswert p bei.

4. Mit der Funktion $f(p) = a^p$ mod M gibt es noch eine zweite Schwierigkeit praktischer Natur. Die Implementierung von $f(p)$ durch Quantengatter ist zwar grundsätzlich möglich, aber recht umständlich. Bisher hat niemand einen besseren Weg

gefunden, als die Nachbildung der entsprechenden klassischen Algorithmen im Quantenbereich. Weil dabei die Reversibilität gewahrt werden muss, ist das relativ umständlich. Deshalb ist die Berechnung von $f(p)$ der Flaschenhals, der die Geschwindigkeit des Shor-Algorithmus begrenzt. Der zur Implementierung von $f(p)$ nötige Aufwand ist auch der Grund dafür ist, dass wir hier keine explizite Realisierung des Shor-Algorithmus durch Quantengatter zeigen.

6.7 Quantum Phase Estimation

Die *Quantum Phase Estimation* (QPE) [21, 81] ist ein wichtiger Bestandteil vieler Quantenalgorithmen. Es handelt sich nicht um einen eigenständigen Quantenalgorithmus im engeren Sinn, sondern eher um eine nützliche Subroutine. Ziel ist es, den Eigenwert eines unitären Operators U als binären Zahlenwert auszugeben, wenn der Input einer der Eigenzustände von U ist.

Die Eigenschaften von unitären Operatoren wurden bereits in Abschnitt 3.5 besprochen. Ihre Eigenwerte sind komplexwertig und haben den Betrag 1. Sie lassen sich daher in der Form

$$\lambda = e^{2\pi i\theta} \tag{6.102}$$

schreiben. Die Zahl θ wird *Phase* genannt und kann Werte zwischen 0 und 1 annehmen. Ziel der Quantum Phase Estimation ist es, für einen gegebenen Operator U den zu einem Eigenvektor $|u\rangle$ gehörigen Wert von θ auszulesen und in Binärform in ein Quantenregister zu schreiben.

---

i Zur Erinnerung: Unitäre Operatoren sind durch die Eigenschaft $U^\dagger U = \mathbb{1}$ definiert. Wenn $|u\rangle$ ein Eigenvektor von U und λ der zugehörige Eigenwert ist, dann gilt:

$$1 = \langle u|u\rangle = \langle u|\mathbb{1}|u\rangle = \langle u|U^\dagger U|u\rangle = |\lambda|^2 \langle u|u\rangle = |\lambda|^2. \tag{6.103}$$

Damit ist gezeigt, dass λ eine komplexe Zahl vom Betrag 1 ist, also die in Gl. (6.102) angegebene Form hat. Die Eigenwertgleichung lautet somit: $U|u\rangle = e^{2\pi i\theta} |u\rangle$.

---

i Der Wert von θ ist eine Zahl zwischen 0 und 1, die wir üblicherweise als Dezimalbruch schreiben, also z. B. $\theta = 0{,}625$. Bei der Quantum Phase Estimation soll das Ergebnis aber als Binärbruch ausgegeben werden. Abbildung 6.27 zeigt die Systematik dahinter: Die Nachkommastellen entsprechen den Zweierpotenzen mit negativen Exponenten. Die Zahl 0,625 lässt sich z. B. darstellen als $1 \cdot 2^{-1} + 1 \cdot 2^{-3}$ und hat deshalb die Binärdarstellung 0,101.

Im Dezimalsystem lassen sich Brüche mit Nennern wie 3, 6 oder 7 nicht als endliche Dezimalbrüche darstellen. Sie haben im Dezimalsystem unendlich viele (periodische) Nachkommastellen. Generell haben in beliebigen Zahlensystemen nur diejenigen Zahlen eine endliche Bruchzahl-Darstellung, deren Nenner sich aus den Primfaktoren der Basis des Zahlensystems zusammensetzt. Im Fall des Binärsystems ist der einzige Primfaktor die 2. Deshalb haben nur Summen von Zweierpotenzen (wie in

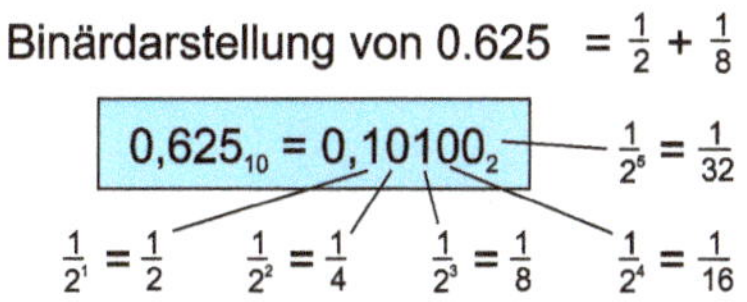

Binärdarstellung von 0.625 $= \frac{1}{2} + \frac{1}{8}$

$$0{,}625_{10} = 0{,}10100_2 \qquad \frac{1}{2^5} = \frac{1}{32}$$

$$\frac{1}{2^1} = \frac{1}{2} \qquad \frac{1}{2^2} = \frac{1}{4} \qquad \frac{1}{2^3} = \frac{1}{8} \qquad \frac{1}{2^4} = \frac{1}{16}$$

Abb. 6.27: Binärcodierung eines Dezimalbruchs.

Abb. 6.27 illustriert) endlich viele Nachkommastellen. Alle anderen Zahlen lassen sich nur näherungsweise durch endliche Binärbrüche darstellen.

Vorgehensweise bei der Quantum Phase Estimation

Für die Umsetzung des Algorithmus benötigen wir zwei Quantenregister. In das erste soll die Binärdarstellung der Zahl θ hineingeschrieben werden. Es enthält n Qubits, entsprechend der gewünschten Zahl der binären Nachkommastellen. Die Zahl der Nachkommastellen bestimmt die Genauigkeit, mit der die Darstellung von θ möglich ist. Das zweite Quantenregister enthält den zu untersuchenden Eigenzustand $|u\rangle$ des unitären Operators U. Er hat eine weitgehend passive Rolle und wird nur ausgelesen. Als Hilfsmittel benötigen wir die Quanten-Fouriertransformation (bzw. ihr Inverses, das wegen $U^{-1} = U^\dagger$ allein durch Vertauschen des Vorzeichens im Exponenten von Gl. (6.70) gewonnen wird). Wir gehen nun den Ablauf der Quantum Phase Estimation schrittweise durch:

1. *Schritt 1: Initialisierung*

   Im Anfangszustand sind alle Qubits des ersten Quantenregisters im Zustand $|0\rangle$. Das zweite Quantenregister enthält den zu untersuchenden Eigenzustand $|u\rangle$:

   $$|\psi_0\rangle = |0_1 \ldots 0_n\rangle \, |u\rangle \, . \tag{6.104}$$

2. *Schritt 2: Hadamard-Gatter auf das erste Quantenregister*

   Das erste Quantenregister wird durch Anwenden von Hadamard-Gattern auf alle Qubits in den symmetrischen Überlagerungszustand gebracht. Mit $N = 2^n$ schreiben wir analog zu Gl. (6.92):

   $$|\psi_1\rangle = \frac{1}{\sqrt{N}} \sum_{m=0}^{N-1} |m\rangle \, |u\rangle \, . \tag{6.105}$$

3. *Schritt 3: Anwenden von U^m auf jeden Term der Summe*

   Der Operator U^m wird jetzt für jeden Term der Summe auf das zweite Quantenregister, also den Eigenzustand $|u\rangle$ angewendet (U^m bedeutet m-fache Anwendung von U). Das Ergebnis dieser Operation folgt direkt aus der Eigenwertgleichung:

   $$U^m \, |u\rangle = e^{2\pi i \theta \cdot m} \, |u\rangle \, , \tag{6.106}$$

so dass für den Gesamtzustand gilt:

$$|\psi_2\rangle = \frac{1}{\sqrt{N}} \sum_{m=0}^{N-1} |m\rangle \, U^m \, |u\rangle = \frac{1}{\sqrt{N}} \sum_{m=0}^{N-1} |m\rangle \, e^{2\pi i\theta\cdot m} \, |u\rangle . \tag{6.107}$$

Wir schreiben das wie folgt:

$$|\psi_2\rangle = \frac{1}{\sqrt{N}} \sum_{m=0}^{N-1} (e^{2\pi i\theta\cdot m} \, |m\rangle) \, |u\rangle , \tag{6.108}$$

um anzudeuten, dass es sich um einen Phase Kickback handelt, bei dem der Phasenfaktor von $|u\rangle$ auf $|m\rangle$ übertragen wird. Der Zustand $|u\rangle$ (also das zweite Quantenregister) ist ein gemeinsamer Faktor, der von nun an keine Rolle mehr spielt. Wir schreiben im Folgenden nur noch den Zustand des ersten Quantenregisters auf:

$$|\psi_2\rangle = \frac{1}{\sqrt{N}} \sum_{m=0}^{N-1} e^{2\pi i\theta\cdot m} \, |m\rangle . \tag{6.109}$$

4. *Schritt 4: Inverse Quanten-Fouriertransformation*
   Der Zustand $|\psi_2\rangle$ hat die Form von Gl. (6.68) mit $x_m = \frac{1}{\sqrt{N}} e^{2\pi i\theta\cdot m}$. Wir wenden die inverse Quanten-Fouriertransformation an und erhalten:

$$|\psi_3\rangle = \sum_{k=0}^{N-1} y_k \, |k\rangle \tag{6.110}$$

mit

$$y_k = \frac{1}{N} \sum_{m=0}^{N-1} e^{2\pi i\theta\cdot m} e^{-\frac{2\pi i}{N} m\cdot k} = \frac{1}{N} \sum_{m=0}^{N-1} e^{\frac{2\pi i}{N}(N\cdot\theta-k)m} . \tag{6.111}$$

Wir nehmen nun an, dass $N \cdot \theta$ eine ganze Zahl ist (und erläutern am Ende der Rechnung, welche Annahme dahinter steckt). In diesem Fall hat nämlich y_k gerade die Form der Orthogonalitätsrelation (6.62) für die komplexe Exponentialfunktion. Das bedeutet: y_k kann (bei den gegebenen Wertebereichen von k und θ) nur dann von null verschieden sein, wenn die Klammer im Exponenten gleich null ist:

$$y_k = \begin{cases} 1 & \text{falls } k = N \cdot \theta, \\ 0 & \text{sonst.} \end{cases} \tag{6.112}$$

In Gl. (6.110) reduziert sich damit die Summe auf einen einzigen Term mit $k = N \cdot \theta = 2^n \cdot \theta$. Es ergibt sich der Endzustand der Quantum Phase Estimation:

$$|\psi_3\rangle = |2^n \cdot \theta\rangle . \tag{6.113}$$

Was steckt hinter der Annahme, dass $N \cdot \theta$ ganzzahlig ist und was bedeutet das Endresultat (6.113)? Für eine anschauliche Interpretation betrachten wir noch einmal die Binärdarstellung von θ in Abb. 6.27. Die Multiplikation mit der Zweierpotenz $N = 2^n$ bedeutet, dass alle Ziffern um n Stellen nach links verschoben werden. Ähnlich wie sich im Dezimalsystem bei Multiplikation mit einer Zehnerpotenz die Ziffern nach links verschieben, gilt im Binärsystem zum Beispiel $2^3 \cdot 0,101_2 = 101_2$.

Die Ganzzahligkeit von $N \cdot \theta$ bedeutet daher, dass die um n Stellen nach links verschobene Binärdarstellung der Zahl θ eine ganze Zahl ist. Oder äquivalent: Die Zahl θ lässt sich mit n Nachkommastellen im Binärsystem exakt darstellen.

Damit lässt sich das Ergebnis (6.113) interpretieren: Die n Qubits im ersten Register enthalten die ersten n Nachkommastellen von θ in Binärdarstellung. Das Ergebnis ist – bei fehlerfreiem Ablauf des Algorithmus – exakt, wenn sich θ auf diese Weise exakt darstellen lässt.

Wenn θ im Voraus nicht bekannt ist, kann man nicht wissen, ob diese Annahme zutrifft. Man hat ansonsten mit „Leaking" zu rechnen, also mit von null verschiedenen Wahrscheinlichkeiten für leicht abweichende Bitmuster. Durch eine größere Zahl von Nachkommastellen lässt sich der dadurch verursachte Fehler reduzieren [21].

Implementierung der Quantum Phase Estimation durch Quantengatter

Mit unseren bisherigen Erfahrungen ist die Realisierung der Quantum Phase Estimation mit Quantengattern nicht sonderlich schwierig. Der komplizierteste Schritt ist die Reduktion von Gl. (6.107) auf Operationen an einem oder zwei Qubits. Wir können dabei analog wie bei der Implementierung der Quanten-Fouriertransformation vorgehen. Wir vergleichen den Zustand in Gl. (6.109) mit Gl. (6.74) und stellen fest, dass die auftretenden Summenterme identisch sind, wenn wir $j = \theta \cdot 2^n$ setzen. Für $|\psi_2\rangle$ können wir also sofort schreiben:

$$|\psi_2\rangle = \frac{1}{\sqrt{2^n}} \bigotimes_{k=0}^{n-1} \left(|0\rangle_k + e^{i\pi\theta 2^{n-k}} |1\rangle_k \right). \tag{6.114}$$

An diesem Ausdruck können wir ablesen, wie sich $|\psi_2\rangle$ mit Hilfe von Operationen an einzelnen Qubits realisieren lässt. Für jedes Qubit k wird eine Phasenverschiebung der Zustandskomponente $|1\rangle_k$ durchgeführt, während die Zustandskomponente $|0\rangle_k$ unverändert bleibt. Ähnlich wie bei der QFT ergibt sich damit die in Abb. 6.28 gezeigte Realisierung von $|\psi_2\rangle$ durch kontrollierte U-Gatter.

Beispielaufgabe: Stellen Sie die Verbindung zwischen der Formeldarstellung Gl. (6.114) und der Quantengatter-Darstellung in Abb. 6.28 her, indem Sie die Wirkung des Operators U auf den Eigenzustand $|u\rangle$ betrachten.

Lösung: Wir nehmen den Zustand $|u\rangle$ noch einmal explizit hinzu und lesen die Eigenwertgleichung (6.106) von rechts nach links. Es ergibt sich:

$$|\psi_2\rangle = \frac{1}{\sqrt{2^n}} \bigotimes_{k=0}^{n-1} \left(|0\rangle_k |u\rangle + |1\rangle_k U^{2^{n-k-1}} |u\rangle \right). \tag{6.115}$$

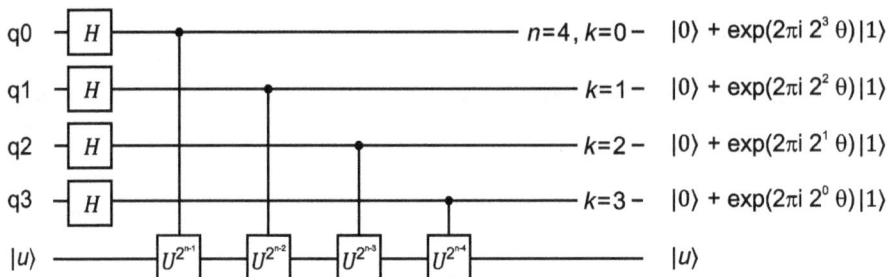

Abb. 6.28: Implementierung von $|\psi_2\rangle$ für $n = 4$ Qubits.

Der Operator $U^{2^{n-k-1}}$ wirkt also, kontrolliert durch das Qubit k, auf $|u\rangle$, um via Phase Kickback die gewünschte Phasenverschiebung an der Zustandskomponente $|1\rangle_k$ vorzunehmen. Es ergibt sich die in Abb. 6.28 gezeigte Folge von Controlled-U-Operationen.

Beispiel: Kopf-oder-Zahl-Detektor

Wir wollen die Funktionsweise der Quantum Phase Estimation an einem einfachen Beispiel demonstrieren. Dazu greifen wir das Spiel „Quantum Penny Flip" aus Abschnitt 6.2 auf. Wir konstruieren einen Algorithmus, der als Eingangszustand $|u\rangle$ entweder „Kopf" (also $|0\rangle$) oder „Zahl" (also $|1\rangle$) erhält und in ein Ausgangs-Qubit entsprechend die Zahl 0 oder 1 schreiben soll. Der Quantenalgorithmus kommt demnach mit zwei Qubits aus: eines für den Input und eines für die Ausgabe des Ergebnisses.

Beispielaufgabe: Zeigen Sie, dass $|0\rangle$ und $|1\rangle$ Eigenzustände des Operators Z sind (eine der Pauli-Matrizen aus Gl. (3.53)). Bestimmen Sie die zu erwartende Phase.

$$Z = \begin{pmatrix} 1 & 0 \\ 0 & -1 \end{pmatrix}. \tag{6.116}$$

Lösung: Wir lösen die Aufgabe durch explizites Einsetzen und nachrechnen:

$$Z|0\rangle = \begin{pmatrix} 1 & 0 \\ 0 & -1 \end{pmatrix}\begin{pmatrix} 1 \\ 0 \end{pmatrix} = \begin{pmatrix} 1 \\ 0 \end{pmatrix} = |0\rangle. \tag{6.117}$$

Der Eigenwert für $|u\rangle = |0\rangle$ ist also +1, so dass die zu detektierende Phase $\theta = 0$ ist.

$$Z|1\rangle = \begin{pmatrix} 1 & 0 \\ 0 & -1 \end{pmatrix}\begin{pmatrix} 0 \\ 1 \end{pmatrix} = \begin{pmatrix} 0 \\ -1 \end{pmatrix} = -|1\rangle. \tag{6.118}$$

Hier ist der Eigenwert −1 und die zu detektierende Phase $\theta = \frac{1}{2}$ (denn es ist $e^{2\pi i \cdot \frac{1}{2}} = -1$).

Wir haben nun mit Z einen unitären Operator gefunden, dessen Eigenwerte die Eingangszustände sind. Deshalb können wir die Quantum Phase Estimation mit $U = Z$ und $n = 1$ zur Kopf-oder-Zahl-Bestimmung einsetzen. Als Ergebnis erwarten wir im

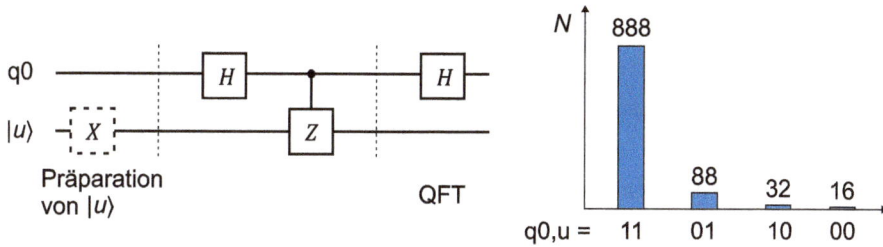

Abb. 6.29: Implementierung der Quantum Phase Estimation für die Kopf-oder-Zahl-Bestimmung und Ergebnis einer realen Berechnung.

Output-Bit eine 0 für $|u\rangle = |0\rangle$ und eine 1 für $|u\rangle = |1\rangle$ (denn hier ist die Phase $\theta = \frac{1}{2}$, und in Binärdarstellung ist $\frac{1}{2} = 2^{-1} = 0,1_2$).

Abbildung 6.29 zeigt die Implementierung der Quantum Phase Estimation für die Kopf-oder-Zahl-Bestimmung. Vor dem Start des Algorithmus muss der gewünschte Zustand (Kopf oder Zahl) im $|u\rangle$-Register präpariert werden. Das geschieht mit dem optionalen X-Gatter, ganz links gestrichelt eingezeichnet ist und den Anfangszustand $|0\rangle$ wenn gewünscht in $|1\rangle$ verwandelt. Die eigentliche Quantum Phase Estimation erfolgt gemäß Gl. (6.115) bzw. Abb. 6.28 mit anschließender inverser Quanten-Fouriertransformation. Die Produktdarstellung reduziert sich auf einen einzigen Term mit $n = 1$ und $k = 0$. Das bedeutet einmalige Anwendung der Controlled-Z-Gatters. Auch die inverse Quanten-Fouriertransformation ist hier nahezu trivial. Sie reduziert sich auf ein einziges Hadamard-Gatter, so dass der gesamte Quantenalgorithmus die in Abb. 6.29 gezeigte einfache Gestalt hat.

Das Ergebnis einer Rechnung auf einem realen Quantencomputer ist in Abb. 6.29 rechts dargestellt. Der Eingangszustand ist $|u\rangle = 1$, so dass das gestrichelt gezeichnete X-Gatter eingesetzt wird. Das Histogramm zeigt die Ergebnisse der Zustandsmessung an den beiden Qubits für 1024 Durchläufe. Bei einer fehlerfreien Realisierung der Rechnung würde man in 100 % der Fälle das Ergebnis 11 erwarten. In der überwiegenden Mehrzahl der Durchläufe wird dieses Ergebnis auch gefunden. In einer nicht zu vernachlässigenden Zahl von Fällen wird jedoch ein abweichendes Ergebnis gefunden. Die derzeitigen Quantencomputer-Realisierungen sind noch so rauschbehaftet, dass selbst bei einem solch einfachen Algorithmus nennenswerte Fehlberechnungen auftreten.

Beispielaufgabe: Zeigen Sie explizit, dass die in Abb. 6.29 gezeigte Implementierung der Quantum Phase Estimation das gewünschte Ergebnis bei der Kopf-oder-Zahl-Bestimmung liefert.

Lösung: Wir gehen aus von der Produktdarstellung (6.115). Für unseren Fall mit $n = 1$ schrumpft das Produkt auf einen Term mit $k = 0$ zusammen:

$$|\psi_2\rangle = \frac{1}{\sqrt{2}}\left(|0\rangle\,|u\rangle + |1\rangle\,Z^{2^0}\,|u\rangle\right) = \frac{1}{\sqrt{2}}(|0\rangle\,|u\rangle + |1\rangle\,Z\,|u\rangle), \tag{6.119}$$

und da laut Eigenwertgleichung $Z|u\rangle = \pm|u\rangle$ gilt, ergibt sich für $|\psi_2\rangle$:

$$|\psi_2\rangle = \frac{1}{\sqrt{2}}(|0\rangle \pm |1\rangle)|u\rangle \quad \begin{cases} \text{für } |u\rangle = |0\rangle, \\ \text{für } |u\rangle = |1\rangle. \end{cases} \tag{6.120}$$

Um zum Endzustand des Algorithmus zu gelangen, ist noch eine abschließende inverse Quanten-Fouriertransformation nötig, die sich auf die Anwendung des Hadamard-Gatters reduziert (sinngemäß nach Abb. 6.21). Nach Gl. (6.11) lautet der Ausdruck für das Hadamard-Gatter in Dirac-Notation wie folgt:

$$H = \frac{1}{\sqrt{2}}[|0\rangle\langle0| + |1\rangle\langle0| + |0\rangle\langle1| - |1\rangle\langle1|]. \tag{6.121}$$

Wendet man diesen Operator auf q_0 in $|\psi_2\rangle$ an, dann ergibt sich nach Ausmultiplizieren sofort:

$$H|\psi_2\rangle = \frac{1}{2}(|0\rangle + |1\rangle \pm |0\rangle \mp |1\rangle)|u\rangle = \begin{cases} |0\rangle|u\rangle & \text{für } |u\rangle = |0\rangle, \\ |1\rangle|u\rangle & \text{für } |u\rangle = |1\rangle. \end{cases} \tag{6.122}$$

Das erste Quantenregister (Qubit q_0) enthält also im Endzustand die gewünschte Information über Kopf oder Zahl.

6.8 Lineare Gleichungssysteme: Der HHL-Algorithmus

Eine der wichtigsten Aufgabenstellungen in der numerischen Mathematik ist das Lösen linearer Gleichungssysteme. Dabei soll ein System von N Gleichungen mit N Unbekannten gelöst werden. In Matrixschreibweise lässt sich die Problemstellung kompakt formulieren: Gegeben ist eine $N \times N$-Matrix A und ein Vektor $\vec{b}$. Ziel ist es, einen Vektor $\vec{x}$ zu finden, für den gilt:

$$A \cdot \vec{x} = \vec{b}. \tag{6.123}$$

Formal kann man die Lösung als $\vec{x} = A^{-1} \cdot \vec{b}$ schreiben. Das Lösen eines linearen Gleichungssystems ist somit äquivalent zum Invertieren der Matrix A.

Lineare Gleichungssysteme mit sehr vielen Unbekannten müssen bei vielen praktisch relevanten Fragestellungen gelöst werden. Das Problem tritt in einer Vielzahl von Anwendungsfeldern auf: von der Klimaforschung über den Maschinenbau, die medizinische Forschung und den Finanzsektor bis zum maschinellen Lernen. In den Ingenieurwissenschaften findet die Finite-Elemente-Methode, die das Lösen von partiellen Differentialgleichungen auf lineare Gleichungssysteme zurückführt, umfassende Anwendung in Design und Modellierung in vielen Bereichen.

Bei vielen Anwendungsproblemen sind die auftretenden Koeffizientenmatrizen A dünn besetzt: Die meisten Einträge sind null, weil zum Beispiel bei den modellierten Systeme nur benachbarte Bereiche miteinander wechselwirken.

In der klassischen Informatik gibt es leistungsfähige und ausgereifte Verfahren zum Lösen sehr großer linearer Gleichungssysteme. Trotzdem haben Harrow, Hassidim und Lloyd (HHL) im Jahr 2009 einen Quantenalgorithmus angegeben, der für bestimmte Problemstellungen (z. B. bei dünn besetzten Koeffizientenmatrizen) eine exponentielle Überlegenheit beim Berechnungsaufwand erreichen kann [82].

Schon in der klassischen Informatik können beim Lösen linearer Gleichungssysteme Probleme auftreten. Zum Beispiel können zwei der Gleichungen linear voneinander abhängig sein, oder eine der Gleichungen lässt sich als Linearkombination der übrigen Gleichungen ausdrücken. Dann ist das Gleichungssystem unterbestimmt und wird als *singulär* bezeichnet. Es kann auch der Fall eintreten, dass die lineare Abhängigkeit der Gleichungen nicht exakt, sondern nur näherungsweise gegeben ist. Dann spricht man von einem *schlecht konditionierten* Problem. Die *Konditionszahl* einer Matrix ist das Verhältnis vom größten zum kleinsten ihrer Eigenwerte. Schlecht konditionierte Probleme haben eine große Konditionszahl. Es gibt spezielle numerische Algorithmen wie die Singulärwertzerlegung, um mit schlecht konditionierten Problemen umzugehen. Der HHL-Algorithmus hat bei schlecht konditionierten Problemen eine geringere Lösewahrscheinlichkeit und verliert daher seine Vorteile.

Für die folgende Diskussion setzen wir auch voraus, dass die Matrix A hermitesch ist. Es gibt Möglichkeiten den Algorithmus auch auf allgemeinere Matrizen auszudehnen. Wir verweisen dazu auf die weiterführende Literatur, z. B. [83, 84]. Schließlich nehmen wir an, dass die Matrix A dünn besetzt ist. Für das Funktionieren des HHL-Algorithmus ist dies zwar nicht prinzipiell wesentlich, aber der Überlegenheit verglichen mit klassischen Algorithmen ist in diesem Fall größer.

Prinzip des HHL-Algorithmus

Schauen wir uns zunächst die generelle Funktionsweise des HHL-Algorithmus an, bevor wir ins Detail gehen. Der Unterschied zu klassischen Algorithmen beginnt schon bei der Codierung der Daten. Statt eines klassischen Vektors $\vec{x}$ mit N Bits wird ein Quantenzustand $|x\rangle$ mit N Qubits verwendet. Der Vektor $\vec{b}$ auf der rechten Seite wird ebenfalls durch einen N-Qubit-Zustand $|b\rangle$ dargestellt. Er wird als Input benötigt und muss entsprechend präpariert werden. Das zu lösende Problem lautet somit:

$$A\,|x\rangle = |b\rangle \quad \text{bzw.} \quad |x\rangle = A^{-1}\,|b\rangle\,. \tag{6.124}$$

Die Quantenversion (6.124) unterscheidet sich in verschiedener Hinsicht von der klassischen Problemstellung:

1. Die Zustandsvektoren $|x\rangle$ und $|b\rangle$ sind grundsätzlich normiert. Es kann also nur eine entsprechend reskalierte Version des ursprünglichen Problems behandelt werden.

2. Das Ergebnis des Algorithmus ist ein Lösungszustand $|x\rangle$. Er enthält die Komponenten des Lösungsvektors als Wahrscheinlichkeitsamplituden. Damit unterscheidet sich der Quantenalgorithmus fundamental von seinen klassischen Pendants, bei denen der Lösungsvektor direkt auslesbar als klassisches Bitmuster in einem Ausgangsregister zur Verfügung steht.

   Es kommt hier wieder die inzwischen schon bekannte Eigenart von Quantenalgorithmen zum Vorschein: Die Lösung des Problems lässt sich nicht unmittelbar auslesen, weil man die Amplituden des Lösungszustand durch eine einzelne Messung nicht bestimmen kann. Der HHL-Algorithmus kann also nur für solche Fragestellungen von Vorteil sein, bei denen der Zustand $|x\rangle$ nicht direkt benötigt, sondern für andere Berechnungen weiterverwendet wird, etwa für Wahrscheinlichkeiten $|\langle j|x\rangle|^2$ oder Erwartungswerte $\langle x|M|x\rangle$.

Die hermitesche Matrix A hat N Eigenwerte λ_j und Eigenvektoren $|u_j\rangle$, für die die Eigenwertgleichung gilt:

$$A\,|u_j\rangle = \lambda_j\,|u_j\rangle\,. \tag{6.125}$$

Damit lässt sich A gemäß Gl. (3.61) wie folgt schreiben:

$$A = \sum_{j=1}^{N} \lambda_j\,|u_j\rangle\,\langle u_j|\,. \tag{6.126}$$

Bei einer konkreten Berechnung kennen wir die λ_j und $|u_j\rangle$ nicht, und wir werden sie im Verlauf der Rechnung auch niemals erfahren. Um aber den Ablauf des HHL-Algorithmus zu verstehen, müssen wir die Matrix A in der Darstellung (6.126) ausdrücken, in der sie Diagonalgestalt hat. In dieser Darstellung ist sie nämlich ganz einfach zu invertieren. Das Invertieren einer diagonalen Matrix geschieht nämlich ganz einfach durch Invertieren der Diagonalelemente:

$$A = \begin{pmatrix} \lambda_1 & & & \\ & \lambda_2 & & \\ & & \ddots & \\ & & & \lambda_N \end{pmatrix} \quad\Rightarrow\quad A^{-1} = \begin{pmatrix} \lambda_1^{-1} & & & \\ & \lambda_2^{-1} & & \\ & & \ddots & \\ & & & \lambda_N^{-1} \end{pmatrix}\,. \tag{6.127}$$

Formal ausgedrückt ist das Inverse von A also:

$$A^{-1} = \sum_{j} \frac{1}{\lambda_j}\,|u_j\rangle\,\langle u_j|\,. \tag{6.128}$$

Unser Problem $|x\rangle = A^{-1}\,|b\rangle$ lässt sich durch Einsetzen von A^{-1} wie folgt lösen:

$$|x\rangle = \sum_{j} \frac{1}{\lambda_j}\,|u_j\rangle\,\langle u_j|b\rangle \tag{6.129}$$

und mit $b_j = \langle u_j|b\rangle$:

$$|x\rangle = \sum_{j} \frac{b_j}{\lambda_j}\,|u_j\rangle\,. \tag{6.130}$$

1	1	0	1	0	b_1	b_2	b_3	b_4	b_5	b_6	0

Register 1: Eigen-   Register 2:   Ancilla-
werte λ_j binär codiert   Vektor $|b\rangle$ Qubit

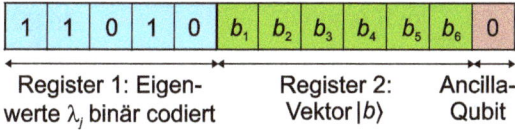

Abb. 6.30: Quantenregister beim HHL-Algorithmus. Die Einträge dienen zur Verdeutlichung; die Qubits befinden sich im Allgemeinen in Überlagerungszuständen.

Damit haben wir eine formale Lösung gewonnen, die uns allerdings ohne Kenntnis der λ_j und $|u_j\rangle$ nichts nützt. Hier setzt nun der HHL-Algorithmus an, der die λ_j mit Hilfe der Quantum Phase Estimation ermittelt und in ein Quantenregister schreibt. Dort müssen sie numerisch invertiert werden, um so den Lösungszustand $|x\rangle$ zu präparieren. Das ist die Grundidee des Algorithmus, die er in der konkreten Umsetzung weniger durch Eleganz als durch moderate Gewaltanwendung bewältigt.

Quantenregister
Für den HHL-Algorithmus werden die folgenden Quantenregister benötigt:
1. Die Eigenwerte λ_j werden mit Hilfe der Quantum Phase Estimation ermittelt. Das erste Quantenregister nimmt die Eigenwerte in „digitaler", also binär codierter Form auf (Abb. 6.30). Der Umfang dieses Registers bemisst sich wie in Gl. (6.104) nach der gewünschten Zahl m der Stellen, also der angestrebten Genauigkeit.
2. Das zweite Quantenregister enthält $|b\rangle$ als Anfangszustand und später $|x\rangle$ als Ergebnis in „analoger" Form, d. h. als Amplituden in der Berechnungsbasis. Dazu sind N Qubits nötig.
3. Schließlich wird für den Algorithmus noch ein einzelnes Ancilla-Qubit gebraucht.

Ablauf des HHL-Algorithmus
Wir gehen den Ablauf des Algorithmus Schritt für Schritt durch:
1. *Schritt 1: Initialisierung*
    Im Anfangszustand werden das erste Quantenregister und das Ancilla-Qubit in den Zustand $|0\rangle$ gebracht. Im zweiten Quantenregister wird der Zustand $|b\rangle$ präpariert. Diese Aufgabe erfordert bereits eine Anzahl von Quantenoperationen, auf die wir hier aber nicht eingehen. Der Anfangszustand ist also:

$$|\psi_0\rangle = |0\rangle\,|b\rangle\,|0\rangle_a. \tag{6.131}$$

Das mit dem Index a gekennzeichnete Ancilla-Qubit wird erst im dritten Schritt benötigt. Um die Formeln übersichtlicher zu halten, lassen wir es zunächst weg. Wir schreiben $|b\rangle = \sum b_j |u_j\rangle$ und drücken so den Anfangszustand formal durch die Eigenzustände $|u_j\rangle$ aus:

$$|\psi_0\rangle = \sum_j |0\rangle \, b_j \, |u_j\rangle \, . \tag{6.132}$$

2. *Schritt 2: Quantum Phase Estimation*

   Mit Hilfe der Quantum Phase Estimation (QPE) sollen die Eigenwerte λ_j in das erste Quantenregister geschrieben werden. Dazu betrachten wir den Operator $U = e^{iAt}$. Da wir A als hermitesch vorausgesetzt haben, ist U unitär, wie es für die QPE nötig ist. Nach der Eigenwertgleichung ist:

$$e^{iAt} \, |u_j\rangle = e^{i\lambda_j t} \, |u_j\rangle \, . \tag{6.133}$$

Die QPE setzt Werte zwischen 0 und 1 für die Phase voraus. Deshalb wählen wir die Konstante t so, dass sie die binäre Darstellung von λ_j um m Stellen in den Nachkommabereich verschiebt (m = Größe des ersten Quantenregisters). Mit dem außerdem noch fehlenden Faktor 2π ergibt sich $t = 2\pi/2^m$. Mit diesen Parametern schreibt die QPE eine m-Bit-Näherung von λ_j ins erste Quantenregister. Nach der QPE lautet der Zustand des Systems:

$$|\psi_1\rangle = \text{QPE}(e^{iAt}) \, |\psi_0\rangle = \sum_j |\lambda_j\rangle \, b_j \, |u_j\rangle \, . \tag{6.134}$$

Der Zustand weist bereits eine gewisse Ähnlichkeit mit dem angestrebten Endzustand (6.130) auf. Der Wert von λ_j steht für jeden Term der Summe binär codiert im ersten Quantenregister. Aus ihm muss nun der Faktor $\frac{1}{\lambda_j}$ generiert werden. Dieses Problem löst der HHL-Algorithmus, wie schon erwähnt, auf etwas gewaltsame Art.

3. *Schritt 3: Kontrollierte Rotation am Ancilla-Qubit*

   Wir benötigen nun das Ancilla-Qubit. Es ist immer noch im Zustand $|0\rangle_a$, so dass der Gesamtzustand wie folgt lautet:

$$|\psi_1\rangle = \sum_j b_j \, |\lambda_j\rangle \, |u_j\rangle \, |0\rangle_a. \tag{6.135}$$

Auf das Ancilla-Qubit wird nun eine unitäre Operation angewandt, die durch den Zustand des ersten Quantenregisters kontrolliert wird. Sie hängt dadurch von λ_j ab:

$$|\psi_2\rangle = \sum_j b_j \, |\lambda_j\rangle \, |u_j\rangle \, (\alpha(\lambda_j)|0\rangle_a + \beta(\lambda_j)|1\rangle_a), \tag{6.136}$$

mit $|\alpha|^2 + |\beta|^2 = 1$. Die Transformation wird so gewählt, dass

$$\beta(\lambda_j) \sim \frac{1}{\lambda_j},$$

um uns dem gewünschten Zustand (6.130) zu nähern. Die Transformation wird durch kontrollierte R_y-Gatter erreicht. Wir werden im folgenden Beispiel näher auf die konkrete Implementation eingehen. Nehmen wir an, wir haben $\beta(\lambda_j) = C/\lambda_j$ realisiert, wobei C eine Konstante ist, die im Voraus festgelegt werden muss. Sie muss so groß wie möglich, aber kleiner als der kleinste Eigenwert sein, denn ansonsten ist $\alpha(\lambda_j) = \sqrt{1 - \frac{C^2}{\lambda_j^2}}$ undefiniert.

4. *Schritt 4: Inverse QPE*
   Nun, da wir den Wert von λ_j aus dem ersten Quantenregister für die kontrollierte Rotation genutzt haben, können wir die QPE wieder rückgängig machen. Die inverse QPE bewirkt $|\lambda_j\rangle |u_j\rangle \rightarrow |0\rangle |u_j\rangle$, und der resultierende Zustand des Systems ist:

$$|\psi_3\rangle = \sum_j b_j |0\rangle |u_j\rangle \, (\alpha(\lambda_j)|0\rangle_a + \beta(\lambda_j)|1\rangle_a). \tag{6.137}$$

5. *Schritt 5: Messung am Ancilla-Qubit und Postselection*
   Nun führt man eine Messung am Ancilla-Qubit durch und hofft, dass das Ergebnis 1 ist. Ansonsten ist die Berechnung gescheitert und muss wiederholt werden. Der auf den Ancilla-Zustand $|1\rangle_a$ reduzierte („post-selektierte") Zustand lautet

$$|\psi_{3,\text{red}}\rangle = \sum_j b_j \beta(\lambda_j) |0\rangle |u_j\rangle\,, \tag{6.138}$$

und wenn wir $\beta(\lambda_j) = C/\lambda_j$ einsetzen, ergibt sich für das erste Quantenregister der gesuchte Endzustand $|x\rangle$ aus Gl. (6.130):

$$|\psi_{3,\text{red}}\rangle \sim \sum_j \frac{b_j}{\lambda_j} |u_j\rangle\,. \tag{6.139}$$

Damit ist das Problem gelöst und die Lösung des linearen Gleichungssystems als Endzustand $|x\rangle$ im ersten Quantenregister präpariert.

Einige Bemerkungen zum HHL-Algorithmus:

1. Zur Ausführung des Algorithmus muss die Operation e^{iAt} durch Gatteroperationen realisiert werden. Darauf wurde im Text nicht näher eingegangen ist, weil ein wichtiger Bereich des Quantencomputing, der unter dem Schlagwort *Hamiltonian Simulation* bekannt ist, sich genau mit diesem Problem beschäftigt. Operatoren dieser Form beschreiben die Zeitentwicklung von Quantensystemen und werden deshalb im Bereich der Quantensimulation intensiv untersucht.

2. Eingangs wurde als eine Erfolgsbedingung für den HHL-Algorithmus genannt, dass die Matrix A dünn besetzt sein sollte. Der Algorithmus selbst funktioniert auch dann, wenn diese Bedingung nicht erfüllt ist. Für dünn besetzte Matrizen lässt sich die Hamiltonian Simulation aber effizienter implementieren. Der Vorteil des Quantenalgorithmus gegenüber den effizientesten klassischen Algorithmen fällt größer aus, wenn die betrachteten Matrizen dünn besetzt sind.

3. Die zweite Erfolgsbedingung für den HHL-Algorithmus ist, dass die Matrix A nicht schlecht konditioniert sein darf. Sie lässt sich folgendermaßen begründen: Der Erfolg für den Algorithmus

wird durch die Wahrscheinlichkeit bestimmt, bei der Messung am Ancilla-Qubit eine 1 zu finden, also durch den Wert von $\beta(\lambda_j) = C/\lambda_j$. Daher ist es vorteilhaft, den Wert von C so groß wie möglich zu wählen. Andererseits darf C nicht größer als der kleinste Eigenwert sein. Wenn die Matrix A schlecht konditioniert ist, also eine große Konditionszahl hat, unterscheiden sich der größte und der kleinste Eigenwert stark. Dadurch sinkt die Wahrscheinlichkeit, bei der Messung eine 1 zu finden, weil dann C/λ_j für einige λ_j notwendigerweise klein ist. Damit sinkt auch die Erfolgswahrscheinlichkeit des HHL-Algorithmus. Im allgemeinen sind die Eigenwerte von A im Voraus nicht bekannt, aber es gibt Möglichkeiten, sie abzuschätzen (Courant-Fischer-Theorem).

---

i   *Beispielaufgabe:* Stellen Sie den Ablauf des HHL-Algorithmus explizit für die folgende Matrix dar:

$$A = \frac{1}{2} \begin{pmatrix} 3 & 1 \\ 1 & 3 \end{pmatrix}. \tag{6.140}$$

Lösung: Diese Matrix wurde in der (neben [85]) ersten experimentellen Realisierung des HHL-Algorithmus zugrundegelegt [86]. Sie hat den Vorteil, dass sie „glatte" Eigenwerte hat, die sich in zwei Qubits ohne Rundungsfehler codieren lassen. Ihre Eigenwerte und Eigenvektoren sind:

$$\lambda_1 = 2 \quad \text{mit } |u_1\rangle = \frac{1}{\sqrt{2}} \begin{pmatrix} 1 \\ 1 \end{pmatrix} = \frac{1}{\sqrt{2}}(|0\rangle + |1\rangle),$$

$$\lambda_2 = 1 \quad \text{mit } |u_2\rangle = \frac{1}{\sqrt{2}} \begin{pmatrix} 1 \\ -1 \end{pmatrix} = \frac{1}{\sqrt{2}}(|0\rangle - |1\rangle). \tag{6.141}$$

1. *Schritt 1: Initialisierung*

   Das erste Quantenregister und das Ancilla-Qubit werden in den Zustand $|0\rangle$ gebracht; im zweiten Quantenregister wird der Zustand $|b\rangle = (b_1|u_1\rangle + b_2|u-2\rangle)$ präpariert. Die Komponenten b_1 und b_2 können wir offen lassen. Der Anfangszustand ist somit:

$$|\psi_0\rangle = |0\rangle (b_1|u_1\rangle + b_2|u2\rangle)|0\rangle_a. \tag{6.142}$$

2. *Schritt 2: Quantum Phase Estimation*

$$|\psi_1\rangle = [\underbrace{|10\rangle}_{=2} b_1|u_1\rangle + \underbrace{|01\rangle}_{=1} b_2|u2\rangle]|0\rangle_a. \tag{6.143}$$

3. *Schritt 3: Kontrollierte Rotation am Ancilla-Qubit*

   Nun muss das Ancilla-Qubit so gedreht werden, dass $\beta(\lambda_j) = C/\lambda_j$. Dazu wird das R_y-Gatter verwendet, das wie folgt auf den Zustand $|0\rangle_a$ wirkt:

$$R_y(\theta)|0\rangle_a = \cos\frac{\theta}{2}|0\rangle_a + \sin\frac{\theta}{2}|1\rangle_a. \tag{6.144}$$

Der Rotationswinkel des R_y-Gatters muss also so gewählt werden, dass $\sin\frac{\theta}{2} = \frac{C}{\lambda_j}$. Während der Rechnung muss also λ_j aus dem ersten Quantenregister ausgelesen, daraus der Winkel θ berechnet und an das R_y-Gatter übergeben werden. Das muss kohärent geschehen, also ohne Messung am ersten Quantenregister, nur mit Hilfe von Quantenoperationen. Das ist im Prinzip möglich, aber aufwändig. In den bisherigen experimentellen Realisierungen des HHL-Algorithmus wurden die Werte von θ immer im Voraus bestimmt. In unserem Fall sind es:

$$\lambda_1 = 2 \Rightarrow \frac{1}{\lambda_1} = \frac{1}{2} \Rightarrow \sin\frac{\theta_1}{2} = \frac{1}{2} \Rightarrow \theta_1 = \frac{\pi}{3},$$

$$\lambda_2 = 1 \Rightarrow \frac{1}{\lambda_2} = 1 \Rightarrow \sin\frac{\theta_2}{2} = 1 \Rightarrow \theta_2 = \pi.$$

Nur für unser spezielles Beispiel lässt sich die Transformation also folgendermaßen durchführen: (a) eine durch das zweite Qubit des ersten Registers kontrollierte CR_y-Operation mit $\theta = \pi$ und (b) eine durch das erste Qubit kontrollierte CR_y-Operation mit $\theta = \pi/3$. Wenn wir $C = 1$ wählen, lautet der Zustand nun wie folgt:

$$|\psi_2\rangle = b_1 |10\rangle |u_1\rangle \left(\cos\frac{\pi}{6}|0\rangle_a + \underbrace{\sin\frac{\pi}{6}|1\rangle_a}_{=1/2} \right) + b_2 |01\rangle |u2\rangle \left(\cos\frac{\pi}{2}|0\rangle_a + \underbrace{\sin\frac{\pi}{2}|1\rangle_a}_{=1} \right).$$

4. *Schritt 4: Inverse QPE*
   Sie entfernt die Eigenwerte wieder aus dem ersten Quantenregister:

$$|\psi_3\rangle = b_1 |00\rangle |u_1\rangle \left(\cos\frac{\pi}{6}|0\rangle_a + \sin\frac{\pi}{6}|1\rangle_a \right) + b_2 |00\rangle |u2\rangle \left(\cos\frac{\pi}{2}|0\rangle_a + \sin\frac{\pi}{2}|1\rangle_a \right).$$

5. *Schritt 5: Messung am Ancilla-Qubit und Postselection*
   Im Fall, dass die Messung am Ancilla-Qubit den Wert 1 ergibt, lautet der post-selektierte Zustand des restlichen Systems

$$|\psi_{3,\text{red}}\rangle = |00\rangle \left(\frac{b_1}{2}|u_1\rangle + \frac{b_2}{1}|u_2\rangle \right),$$

und das lässt sich auch schreiben als $|00\rangle |x\rangle$. Im zweiten Quantenregister hat der Algorithmus also den gesuchten Lösungszustand $|x\rangle$ präpariert.

6.9 Quantenfehlerkorrektur

Jeder der zuvor behandelten Quantenalgorithmen – Grover, Shor und HHL – löst eine spezifische Klasse von Problemen mit einer jeweils eigenen Grundidee, die die Prinzipien der Quantenphysik auf unterschiedliche Weise ausnutzt. Ihnen gemeinsam ist, dass sie von idealen Bedingungen ausgehen und uneingeschränkt Gebrauch von Ressourcen wie Überlagerungszuständen oder Verschränkung machen, die die Quantenphysik zur Verfügung stellt. Diese idealen Bedingungen entsprechen jedoch nicht der Realität von heute. Die derzeitigen Quantencomputer sind noch stark anfällig für Dekohärenz (man spricht meist kurz von Rauschen). Speziell die fragilen verschränkten Zustände von mehreren Qubits sind experimentell schwierig zu realisieren und aufrechtzuerhalten.

Die derzeitige Phase in der Entwicklung der Quantencomputer wird als *NISQ-Ära* bezeichnet, als die Ära der *„Noisy Intermediate-Scale Quantum Computers"*. Sie sind dadurch gekennzeichnet, dass die klassischen Quantenalgorithmen noch nicht sinnvoll damit implementierbar sind. Selbst wenn die nominelle Qubit-Zahl für die Implementierung des Grover- oder Shor-Algorithmus vorhanden wäre, könnte man das

Resultat aufgrund des starken Rauschens von einem Zufallsergebnis nicht unterscheiden.

Zwei Ansätze werden zum Umgang mit der Rauschproblematik verfolgt: (1) die *Quantenfehlerkorrektur*, bei der mehrere physikalische Qubits zu einem logischen Qubit kombiniert werden, um die Quanteninformation in robusterer Weise zu speichern, und (2) der Ansatz der *NISQ-Algorithmen*, bei der gezielt solche Algorithmen eingesetzt werden, die weniger anfällig gegen Dekohärenz sind. Wir werden im Folgenden jeweils ein Realisierungsbeispiel besprechen. Während die NISQ-Algorithmen als Übergangstechnologie angesehen wird, die mit dem Aufkommen besserer Quantencomputer von mächtigeren Quantenalgorithmen abgelöst werden sollte, wird die Quantenfehlerkorrektur ein bleibender Bestandteil jedes Quantencomputers sein, da die Unterdrückung von Dekohärenz immer notwendig sein wird.

Voraussetzungen der Quantenfehlerkorrektur

Wir betrachten Qubits in einem Quantencomputer, die aufgrund ihrer physikalischen Implementierung verschiedenen Dekohärenzmechanismen (Rauschquellen) ausgesetzt sind. Wie in der klassischen Informationsverarbeitung lassen sich Fehler durch Redundanz korrigieren. Man codiert die Quanteninformation in eine größere Zahl von Qubits als eigentlich notwendig. Dann versucht man, durch verschiedene Tests zu diagnostizieren, ob Fehler aufgetreten sind und wenn ja welche. Wird ein Fehler gefunden, kann man ihn unter Umständen korrigieren. Für klassische Bits ist das ein Routineverfahren, aber für Qubits ist es wesentlich schwieriger. Wir erinnern uns: Der Zustand lässt sich nicht durch eine Messung auslesen, ohne Überlagerungszustände zu zerstören, und wegen des No-Cloning-Theorems kann man auch keine Kopie eines unbekannten Quantenzustands herstellen. Es müssen subtilere Verfahren zum Einsatz kommen.

Um die Quantenfehlerkorrektur erfolgreich durchzuführen, braucht man zunächst ein Modell der möglichen Fehler. Der allgemeinste mögliche Fehler bei Qubit-Zuständen lässt sich als Kombination aus unerwünschter Wechselwirkung der Qubits mit der Umgebung (wie bei der Diskussion der Dekohärenz in Abschnitt 3.10) und unerwünschten internen Zustandsänderungen der Qubits modellieren. Jedes Quantenfehlerkorrekturverfahren befasst sich mit einer speziellen, möglichst großen Untermenge dieses allgemeinen Falls und versucht, innerhalb eines konkreten Fehlermodells effiziente Verfahren zur Korrektur des jeweiligen Fehlertyps zu liefern.

Wir betrachten im Folgenden ein sehr einfaches Beispiel, das auf Steane [87] zurückgeht. Das Fehlermodell sieht nur eine einzige Art von Fehler vor: Mit einer gewissen Wahrscheinlichkeit p wird der Wert genau eines Qubits „geflippt", d.h. aus einer $|0\rangle$ wird eine $|1\rangle$ und umgekehrt (auch in Überlagerungszuständen). Der Fehler hat also die gleiche Wirkung wie die Anwendung des Pauli-X-Gatters. Ein solcher Bit-Flip ist in der Realität keineswegs die häufigste Art von Fehler (das sind unkontrollierte Phasenänderungen und die Zerstörung von Kohärenz, d.h. von Überlagerung und Verschränkung), aber das Verfahren zur Korrektur dieses Fehlers ist besonders transparent und einfach zu verstehen.

Codierung und Fehlerdetektion

Der logische Zustand, der zu codieren ist, soll der allgemeine Überlagerungszustand eines einzelnen Qubits sein:

$$|\psi\rangle = a\,|0\rangle + b\,|1\rangle\,. \tag{6.145}$$

Dieser logische Zustand wird in drei physikalische Qubits q_0, q_1, q_2 codiert, die die Information redundant enthalten:

$$|\psi\rangle = a\,|000\rangle + b\,|111\rangle\,. \tag{6.146}$$

Die Präparation eines solchen Zustands ist kein Verstoß gegen das No-Cloning-Theorem, denn es wird ja kein vorher unbekannter Zustand geklont, sondern ein vorher festgelegter Zustand präpariert.

Dieses System aus drei Qubits lassen wir nun mit der Rauschquelle wechselwirken. Mit der Wahrscheinlichkeit $1 - p$ tritt kein Fehler auf und das System bleibt im Zustand (6.146). Mit der Wahrscheinlichkeit p wird eines der drei Qubits geflippt. In der Realität gäbe es auch eine (kleinere) Wahrscheinlichkeit, dass zwei oder alle drei Qubits betroffen wären. In unserem Modell lassen wir diese Möglichkeit aber außer Acht. Der Zustand des Systems nach Einwirken der Rauschquelle ist somit:

$$
\begin{aligned}
|\psi\rangle &= a\,|000\rangle + b\,|111\rangle \quad \text{oder} \\
|\psi\rangle &= a\,|100\rangle + b\,|011\rangle \quad \text{oder} \\
|\psi\rangle &= a\,|010\rangle + b\,|101\rangle \quad \text{oder} \\
|\psi\rangle &= a\,|001\rangle + b\,|110\rangle\,.
\end{aligned}
\tag{6.147}
$$

Mit „oder" soll angedeutet werden, dass der Zustand des Systems eine Überlagerung aus allen vier Möglichkeiten ist. Da wir am Ende eine Messung mit entsprechender Zustandsreduktion durchführen werden, ist hier die Überlagerung allerdings nicht relevant, und wir können die vier Möglichkeiten wie klassische Alternativen behandeln.

Um zu diagnostizieren, ob ein Qubit-Flip aufgetreten ist (und wenn ja, an welchem der drei Qubits), setzen wir noch zwei zusätzliche Ancilla-Qubits a_0 und a_1 ein, die zu Beginn in den Zustand $|00\rangle$ gebracht werden. In diese Ancilla-Qubits schreiben wir die Ergebnisse von paarweisen Vergleichen zwischen den Qubits q_0 und q_1 bzw. q_0 und q_2. Ziel ist es, durch zwei paarweise Vergleiche festzustellen, welches der Qubits von den anderen beiden abweicht, um dieses dann gezielt zu korrigieren.

Wir haben schon in der Beispielaufgabe auf S. 176 gesehen, dass man zwei Qubits mit Hilfe zweier CNOT-Gatter vergleichen kann (Abb. 6.15). Stimmen sie überein,

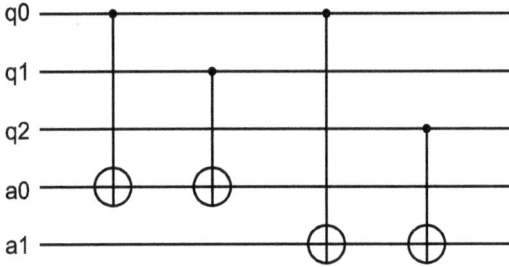

Abb. 6.31: Diagnose von Qubit-Flip-Fehlern mit vier CNOT-Gattern.

ist das Ancilla-Qubit anschließend im Zustand $|0\rangle$, ansonsten im Zustand $|1\rangle$. Für die beiden paarweisen Vergleiche müssen also insgesamt vier CNOT-Operationen durchgeführt werden, die in Abb. 6.31 gezeigt sind. Der Zustand des Gesamtsystems ist anschließend:

$$|\psi\rangle = (a\,|000\rangle + b\,|111\rangle))\,|00\rangle \quad \text{oder}$$
$$|\psi\rangle = (a\,|100\rangle + b\,|011\rangle))|11\rangle \quad \text{oder}$$
$$|\psi\rangle = (a\,|010\rangle + b\,|101\rangle))|10\rangle \quad \text{oder}$$
$$|\psi\rangle = (a\,|001\rangle + b\,|110\rangle))\,|01\rangle\,, \tag{6.148}$$

wobei die Zustände hinter den Klammern die beiden Ancilla-Qubits repräsentieren.

Beispielaufgabe: Prüfen Sie das Ergebnis aus Gl. (6.148) für den Zustand in der dritten Zeile nach.

Lösung: Auf den Anfangszustand

$$|\psi_0\rangle = a\,|010\rangle\,|00\rangle + b\,|101\rangle\,|00\rangle \tag{6.149}$$

werden der Reihe nach die vier CNOT-Operationen angewendet. Zur Erinnerung: Das CNOT-Gatter invertiert das Ziel-Qubit für diejenigen Zustandskomponenten, in denen das Control-Qubit den Wert 1 hat. Der Reihe nach ergibt sich:

$$\text{CNOT}_{(q_0,a_0)}: \quad |\psi_1\rangle = a\,|\underline{0}10\rangle\,|\underline{0}0\rangle + b\,|\underline{1}01\rangle\,|\underline{1}0\rangle\,, \tag{6.150}$$
$$\text{CNOT}_{(q_1,a_0)}: \quad |\psi_2\rangle = a\,|0\underline{1}0\rangle\,|\underline{1}0\rangle + b\,|1\underline{0}1\rangle\,|\underline{1}0\rangle\,, \tag{6.151}$$
$$\text{CNOT}_{(q_0,a_1)}: \quad |\psi_3\rangle = a\,|\underline{0}10\rangle\,|1\underline{0}\rangle + b\,|\underline{1}01\rangle\,|1\underline{1}\rangle\,, \tag{6.152}$$
$$\text{CNOT}_{(q_2,a_1)}: \quad |\psi_4\rangle = a\,|01\underline{0}\rangle\,|1\underline{0}\rangle + b\,|10\underline{1}\rangle\,|1\underline{0}\rangle\,. \tag{6.153}$$

Nach Anwendung der vier CNOT-Gatter ergibt sich also insgesamt der Endzustand aus der dritten Zeile von Gl. (6.148).

Die beiden paarweisen Vergleiche haben ihr Ziel erreicht: In Gl. (6.148) ist jedem der vier möglichen Qubit-Zustände ein eindeutiger Zustand der beiden Ancilla-Qubits zugeordnet. Man führt nun eine Messung der beiden Ancilla-Qubits durch, und es ergibt sich eine der vier Alternativen. Wenn die Messung zum Beispiel den Wert „10" ergibt, zeigt dies an, dass das zweite Qubit q_1 von einem Fehler betroffen ist (dritte Zeile in Gl. (6.148)). Ohne dieses Qubit selbst zu messen und ohne den Überlagerungszustand zu zerstören, kann man nun gezielt ein Pauli-X-Gatter darauf anwenden und den Fehler dadurch korrigieren. Qubits, die – wie die beiden Ancilla-Qubits hier – die Art und den Ort eines Fehlers anzeigen, werden in der Quantenfehlerkorrektur als *Syndrom-Qubits* bezeichnet.

Fortgeschrittene Verfahren zur Quantenfehlerkorrektur
Die Quantenfehlerkorrektur ist ein weit entwickeltes Forschungsgebiet, das zumeist von hohem mathematischen Anspruch geprägt ist, weil es Fehler quantifizieren muss. Wir geben daher nur einen Überblick über die Grundzüge der Verfahren. An unserem einfachen Beispiel können wir schon einige davon ablesen:

1. Zur Diagnose und Korrektur von Fehlern wird der Zustandsraum durch die Kombination mehrerer physikalischer Qubits zu einem logischen Qubit erweitert. Die Hochdimensionalität quantenmechanischer Zustandsräume wird auf intelligentere Weise als im Beispiel genutzt, um Information möglichst robust und redundant zu kodieren.
2. Zur Diagnose von Fehlern werden Messungen durchgeführt, die die entscheidenden Überlagerungen nicht zerstören. Solche Messungen heißen *Stabilizer-Messungen*, weil sie das logische Qubit intakt lassen und bei der Detektion von Fehlern helfen. Stabilizer-Messungen lassen sich meist als Produkte von Pauli-Operatoren schreiben, die auf verschiedene Qubits wirken und Eigenwerte ± 1 haben (Fehler/kein Fehler). Zu jedem Quantenfehlerkorrekturverfahren gehört ein ganzer Satz von Stabilizer-Messungen, die alle miteinander kommutieren müssen, um sich nicht gegenseitig zu stören. Ihre Konstruktion erfolgt meist mit gruppentheoretischen Methoden.
3. Die Ergebnisse der Stabilizer-Messungen liefern das Syndrom, das Hinweise auf die Art und den Ort des aufgetretenen Fehlers gibt. Entsprechend können dann Maßnahmen zur Korrektur des aufgetretenen Fehlers getroffen werden.

In vielen praktischen Quantencomputer-Realisierungen kann ein Qubit nur mit einigen wenigen nächsten Nachbarn wechselwirken. Das ist insbesondere bei supraleitenden Qubits der Fall, wo jedes Qubit einen festen Platz auf dem Chip und fest verdrahtete Verbindungen zu seinen Nachbarn hat (vgl. Abb. 1.2 auf S. 4). Deshalb werden Implementationen von logischen Qubits bevorzugt, die nur auf der Wechselwirkung nächster Nachbarn beruhen. Häufig verwendete Verfahren sind der *Surface Code* oder *Color Codes*, die auf verschiedenen geometrischen Anordnungen von Qubits auf einem abstrakten Gitter beruhen.

Die sinnvolle Implementation von Quantenalgorithmen wird möglich, wenn es gelingt, auftretende Fehler schneller zu korrigieren, als sie entstehen. Dass dies mit den Mitteln der Quantenfehlerkorrektur prinzipiell gelingen kann, ist der Inhalt des *Quantum-Threshold-Theorems*. Ein allgemein angestrebtes Ziel ist eine Fehlerrate von weniger als 1% für jede Operation. Mit den verschiedenen Hardware-Implementationen von Quantencomputern ist dieses Ziel unterschiedlich schwer zu erreichen: Supraleitende Qubits rauschen zum Beispiel inhärent stärker als Qubits auf der Basis von gefangenen Ionen.

Doch auch unterhalb der Schwelle zahlt sich jede hardwareseitig erreichbare Reduktion des Rauschens aus: Je höher die Fehlerrate, desto mehr physikalische Qubits müssen zur Realisierung eines fehlerkorrigierten logischen Qubits genutzt werden. Ihre Anzahl steigt mit zunehmender Fehlerrate sehr schnell an und kann leicht einige Hundert oder Tausend betragen. Unter anderem wegen dieser starken Abhängigkeit von der Fehlerrate ist es problematisch, verschiedene Quantencomputer-Realisierungen allein im Hinblick auf die Zahl ihrer physikalischen Qubits zu vergleichen.

6.10 NISQ-Algorithmen

Die heute verfügbaren Quantencomputer müssen bislang noch ohne Quantenfehlerkorrektur auskommen und rauschen deshalb stark. Die „klassischen" Quantenalgorithmen sind daher auf ihnen nicht sinnvoll ausführbar. Man hat daher nach *NISQ-Algorithmen* gesucht, deren Ergebnis unempfindlich gegen ein gewisses Maß von Rauschen ist [88]. NISQ-Algorithmen müssen so beschaffen sein, dass die durch Rauschen verursachten Fehler die Funktion des Algorithmus nicht ganz zum Erliegen bringen, sondern sich nur in tolerierbaren Ungenauigkeiten im Ergebnis äußern. Typische NISQ-Algorithmen verfolgen einen hybriden Ansatz, bei dem ein Quantencomputer mit einem leistungsfähigen klassischen Computer gekoppelt wird. Der Quantencomputer führt den Teil des Algorithmus aus, der Gebrauch vom großen Zustandsraum macht, den die Qubits aufspannen, während der Rest der Berechnung vom klassischen Computer durchgeführt wird.

NISQ-Optimierungsalgorithmen

Die am häufigsten betrachteten NISQ-Algorithmen sind Optimierungsalgorithmen. Ausgangspunkt sind die seit langem etablierten Variationsprinzipien in der Atomphysik und Quantenchemie. Um den stabilen Zustand eines (möglicherweise komplexen) Moleküls zu ermitteln, macht man einen Ansatz für die Elektronenverteilung, der von einigen Parametern abhängt und variiert diese Parameter, bis man ein Minimum der Energie gefunden hat. Das Ergebnis ist eine Näherung für den Grundzustand, die stabile Konfiguration des Moleküls.

Flug	0	1	2	3	4	5	6	7	8	9	...	n
Route 0	■		■				■					
Route 1								■				
Route 2				■								
Route 3					■				■			
...												
Route n			■			■				■		

Abb. 6.32: Tail-Assignment-Problem: Verschiedene Flüge müssen möglichst effektiv zu Routen zusammengesetzt werden. Rosa gefärbte Zellen entsprechen einer 1, weiße einer 0.

Eine direkte Umsetzung dieser Idee ist der *Variational Quantum Eigensolver* (VQE): Der klassisch rechenaufwändige Schritt der Energieberechnung für den jeweiligen Zustand wird vom Quantencomputer durchgeführt, während für die Optimierung selbst auf einem klassischen Computer mit einem der bewährten Optimierungsalgorithmen ausgeführt wird [89]. Der Quantenalgorithmus erhält als Input die jeweils variierten Parameter, für die der Wert der Energie berechnet werden soll. Mit den Ergebnissen variiert der klassische Algorithmus die Parameter, um ein Minimum der Energie zu finden.

Es liegt nahe, diese Methode auch auf andere Optimierungsprobleme zu übertragen. An die Stelle der Energie tritt eine Kostenfunktion, die – in der Regel unter gewissen Nebenbedingungen – minimiert werden soll. Die Aufgabe bei der Implementation des Quantenalgorithmus besteht darin, die Problemstellung geeignet auf eine Wechselwirkung der Qubits abzubilden. Einige Standardverfahren haben sich etabliert, die meistens mit Begriffen aus der mathematischen Graphentheorie arbeiten, weil viele praktische Optimierungsprobleme auf diese Weise dargestellt werden können.

Tail-Assignment-Problem

Ein konkretes Beispiel aus der Luftfahrt kann die Art der behandelbaren Problemstellungen erläutern. Eine Fluggesellschaft hat eine Anzahl von Flugzeugen, mit denen sie Verbindungen zwischen verschiedenen Flughäfen möglichst effizient und kostengünstig bedienen muss. Das Problem ist in Abb. 6.32 illustriert: Die Spalten der Tabelle enthalten die Verbindungen, die geflogen werden sollen. Die Zeilen stellen verschiedene mögliche Flugrouten dar. Jede Route ist aus mehreren einzelnen Flügen zusammengesetzt, die so ausgewählt sein müssen, dass die Route stetig verläuft. Eine rosa gefärbte Zelle zeigt an, dass der entsprechende Flug in der Route enthalten ist. Ziel ist es, eine Auswahl aus den möglichen Routen zu treffen, bei der jede Verbindung genau einmal geflogen wird. Der Algorithmus soll also Zeilen aus der Tabelle so auswählen, dass insgesamt in jeder Spalte genau eine gefärbte Zelle enthalten ist. Wenn es mehrere Möglichkeiten gibt, soll die kostengünstigste gewählt werden. Diese Aufgabe heißt *Tail-Assignment-Problem*; der Name kommt vom Kennzeichen am Heck eines Flugzeugs, das zur Identifizierung und zur Planung der Flugrouten dient. Das Problem wurde für die Lösung mittels Quantenalgorithmen wie folgt formuliert [90, 91]: Zu minimieren ist die Kostenfunktion

$$\sum_r c_r x_r, \tag{6.154}$$

wobei sich die Summe über alle möglichen Routen erstreckt (also über Zeilen der Tabelle in Abb. 6.32). Die Variable x_r ist gleich 1, falls die Route r zu den ausgewählten gehört und 0 sonst. c_r gibt die Kosten für die Route r an. Zusätzlich müssen die Nebenbedingungen

$$\sum_r A_{fr} x_r = 1 \quad \text{für alle } f, \tag{6.155}$$

erfüllt sein, die sicherstellen, dass alle Flüge f genau einmal vertreten sind. Die Matrix A_{fr} entspricht der in Abb. 6.32 gezeigten Tabelle, wobei rosa gefärbte Zellen einer 1 entsprechen, weiße einer 0.

In [90, 91] wurde das Tail-Assignment-Problem mit dem *Quantum Approximate Optimization Algorithm* (QAOA) angegangen, dem am häufigsten verwendeten NISQ-Optimierungsalgorithmus [92]. Dazu muss die Kostenfunktion (6.154) und die Nebenbedingungen (6.155) auf ein System von Qubits abgebildet werden, deren Wechselwirkung durch den Hamilton-Operator

$$H_C = \sum_{i<j} J_{ij} Z_i Z_j + \sum_i h_i Z_i \tag{6.156}$$

beschrieben werden. Hierbei sind Z_i die Pauli-Z-Matrizen und J_{ij} und h_i geben die Stärke der Wechselwirkung an. Die durch Gl. (6.156) bestimmte Wechselwirkung wird auch als *Ising-Modell* bezeichnet.

Die Idee hinter dem Algorithmus besteht darin, den Erwartungswert des „Kosten-Hamiltonians" $\langle \psi(\beta, \gamma)|H_C|\psi(\beta, \gamma)\rangle$ zu minimieren, der die Kostenfunktion beschreibt. Der Zustand $|\psi(\beta, \gamma)\rangle$ entsteht aus dem Anfangszustand der Qubits durch mehrfache Anwendung der Operatoren $U(\gamma) = e^{-i\gamma H_C}$ und $U(\beta) = e^{-i\beta H_M}$, wobei der Operator H_M mit H_C nicht kommutiert und als Mixing-Hamiltonian bezeichnet wird. Er treibt den Zustand gewissermaßen durch verschiedene Regionen des Zustandsraums. Die Qubits im so präparierten Zustand werden nun wiederholt gemessen, und aus den Ergebnissen wird der Erwartungswert $\langle \psi(\beta, \gamma)|H_C|\psi(\beta, \gamma)\rangle$ berechnet. Das ist der Teil der Rechnung, der mit einem klassischen Computer schwierig durchführbar ist.

Die eigentliche Optimierung durch systematische Variation der Parameter β und γ wird von einem klassischen Algorithmus übernommen. Er bestimmt neue Werte für β und γ, die dann in einem neuen Iterationsschritt an den Quantenalgorithmus übergeben werden. Das geschieht so lange, bis eine zufriedenstellende Annäherung an das gesuchte Minimum erreicht ist. Die Folge der Qubits in diesem Zustand enthält dann die gesuchte Lösung – im Fall des Tail-Assignment-Problems die ausgewählten und nicht ausgewählten Routen, codiert als Einsen und Nullen.

A Übersicht über die Standard-Quantengatter

Identität

in ─[$\mathbb{1}$]─ out

in	out
$|0\rangle$	$|0\rangle$
$|1\rangle$	$|1\rangle$

Pauli-X

in ─[X]─ out

in	out
$|0\rangle$	$|1\rangle$
$|1\rangle$	$|0\rangle$

Pauli-Z

in ─[Z]─ out

in	out
$|0\rangle$	$|0\rangle$
$|1\rangle$	$-|1\rangle$

Hadamard

in ─[H]─ out

in	out
$|0\rangle$	$\frac{1}{\sqrt{2}}(|0\rangle + |1\rangle)$
$|1\rangle$	$\frac{1}{\sqrt{2}}(|0\rangle - |1\rangle)$

CNOT

in1	in2	out1	out2
$|0\rangle$	$|0\rangle$	$|0\rangle$	$|0\rangle$
$|0\rangle$	$|1\rangle$	$|0\rangle$	$|1\rangle$
$|1\rangle$	$|0\rangle$	$|1\rangle$	$|1\rangle$
$|1\rangle$	$|1\rangle$	$|1\rangle$	$|0\rangle$

Toffoli

in1	in2	in3	out1	out2	out3
$|0\rangle$	$|0\rangle$	$|0\rangle$	$|0\rangle$	$|0\rangle$	$|0\rangle$
$|0\rangle$	$|0\rangle$	$|1\rangle$	$|0\rangle$	$|0\rangle$	$|1\rangle$
$|0\rangle$	$|1\rangle$	$|0\rangle$	$|0\rangle$	$|1\rangle$	$|0\rangle$
$|0\rangle$	$|1\rangle$	$|1\rangle$	$|0\rangle$	$|1\rangle$	$|1\rangle$
$|1\rangle$	$|0\rangle$	$|0\rangle$	$|1\rangle$	$|0\rangle$	$|0\rangle$
$|1\rangle$	$|0\rangle$	$|1\rangle$	$|1\rangle$	$|0\rangle$	$|1\rangle$
$|1\rangle$	$|1\rangle$	$|0\rangle$	$|1\rangle$	$|1\rangle$	$|1\rangle$
$|1\rangle$	$|1\rangle$	$|1\rangle$	$|1\rangle$	$|1\rangle$	$|0\rangle$

https://doi.org/10.1515/9783110717211-007

in1	in2	in3	out1	out2	out3
$|0\rangle$	$|0\rangle$	$|0\rangle$	$|0\rangle$	$|0\rangle$	$|0\rangle$
$|0\rangle$	$|0\rangle$	$|1\rangle$	$|0\rangle$	$|0\rangle$	$|1\rangle$
$|0\rangle$	$|1\rangle$	$|0\rangle$	$|0\rangle$	$|1\rangle$	$|0\rangle$
$|0\rangle$	$|1\rangle$	$|1\rangle$	$|0\rangle$	$|1\rangle$	$|1\rangle$
$|1\rangle$	$|0\rangle$	$|0\rangle$	$|1\rangle$	$|0\rangle$	$|0\rangle$
$|1\rangle$	$|0\rangle$	$|1\rangle$	$|1\rangle$	$|0\rangle$	$|1\rangle$
$|1\rangle$	$|1\rangle$	$|0\rangle$	$|1\rangle$	$|1\rangle$	$|0\rangle$
$|1\rangle$	$|1\rangle$	$|1\rangle$	$|1\rangle$	$|1\rangle$	$-|1\rangle$

CCZ

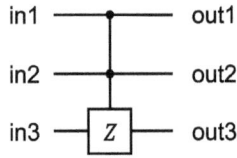

in	out
$|0\rangle$	$|0\rangle$
$|1\rangle$	$\exp(\frac{2\pi i}{2^k})\,|1\rangle$

Phasengatter R_k

in1	in2	out1	out2
$|0\rangle$	$|0\rangle$	$|0\rangle$	$|0\rangle$
$|0\rangle$	$|1\rangle$	$|0\rangle$	$|1\rangle$
$|1\rangle$	$|0\rangle$	$|1\rangle$	$|0\rangle$
$|1\rangle$	$|1\rangle$	$|1\rangle$	$\exp(\frac{2\pi i}{2^k})\,|1\rangle$

CR_k

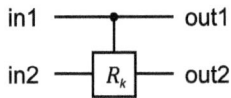

Bildquellenverzeichnis

Christian Kurtsiefer: Abb. 3.2
David Nadlinger, University of Oxford: Abb. 2.4
PTB: Abb. 1.4 (Forschungsgruppe Christian Ospelkaus), 1.7, 1.10 (Thomas Middelmann)
Pixabay: Abb. 3.14 (yeTis); 6.32 (Andrew Sitnikov)
QZabre: Abb. 1.9
Tobias Reinsch, Universität Stuttgart: Abb. 1.8
Wikimedia Commons: Abb. 2.1 (Tigerzeng); 2.3 (Marcin Wichary); 1.5 (Jpagett); 1.6 (Mwjohnson0); 1.11

(Radovan Blazek); 3.12 links (Zaereth); 3.12 rechts (Peeter Piksarv); 5.6 (Hubert Berberich)

https://doi.org/10.1515/9783110717211-008

Literatur

[1] Binosi D et al. EuroQCS white paper: European quantum computing & simulation infrastructure. Techn. Ber. 2022.
[2] Feynman RP. Simulating physics with computers. Int J Theor Phys. 1982;21(6):467–88.
[3] Bloch I, Dalibard J, Nascimbène S. Quantum simulations with ultracold quantum gases. Nat Phys. 2012;8:267–76.
[4] Berger C, et al. Quantum technologies for climate change: Preliminary assessment. 2021. 2107.05362.
[5] Kagermann H et al. acatech IMPULS – Innovationspotenziale der Quantentechnologien der zweiten Generation. 2020.
[6] Battersby S, Hrsg. The uantum age: Technological opportunities. 2016.
[7] Bennett CH et al. Teleporting an unknown quantum state via dual classical and Einstein–Podolsky–Rosen channels. Phys Rev Lett. 1993;70(13):18951899.
[8] Boschi D et al. Experimental realization of teleporting an unknown pure quantum state via dual classical and Einstein–Podolsky–Rosen channels. Phys Rev Lett. 1998;80(6):1121–5.
[9] Bouwmeester D et al. Experimental quantum teleportation. Nature. 1997;390(6660):575–9.
[10] Nagourney W, Sandberg J, Dehmelt H. Shelved optical electron amplifier: Observation of quantum jumps. Phys Rev Lett. 1986;56(26):2797–9.
[11] Monroe C et al. Demonstration of a fundamental quantum logic gate. Phys Rev Lett. 1995;75(25):4714–7.
[12] Feynman RP. The Feynman lectures on Physics, Vol. I, Ch. 37: Quantum behavior. 1962. https://www.feynmanlectures.caltech.edu/I_37.html#Ch1-audio.
[13] Carnal O, Mlynek J. Young's double-slit experiment with atoms: A simple atom interferometer. Phys Rev Lett. 1991;66(21):2689–92.
[14] Kublbeck J, Muller R. Die Wesenszuge der Quantenphysik: Modelle, Bilder und Experimente. Praxis-Schriftenreihe Abteilung Physik 60. Köln: Aulis-Verl. Deubner; 2002.
[15] Audretsch J. Die sonderbare Welt der Quanten: eine Einführung. München: Beck; 2008.
[16] Pfau T et al. Loss of spatial coherence by a single spontaneous emission. Phys Rev Lett. 1994;73(9):1223–6.
[17] Englert B-G. Fringe visibility and which-way information: An inequality. Phys Rev Lett. 1996;77(11):2154–7.
[18] Grangier P, Roger G, Aspect A. Experimental evidence for a photon anticorrelation effect on a beam splitter: a new light on single-photon interferences. Europhys Lett. 1986;1(4):173–9.
[19] Press WH, Hrsg. Numerical recipes in C: The art of scientific computing. 2nd ed. Cambridge; New York: Cambridge University Press; 1992.
[20] Bundesamt für Sicherheit in der Informationstechnik (BSI), Hrsg. Kryptografie quantensicher gestalten. 2021.
[21] Cleve R et al. Quantum algorithms revisited. Proc R Soc, Math Phys Eng Sci. 1998;454(1969):339–54.
[22] Pade J. Quantenmechanik zu FuB 1: Grundlagen. Berlin, Heidelberg: Springer; 2012.
[23] Holbrow CH, Galvez E, Parks ME. Photon quantum mechanics and beam splitters. Am J Phys. 2002;70(3):260–5.
[24] Henault F. Quantum physics and the beam splitter mystery. In: The nature of light: What are photons? VI. Bd. 9570. SPIE; 2015. S. 199–213.
[25] Werner R. The uncertainty relation for joint measurement of position and momentum. Quantum Inf Comput. 2004;4:546–62.
[26] Ozawa M. Uncertainty relations for noise and disturbance in generalized quantum measurements. Ann Phys. 2004;311(2):350–416.

https://doi.org/10.1515/9783110717211-009

[27] Busch P, Lahti und P, Werner RF. Proof of Heisenberg's error–disturbance relation. Phys Rev Lett. 2013;111(16):160405.

[28] Schrodinger E. Die gegenwärtige Situation in der Quantenmechanik. Naturwissenschaften. 1935;23(48):807–12.

[29] Fein YY et al. Quantum superposition of molecules beyond 25 kDa. Nat Phys. 2019;15(12):1242–5.

[30] Zeh HD. On the interpretation of measurement in quantum theory. Found Phys. 1970;1(1):69–76.

[31] Zurek WH. Decoherence and the transition from quantum to classical. Phys Today. 1991;44(10):36–44.

[32] Englert B-G. On quantum theory. Eur Phys J D. 2013;67(11):238.

[33] Einstein A, Born H, Born M. Briefwechsel 1916–1955. Reinbek bei Hamburg: Rowohlt; 1972.

[34] Bertlmann RA. Magic moments with John Bell. Phys Today. 2015;68(7):40–5.

[35] Clauser JF, Horne MA. Experimental consequences of objective local theories. Phys Rev D. 1974;10(2):526–35.

[36] Kochen und S, Specker EP. The problem of hidden variables in quantum mechanics. J Math Mech. 1967;17(1):59–87.

[37] Aspect A, Grangier P, Roger G. Experimental Realization of Einstein–Podolsky–Rosen–Bohm Gedankenexperiment: A New Violation of Bell's Inequalities. Phys Rev Lett. 1982;49(2):91–4.

[38] Kwiat PG et al. New high-intensity source of polarization-entangled photon pairs. Phys Rev Lett. 1995;75(24):4337–41.

[39] Schirhagl R et al. Nitrogen-vacancy centers in diamond: Nanoscale sensors for physics and biology. Annu Rev Phys Chem. 2014;65(1):83–105.

[40] Waasem N, Fedder H, Maletinsky P. Technology leaps in quantum sensing: Advances in nano magnetometry using tailored electronics and fast-switchable lasers. Photonics Views. 2021;18(4):36–9.

[41] Zhang J, Hegde SS, Suter D. Efficient implementation of a quantum algorithm in a single nitrogen-vacancy center of diamond. Phys Rev Lett. 2020;125(3):030501.

[42] Elitzur AC, Vaidman L. Quantum mechanical interaction-free measurements. Found Phys. 1993;23:987–97.

[43] Kwiat P et al. Interaction-free measurement. Phys Rev Lett. 1995;74(24):4763–6.

[44] Gilaberte Basset M et al. Perspectives for applications of quantum imaging. Laser Photonics Rev. 2019;13(10):1900097.

[45] Padgett und MJ, Boyd RW. An introduction to ghost imaging: Quantum and classical. Philos Trans R Soc, Math Phys Eng Sci. 2017;375(2099):20160233.

[46] Pittman TB et al. Optical imaging by means of two-photon quantum entanglement. Phys Rev A. 1995;52(5):R3429–32.

[47] Aspden RS et al. Photon-sparse microscopy: visible light imaging using infrared illumination. Optica. 2015;2(12):1049–52.

[48] Bennink RS, Bentley und SJ, Boyd RW. 'Two-photon' coincidence imaging with a classical source. Phys Rev Lett. 2002;89(11):113601.

[49] Lemos GB et al. Quantum imaging with undetected photons. Nature. 2014;512(7515):409–12.

[50] Dowling JP. Quantum optical metrology – the lowdown on high-N00N states. Contemp Phys. 2008;49(2):125–43.

[51] Giovannetti V, Lloyd S, Maccone L. Advances in quantum metrology. Nat Photonics. 2011;5(4):222–9.

[52] Wineland DJ et al. Quantum computers and atomic clocks. In: Frequency standards and metrology. World Scientific; 2002. S. 361–8.

[53] Schmidt PO et al. Spectroscopy using quantum logic. Science. 2005;309(5735):749–52.

[54] Schmidt PO et al. Quantum logic for precision spectroscopy. Special Issue/PTB- Mitteilungen. 2009;119(2):54–9.

[55] Brewer SM et al. Al+ quantum-logic clock with a systematic uncertainty below 10–18. Phys Rev Lett. 2019;123(3):033201.

[56] Werner RF. Quantum information theory – An invitation. In: von Alber G et al, Hrsg. Quantum information: An introduction to basic theoretical concepts and experiments. Springer tracts in modern physics. Berlin, Heidelberg: Springer; 2001. S. 14–57.

[57] Franz T, Werner RF. Unmögliche Maschinen in der Quantenphysik. Prax Nat.wiss, Phys. 2016;65(1):39–43.

[58] Wootters WK, Zurek WH. A single quantum cannot be cloned. Nature. 1982;299(5886):802–3.

[59] Bennett CH, Brassard G. Quantum cryptography: Public key distribution and coin tossing. Theor Comput Sci. 2014;560:7–11.

[60] Ekert AK. Quantum cryptography based on Bell's theorem. Phys Rev Lett. 1991;67(6):661–3.

[61] Gisin N, Thew R. Quantum communication. Nat Photonics. 2007;1(3):165–71.

[62] Hwang W-Y. Quantum key distribution with high loss: Toward global secure communication. Phys Rev Lett. 2003;91(5):057901.

[63] Bennett CH et al. Experimental quantum cryptography. J Cryptol. 1992;5(1):3–28.

[64] Schuck C et al. Complete deterministic linear optics bell state analysis. Phys Rev Lett. 2006;96(19):190501.

[65] Boaron A et al. Secure quantum key distribution over 421 km of optical fiber. Phys Rev Lett. 2018;121(19):190502.

[66] Yin J et al. Satellite-based entanglement distribution over 1200 kilometers. Science. 2017;356(6343):1140–4.

[67] Pirandola S et al. Fundamental limits of repeaterless quantum communications. Nat Commun. 2017;8(1):15043.

[68] Briegel H-J et al. Quantum repeaters: The role of imperfect local operations in quantum communication. Phys Rev Lett. 1998;81(26):5932–5.

[69] van Leent T et al. Entangling single atoms over 33 km telecom fibre. Nature. 2022;607(7917):69–73.

[70] Bennett CH et al. Purification of noisy entanglement and faithful teleportation via noisy channels. Phys Rev Lett. 1996;76(5):722–5.

[71] DiVincenzo DP. The physical implementation of quantum computation. Fortschr Phys. 2000;48(9–11):771–83.

[72] Meyer DA. Quantum strategies. Phys Rev Lett. 1999;82(5):10521055.

[73] Grover LK. A fast quantum mechanical algorithm for database search. In: Proceedings of the twenty-eighth annual ACM Symposium on Theory of Computing, STOC '96. New York, NY, USA: Association for Computing Machinery; 1996. S. 212–9.

[74] Nielsen MA, Chuang IL. Quantum computation and quantum information: 10th anniversary edition. Cambridge University Press; 2010.

[75] Grover LK. From Schrödinger's equation to the quantum search algorithm. Pramana. 2001;56(2–3):333–48.

[76] Bennett CH et al. Strengths and weaknesses of quantum computing. SIAM J Comput. 1997;26(5):1510–23.

[77] Coppersmith D. An approximate Fourier transform useful in quantum factoring. 2002. quant-ph/0201067.

[78] Shor PW. Algorithms for quantum computation: Discrete logarithms and factoring. In: Proceedings 35th annual symposium on foundations of computer science. 1994. S. 124134.

[79] Mermin ND. What has quantum mechanics to do with factoring? Phys Today. 2007;60(4):8–9.

[80] Shor PW. Polynomial-time algorithms for prime factorization and discrete logarithms on a quantum computer. SIAM Rev. 1999;41(2):303–32.

[81] Kitaev AY. Quantum measurements and the Abelian stabilizer problem. Electron Colloq Comput Complex. 1996;3.

[82] Harrow AW, Hassidim A, Lloyd S. Quantum algorithm for linear systems of equations. Phys Rev Lett. 2009;103(15):150502.

[83] Dervovic D et al. Quantum linear systems algorithms: A primer. 2018.

[84] Duan B et al. A survey on HHL algorithm: From theory to application in quantum machine learning. Phys Lett A. 2020;384(24):126595.

[85] Barz S et al. A two-qubit photonic quantum processor and its application to solving systems of linear equations. Sci Rep. 2014;4(1):6115.

[86] Pan J et al. Experimental realization of quantum algorithm for solving linear systems of equations. Phys Rev A. 2014;89(2):022313.

[87] Steane AM. Quantum computing and error correction. 2003. quant-ph/0304016.

[88] Bharti K et al. Noisy intermediate-scale quantum algorithms. Rev Mod Phys. 2022;94(1):015004.

[89] Peruzzo A et al. A variational eigenvalue solver on a photonic quantum processor. Nat Commun. 2014;5(1):4213.

[90] Vikstal P et al. Applying the quantum approximate optimization algorithm to the tail-assignment problem. Phys Rev Appl. 2020;14(3):034009.

[91] Willsch M et al. Benchmarking the quantum approximate optimization algorithm. Quantum Inf Process. 2020;19(7):197.

[92] Farhi E, Goldstone J, Gutmann S. A quantum approximate optimization algorithm. 2014. 1411.4028.

Stichwortverzeichnis

https://doi.org/10.1515/9783110717211-010

www.ingramcontent.com/pod-product-compliance
Lightning Source LLC
Chambersburg PA
CBHW061406210326
41598CB00035B/6121